国外建筑设计译丛

文化设施的多用途开发

[美] 哈罗德·R·斯内德科夫 著

梁学勇 杨小军 林 璐 译

中国建筑工业出版社

著作权合同登记图字：01－2002－3297号

图书在版编目（CIP）数据

文化设施的多用途开发/（美）斯内德科夫著；梁学勇，杨小军，林璐译.
北京：中国建筑工业出版社，2008
（国外建筑设计译丛）
ISBN 978－7－112－09339－7

Ⅰ.文…　Ⅱ.①斯…②梁…③杨…④林…　Ⅲ.文化建筑－建筑设计－
研究　Ⅳ.TU242

中国版本图书馆CIP数据核字（2007）第203504号

Cultural Facilities in Mixed-Use Development by Harold R. Snedcof

本书由美国城市土地协会（ULI）授权翻译出版

责任编辑：程素荣
责任设计：郑秋菊
责任校对：李志立　梁珊珊

国外建筑设计译丛
文化设施的多用途开发
［美］哈罗德·R·斯内德科夫　著
梁学勇　杨小军　林　璐　译
*
中国建筑工业出版社出版、发行（北京西郊百万庄）
各地新华书店、建筑书店经销
北京嘉泰利德公司制版
北京云浩印刷有限责任公司印刷
*
开本：787×1092毫米　1/16　印张：23　字数：450千字
2008年9月第一版　2008年9月第一次印刷
定价：**69.00**元
ISBN 978－7－112－09339－7
（16003）

目　录

序言 …… 4

前言 …… 6

致谢 …… 9

导言

艺术和经济联盟 …… 11

纽约市

现代艺术博物馆 …… 49

纽约市

公平中心 …… 71

塔尔萨

威廉姆斯中心 …… 92

圣迭戈

霍顿广场 …… 119

洛杉矶

邦克山上的加利福尼亚广场 …… 146

科斯塔梅萨

南海岸广场和市中心 …… 176

旧金山

耶尔巴布埃纳花园 …… 203

纽约市

南街海港 …… 228

达拉斯

达拉斯艺术区 …… 250

克利夫兰

剧院广场 …… 279

匹兹堡

市中心文化区 …… 308

巴尔的摩

内港 …… 336

译后记 …… 366

序 言

将文化设施纳入多用途开发的想法由来已久。当然，洛克菲勒中心和其城市广播电台音乐厅就可以被描述成既是多用途开发的先例，又是将文化设施纳入开发的实例。术语“多用途开发”——或者说，MXD（多用途开发）——由ULI（城市土地协会）在1976年出版的《多用途开发：土地使用新途径》(Mixed-Use Development：New Ways of Land Use）书中下了定义。这本书考察了当时增长迅速的开发项目，由于这些项目各不相同，该书便以一种和定义其他任何开发概念不同的方式对其加以定义。

可假定的定义为：“多用途开发指的是规模相对较大的地产项目，并具有如下特征：具有三种或更多的能产生大额税收的用途（比如零售、办公、居住、酒店或汽车旅馆、休闲等，它们规划良好，相辅相成）；项目构件的重要用途及客观世界的有效整合（从而集约地使用土地），包含无干扰人行通道连接区；项目开发与条理清晰的计划相一致（这样的计划通常会规定土地使用的类型与规模、允许的用途，以及相关事项）。”

作为这样限定的多用途开发的概念影响很大，因此很快且被当作一个用来识别新的开发形式的术语而接受。到1981年，ULI城市再开发委员会变成了城市开发和多用途委员会。对于任何项目来说，如果与上述定义内容比较相关，并且贴上“多用途”的标签，都是非常时尚的，至少出于营销的目的。

有主要用途的这类项目还在继续发展，因为开发商找到了把会议中心和文化设施相结合的良机，并且伴随有基本的零售、居住、酒店或汽车酒店及休闲等。

在严格限定的范围内，本书所讨论的所有项目并不都是多用途开发。然而，这些项目的历史及经历，却可以帮助我们更加高效地将文化设施纳入多用途开发之中。

本书也有着第二个或更多的微妙的动机，即为艺术区和开发区之间架起一座理解的桥梁。在从业人员的心目中，开发艺术越来越多地取代了开发事业，而文化机构也找到了更加企业化的方式，在继续生存下去的同时，还满足了不断变化的社区需求。在多用途开发中包含文化设施对双方都是有益的。对于开发商而言，纳入文化设施能提升开发价值，提高场所感，为建筑注入活力，增加24小时的活动循环，而这正是多用途开发之所以成功的关键因素。而对于文化机构而言，多用途开发能够提供绝好的方位，并可以接触潜在的赞助商，艺术与社区的关系不再冷淡，并能获得更多社区参予和社区支持的潜在可能。

多用途开发继续发展，逐渐形成了一种观念。总的来说，它被看作20世纪80年代及以后城市开发的主要形式。出版此书的目的，正是为了深化这样的一种理解，即文化设施作为一种合适的土地用途，非常值得纳入多用途开发之中。

小弗兰克·H·斯平克（Frank H. Spink，Jr.）
主管，商业及工业研究
ULI——城市土地协会（the Urban Land Institute）

前言

本书将案例研究呈现给读者的方式是，艺术设施和活动正在被并入多用途建筑、开发和区域。本书是为了那些对房地产、城市开发以及艺术有着专业兴趣的读者而编写的，同时也是为了政府官员和公司领导而编写的，因为他们关注的是将城市变成适合居民、雇员和游客居住或停留的更加理想的场所。

在过去的十年中，人们亲眼目睹了公共、私人和艺术部门之间存在的互相协作关系，而正是这种关系，为艺术项目和设施以及更大范围内的公共设施带来了新的资金源泉，这些设施也有助于建立必不可少的环境场所。由于许多此类项目才刚刚开始获得成果，本书展示的只是通过普通的视角对这些项目的初步探讨，也就是追踪每个项目的创立到规划，直至它们的当前状态。

写一本包含多用途开发的艺术案例研究书籍，这样的想法开始于1982年夏天。最近在为旧金山的耶尔巴布埃纳中心（Yerba Buena Center）完成了文化规划之后，我开始与一些经济和项目顾问进行了探讨，而后者参与了负责耶尔巴布埃纳中心的旧金山城市再开发机构（Redevelopment Agency）的工作。在这些非正式的讨论当中，大家提出了两个想法：联系城市土地协会（它在1976年曾经出版了一本关于地标研究的书，此书记载了多用途开发概念的出现），探讨其写一本新书的兴趣，以记载艺术设施在这些项目中是如何被包含在内的；寻求国家艺术基金会设计艺术项目的资助，作为初步研究的经费。

大家一致认为，案例研究无法衡量这些项目对艺术机构、城市和私人开发商长期的经济影响。然而，大家又相信，深入的研究可以审查每一个项目必须考虑的一般规划、设计、程序及经济方面的问题。它还可以描述构建这些复杂项目的金融机制，还可以界定迎合艺术区、公共政策及房地产市场竞争的不同需要的必要步骤。

我们进行此项研究另一个原因就是提升对话的层次，这样的对话涉及了一个正在出现的、细微但却很有影响的新学科——文化及便民设施规划。在过去的15年中，一群城市规划师、专业设计人员、规划师及艺术管理人员，包括了著名的撰写《街道生活计划》的小威廉·H·怀特（William H. Whyte, Jr.），撰写《适宜居住地合作伙伴》的罗伯特·H·麦克纳尔蒂（Robert H. McNulty）和多萝西·雅各布森（Dorothy Jacobson），都为界定文化规划概念提供事实依据作出过努力。或许，细致彻底的案例研究及评价可以更加深入地描述文化规划的操作方式，为其能够在一个足够早的阶段被纳入房地产及其开发过程而据理力争，并使之发挥影响。

1983年，国家艺术基金会的设计艺术专家小组推荐为该案例研究拨款25000美元，城市土地协会出版委员会同意出版并发行最后的工作成果。当时的设想是，这本书由20个概述组成。城市设计协会承担了拨款管理的责任，而拨款可能由基金会向项目拨出。1983年秋天，利用来自洛克菲勒兄弟基金、大西洋里奇菲尔德基金会、克雷斯基金会、克利夫兰基金会的初步拨款，以及来自公平人寿保险社地产集团和福特基金会的资助允诺，研究开始了。

项目范围

案例研究的初步名单在确定研究计划及证实可获得资金之前就进行了筛选（资金来自国家及当地基金会、公共机构及公司）。渐渐地，大家决定将这本书规划成三个范畴，以分别描述地产开发的不同类别，即多用途建筑、多用途开发及多用途区域。大家努力尝试将代表了上述三个开发形式的项目范例都包含在此书中，而且每个个案研究都必须以相同的形式加以呈现。

到1984年夏天，研究阶段已经结束，很明显，对当前所有重要项目进行真正详尽的评述几乎是不可能的。希望获得的以支付较小城市项目研究——如路易斯维尔、密尔沃基、圣保罗和明尼苏达——的资金又迟迟无法获得。其他项目，如卡内基会所规划的多用途大楼，还没有进展到足以被公开讨论的地步。我们为不得不删去上述项目而感到遗憾，同时也希望它们没有影响本书的最终效果。

成员及研究过程

随着研究过程的进行，项目成员就以何种方式为每一个项目收集统一主体信息而展开了讨论。由于这些项目的材料很少或几乎从未出版，基本的研究方式就成了和项目创建及管理人员之间的谈话（很多还进行了录音），还有就是分析原始规划、设计、经济及公共政策文件。

在案例研究之后，本书的导言及图表部分交付给城市土地协会，城市土地协会出版主任小弗兰克·斯平克（Frank Spink, Jr.）组织了城市土地协会多用途及城市开发委员会的委员，对原稿进行了审查。项目成员对委员们的评价及疑问进行了复审，并将其并入了案例研究的最终草案。

在此之前，初稿复印件已经送往各市的合作者，以备其审查。该审查过程涵盖了三个部门的每一个（公共、艺术和开发机构）人员，其目的是为了确定事实的正确性，以及研究人员的分析与多用途项目实施负责人员对其的理解保持一致。

大家同时也收集了有关每一项目的规模及成本的实际情况与数据。因为有些项目还没有建成，它们最终的规模、设计和成本可能会被估计不足。我们争取在1985年1月之前对每一个项目提供准确的描述。考虑到建筑成本及施工进度表的变化，我们建议读者在新的背景下使用该案例研究数据之前，应先联系各个城市中的相关人员。

该研究不可避免地留下了几项未完 成的任务。我们无法把所有代表了艺术、开发和公共部门之间合作的当前项目包含在内。许多项目由于在我们研究期限内开发太晚而无法被纳入其中；而其他项目依然处于紧张的谈判阶段。还有一些项目地处一些不能为研究小组提供必要支持的城市中，以致我们没有访问到他们。由于空间和时间的限制，我们舍弃了书籍中记录那些负责规划和实施每个项目的人员个人资料。

开发团体依然在等待一本评价包含艺术的多用途开发项目成本及利润记录的书籍。包含艺术设施所需要的额外投入和由此给城市和私人开发商带来的利润增长之间的关系，依然是一个值得深思的课题，但是此方面的文献记录少之又少。然而，填补此项空白超出了我们的能力及工作范畴。我们希望，我们随后的研究将在我们此次努力的基础上展开，而且开始回答上述问题。

哈罗德·R·斯内德科夫

致　谢

许多人为本书付出了大量的时间、精力及知识。他们的名字将出现在书中不同的地方。由于担心遗漏一些一直提供大量帮助的人，我将挑选一些从开始就提供特别支持的人们，表达我们的感谢之情。

迈克尔·皮塔斯（Michael Pittas），查尔斯·朱克（Charles Zucker），以及他们在国家艺术基金会艺术项目组的所有工作人员，他们提供了此项目的启动资金。洛克菲勒兄弟基金的执行副总裁小罗素·A·菲利普斯（Russell A. Phillips，Jr.），鼓励我从形形色色的公司及非赢利部门寻求资金帮助，而且提出了大量的可行建议。

兰登书屋有限公司的高级编辑夏洛特·L·迈耶森（Charlotte L. Mayerson），为我在纽约市提出了项目管理中心，并且在筹集资金过程中提供了鼓励，在我们准备书籍时又发表了深刻的评论。威廉·B·弗莱西希（William B. Fleissig）提出了很多加强书稿内容及结构的建议。

我的同事萨拉·巴恩斯（Sara Barnes），于1983年中期成为项目经理，并提供了不可或缺的行政及经济管理支持。项目同事莱斯利·弗林特（Leslie Flint），为每项案例研究花费了不计其数的时间，以获取及组织视觉材料和项目数据。他们都不顾辛劳、无私地工作，以使项目获得成功。案例研究草稿刚刚完成，凯瑟琳·德瓦尼（Kathleen Devaney）编辑就将书稿组织塑造成可出版的形式。

我的妻子梅拉妮（Melanie），以及儿子乔丹（Jordan），则提供了爱、理解、支持和信心，没有他们，这本书永远也不会完成。

哈罗德·R·斯内德科夫

关于作者

哈罗德·R·斯内德科夫（Harold R. Snedcof）是一位文化及开发规划师，曾获布朗大学美国研究工商管理博士。作为洛克菲勒兄弟基金前项目官员和旧金山再开发机构前文化规划师，他是城市建筑（City Building）——都市策略公司的建立者和负责人，该公司是一家设立在旧金山的文化及便民设施规划及咨询公司。他目前指导纽约公共图书馆社团与基金会的捐助计划。

导言　艺术和经济联盟

在美国各种规模和地理位置的城市中，一种新型的房地产开发——包含了艺术和文化空间的大规模的多用途项目——越来越有影响力，也越来越受欢迎。博物馆、音乐厅、剧院和户外演出广场在办公楼、酒店、零售空间和居民区等传统土地用途之外获得了应有的地位，而上述建筑群正是为使市区变成更加理想的工作和居住地而设计的。

这些项目往往包含了非常多的便民设施。它们不仅含有专业的艺术设施，而且有着用于休闲和娱乐的大比例景色优美的开放空间。它们以人为中心，其特征是使自身成为具备吸引力的目的地，并提供平整而舒适的人行通道。它们的设计标准很高，为的是确保获取高品质形象，以及提升城市环境。

这些项目都雄心勃勃，可以满足一系列的挑战性目标。当然，它们也希望成为可赢利的投资，但它们的创立者希望它们会达到较大范围内的公共政策目标：这些项目应该有助于市中心重新恢复活力，刺激经济增长，而且有助于确立艺术在社区内的可行性。

为管理和资助这些项目，私人开发商、公共机构和艺术团体之间形成了一种创新性的合作伙伴关系。看来每个部门都可获取多重利益：

• 私人开发商，寻求创造强大而与众不同的市场形象，把艺术与便民设施纳入其开发之中，将消费者吸引到其开发的建筑群去，将活动周期扩展至晚上和周末。

• 公共机构（Public Agencies），他们的目标是用开发项目加强城市中心，以吸引居民、工作人员、旅游者，使他们愿意分担因为包含便民设施和文化用途在多用途项目之中而带来的经济风险。

• 对于艺术团体（Arts Organization）而言，面临着运行成本超过传统资金来源资助的局面，利用地产开发的权利或参加大型城市开发项目，提供一个获得新设施和补充资金的途径。

这种艺术和经济的联盟反映了人们两个重要的认识。首先，城市作为传统的艺术家园，当它们为居民提供更加丰富多彩的文化经历时，就能够获得最好的成功。第二个认识便是，尽管城市中心经常遭受中伤，却能够提供作为社会、经济和零售中心的显著优势，尽管在过去十年中郊区发展迅速。

本书为包含艺术的多用途项目的现象和私人、公共以及促使本书面世的艺术团体之间的合作关系提供了一个详尽的视角。本书考查了12座不同城市中的12个项目，尤其关注每个案例的规划过程。这些项目都可以被当作多用途形式三个不同范畴的范例：

1）多用途建筑，在此艺术团体和一个或更多商业用途成为同一场所的邻居；

2）多用途开发，一个大型的、综合性的项目被集合在同一场所，其中几种产生收入的土地用途以一种互相支持、相互促进的方式与艺术结合；

3）艺术区，它是城市的组成部分，以艺术和商业用途为其特征，两者都得到公共政策的鼓励，而且公共政策鼓励为该地区创立一种合乎逻辑的形象，此形象将对多种业主和开发商有益。

然而，这些案例研究依旧记录了一些特殊问题的解决方案。在本书研究的过程中，大家清楚地意识到，直至当前已经创建的包含艺术的项目太新太少，从而无法找到任何明确的、广泛适用的成功规律。然而，本书中所有的信息和发现能够给读者提供对于此类新型开发的更多理解，从而给其他社区提供参照的框架，以使开发者可以采取更具创造性的方式用于自己的环境。

鼓励艺术发展的趋势

在艺术、地产开发和城市规划与管理方面，来自不同的力量在起作用，其结果就是此三方面的领导在工作中发现自己逐渐学会了互相协作，并从中发现共同受益。从长远来看，这将有助于以艺术团体、私人开发商和公共机构在过去的25年中所做的工作来审查业已发生的诸多变化。

艺术趋势

艺术家和艺术团体有着两个最重要的需求：创造和展示它们艺术作品的合适空间，以及操作那些空间和高质量作品所需要的足够资金。在当前经济气候下为满足上述需求，艺术团体变得越来越像企业了。

在20世纪70年代和80年代早期，因为通货膨胀、经济不景气以及联邦政府资助支持有限等原因，持续的资金短缺问题更加恶化。传统的艺术赞助商依然是必不可少的资金来源，例如，公司在1982年为艺术团体捐款5.06亿美元，为32%，超过1982年。1983年，对艺术与人文学科的所有私人捐赠达到了39.5亿美元。但即使如此强大的资助还是不足以满足艺术团体的需要，尤其考虑到新设施的资金花费。

艺术经纪人们因而冒险进入商业世界，他们以赢利为目的，投资于零售商店、邮购服务和餐馆等，这些设施通常都位于文化设施的经营区域内。选择此道路的艺术团体不得不面临事实与想法上的两难境地。他们必定心怀这样的忧虑，即依靠市场因素以获取生存的艺术作品在美学方面可能会有所妥协。非赢利机构已经学会在不冒失去免税地位风险的情况下从事商业活动。董事会和行政人员逐步意识到，此重要收入可能在长时间内绵绵不绝，以及商业企业需要坚强而稳定的支持。

当它们使用更加先进的技巧来营销其方案和管理资源时，艺术团体组建的商业企业也获得了发展。对于许多此类的团体而言，参与地产开发已经被看作是合乎逻辑的下一个步骤了。

寻求空间

一种新型的艺术家园——表演艺术中心——在20世纪60年代早期开始出现。纽约市的林肯中心、华盛顿特区的肯尼迪中心，以及洛杉矶音乐中心是最有名的范例，此外它们同样在其他许多城市繁荣兴旺。国家艺术基金会估计，在美国有多达2000个此类中心，规模有大有小。

这些通常耗资巨大的建筑群将剧院、音乐厅和其他设施合并在了同一屋檐下。这些设施之所以重要，不仅在于提供了非常的设施，还在于象征性地向社区阐述了艺术的重要性。

但是，艺术对社区的重要性不尽尽是象征性的。评论家哈罗德·舍恩伯格（Harold Schonberg）在1983年7月10日《纽约时报》中指出："文化中心一直为在此之前欠发达的邻近地区负责。它们吸引了开发商、小企业及联合艺术企业，比如画廊和艺术影院。他们意味着巨大的财产价值提升，更多的人们前往中心城区，城市获得更多收入。美国的艺术是项大生意。" 1981年，后来成为林肯中心主管的约翰·马佐拉（John Mazzola）估计，该中心对纽约市每年的经济影响是3.45亿美元。

在谈到他于1970年出版的《砖，灰浆和表演艺术》（Bricks，Mortar and the Performing Arts）一书中描述的大型艺术中心现象时，马丁·迈耶（Martin Mayer）提出了重要的两点：首先，表演艺术状况中最大而且唯一可控制的因素便是其场馆的吸引力、技术水平与经济效益。艺术物质设施的规划与管理逐渐产生了无法估量的，而且从很大程度上未被认识到的影响力。次之，除非赞助团体确定建筑的维护和运营不会对演出组织、常驻机构或者巡回演出机构构成负担，否则任何大型的用于表演艺术的设施都不能修建。

迈耶建议，所需艺术资金的来源当然应该是地产部门："资助收入最明显的来源是这些对剧院用途的自然补充设施——画廊、餐厅与酒吧——它们服务被吸引而来的观众，以及在理想的情况下那些被吸引到附近的客人。"

自从这些艺术中心出现以来，已经对周边地区产生了强大的经济影响，我们完全可以预计，艺术团体本身也会加入到这次快速发展当中来。假如艺术真的是大生意的话，就像舍恩伯格认为的那样，接着发生的是，艺术经纪人由于在小型商业企业中获得了丰富的经验，将成长为羽翼丰满的商业人士。通过参与地产开发过程，他们将为其机构重新获得经济利益，同时这也是他们的出现能够赋予社区的。

房地产潮流

从开发过程开始就资助艺术的理念，同样和自二战以来逐渐发展的房地产环境有关。到20世纪60年代中期，出现了两种新型而复杂的房地产开发商。第一种强调与土地所有者或资金方建立合资企业。第二种则通过数十年的活动积累足够的经济资源，为的是自己承揽大型的多用途项目。

偶尔地，开发商会以市民的姿态加入艺术项目，或者作为其职业生涯的顶点。通常情况是，开发商及其经济合作伙伴会投入大量的耐心和资金持久力，以目睹多用途项目通过数轮房地产市场的考验。

将艺术并入多用途开发项目还和越来越多的城市开发公共部门参与有关。公共部门的加入对于一个包含了艺术组成部分的大型开发项目来说也是一个必要条件，因为只有公共部门才拥有或能够获得土地的控制权，或能够影响比如削减税收等金融机制，而后者能够使项目成为现实。

随着两种复杂的房地产开发项目的出现，这些变化在开发商和公共机构的脑海中生根发芽。其中之一便是多用途开发（MXD），因为其复杂性和规模，它产生了实质性的公共影响，而且要求公共部门加入其创建过程。另一个便是适应性土地用途项目，通过它历史建筑可以重新改造，并且为新的用途服务，通常是为艺术机构提供新家。包含艺术的多用途开发的两种类型的项目提供了可供学习的经验。

多用途开发项目

城市土地协会关于地标研究的书籍《多用途开发：土地使用新途径》，将这些项目描述为具有三个共同特征：

1）结合了三种或者更多的收入产生用途——比如零售、办公、居住、酒店/汽车旅馆及休闲——它们规划良好，相辅相成；

2）项目构成部分的重要用途及物质整合（由此，土地被高度集约化使用），包括无干扰人行通道连接区域；

3）根据整体计划加以开发，该计划通常规定了土地使用的类型和规模、允许的用途及相关事项。

MXDs 的标准模式就是纽约市的洛克菲勒中心，它开始于 1931 年，为多用途、相辅相成用途在建筑杰出的背景方面树立了一个先例。ULI 研究称之为“在概念、规模、物质设计和服务方面的开发先驱”。

该项目最初构想是为大都市歌剧院提供场馆。作为干劲十足的创建新歌剧院的先锋，小约翰·D·洛克菲勒（John D. Rockefeller，Jr.）支持建造一座大型办公楼作为建筑群组成部分的提议，为的是大都市歌剧院能够以房租收入来维持自己。该场地的规划包括音乐工作室、宽敞的景观广场以及“世界上最高的摩天大楼”。

经济大萧条（The Great Depression）使得该计划夭折了，但是洛克菲勒却走在了时代前列，他要在一片经过精心规划的土地上建立一个带有办公、零售、餐厅和娱乐用途的综合性开发项目。为将游客和租户吸引到当时并不十分时尚的地方去，中心的原始设计包含了建造于地面层的花园和人行道，加上穿过地下店铺群网络到地铁的直接通道。

尽管大都市歌剧院没能建在洛克菲勒中心，但艺术画廊和剧院却建在了那里。现在的中心是原来的两倍大，里面到处陈设有壁画和雕塑。城市广播电台音乐厅依旧吸引着热情的听众，中心的花园和溜冰场则变成了传奇。

对 MXDs 的另一个影响是战后的郊区购物中心。MXDs 代表了对典型购物中心缺少综合设计和规划的反思。早期的购物中心包含了零售商店、快餐店及特殊景观广场，被经过铺砌的

大片停车空间所环抱，小的办公楼及电影剧院有时建造在这些建筑周围，但总的来说，没有人会追求休闲及文化的机会。

有些在20世纪60年代经过扩展的购物中心，例如加利福尼亚奥兰治县的纽波特中心和底特律诺斯兰中心，已经开始纳入办公、居住及酒店用途。但是即使这些中心表现出了些许的综合规划及用途整合，但是以人为中心的活动依然未被激发。市区居民依旧依靠电视获取大部分的日常娱乐。

到60年代晚期，市郊多用途项目开始发展。尽管依然为市郊服务，但是它们提供了更加广范的商店及餐馆。杰拉尔德·海因斯（Gerald Hines）于1967年在休斯敦建立的GALLERIA可作为多用途购物综合设施的典范。三层购物区域环绕着一座溜冰场，其上是管状的穹窿玻璃屋顶，GALLERIA的第一部分提供了和毗邻百货商店、办公楼、酒店和两座电影院的连接区。它被其开发商描述为“一种全新的都市形式，美国公众从未知道其存在”。GALLERIA的如此巨大的影响力主要来自在其雅致和优雅的背景下、多用途的紧凑、和谐的结合。

由于MXDs发展于城市，它们往往被设计为自我包含且安全的区域。在此，人们能够工作、消遣、居住及购物，并且远离不安全的市中心里轻而易举就可觉察到的不友善。但即使大部分的此类项目作为城市要塞，脱离了城市生活及步行活动，许多项目还是获得了大众认可并在筹集资金方面获得成功。

大型MXDs项目的最大成功就是在为周边作出积极贡献的同时，为自己创立了强烈的个性身份。业已证明的是，城市居民很喜爱设计良好、积极的环境，在此他们能够购物、用餐及娱乐。在创建能够为此类错综复杂项目提供规划、筹措资金及管理服务的多用途机构和为其配备职员方面，开发商都获得了足够的经验。

MXDs越来越复杂，这就要求一个由公共部门广泛参与的庞大的规划过程。此类规划详尽的项目应该提供公共利益，但是那些利益的本质及范围必须加以界定，需要界定的还有为项目筹集资金的方式。由于上述种种原因，这些野心勃勃的开发项目给私人部门提出了太大的经济负担，以至于他们无力独自承担。另外，由于期望的公共利益范围过广，除了传统的公共技术支持之外，还需要很多步骤。由此，区域划分奖励、基础设施改善、税收减免及资产划减等，在大部分MXDs开发中扮演了关键角色。1976年城市土地协会研究记录道：

没有公共部门的支持，许多多用途开发项目将无法进行，能够给社区作出有意义贡献的开发项目也会少很多。然而，这也是事实，即私人开发商投入在多用途开发项目上的资金取得的回报也会更高（同单一用途项目相比较），多用途开发项目更难启动，承担更高曝光率，由此，相对那些野心不大的单一用途项目而言，多用途开发项目风险更大。

公共及私人部门都认识到了建立一个包含各种复杂用途的成功 MXD 项目的需要。此种交融使得开发的项目致力于城市生活的各个时段，而不仅仅是上班时间。进而，它创造了令人向往“市场协同作用”的水平，它指的是项目构成部分的互动，因而互相受益，创立一种个性感，由此产生的令人激动的感觉是任何单一用途项目都无法获取的。城市土地协会研究发现：

多用途开发的多样性也就意味着，在上班时间之后能够把人们吸引而来。各种各样的餐饮设施是一种方式。第二种方式或许是通过提供设施强调娱乐（比如电影院和正统剧院），规划活动密集的日程表（比如特别设计的商场和广场区）。还有的方式就是合并滨水广场、博物馆、图书馆、土地密集型休闲设施及 MXDs 中其他的公共及机构用途。

随着人们越来越多地认识到确保 MXDs 项目对城市环境作出积极贡献的需要，扩展用途以纳入艺术就成为切实可行，同时也是令人期待的了。

遗址保护运动

美国20世纪30、40及50年代的保护主义者首先关注的是保护总统的居所及其他建筑，这些建筑都曾经在历史上起到过重要作用。然而，到60年代，由城市改建计划发起的、作为大范围土地清理组成部分被夷平的受尊敬老建筑的数目少了很多，或者被新建筑所取代。人们开始意识到，这些古老建筑是不可替代的资源，是它们给予了城市大部分的个性与特征。

出于努力保护这些遗产中的一些，许多项目的目标是，为那些要么从历史价值要么从建筑价值上来说很重要，但对于其原始用途而言又不再需要的建筑赋予新的生命。由于这些适合用途项目的价值变得更加明显，形形色色联邦及州税收减免被建立了，为的是吸引私人投资资金的介入。

许多适应用途项目变成了生动的多用途建筑群，它们成功地吸引了大量的、热情的公众。最早的、最著名项目之一就是旧金山的吉拉德利广场，在那里一系列的仓库和工业建筑在60年代被转变成了一个成功的包括特色零售商店、饭店、办公楼、花园及广场的综合设施。劳思公司于晚些时候花费近3000万美元将一座1826年建造的、位于波士顿法纳尔大厅隔壁的食品批发市场改建成一座现代市场，其三栋大楼汇集了商铺、饭店及办公场所。匹兹堡车站广场见证了一座1901年的铁路车站变成了豪华办公楼，其发送仓库变成特色购物中心，另外还建造了一座250个房间的酒店与其配套。

许多此类循环利用的建筑变成了艺术的家园。城市土地协会1978年出版的书籍《适应性重复利用》（Adaptive Reuse）回顾了大量的实例，在这些例子中，有些是豪华影院转变成表演艺术中心，有些是市政厅和警察局转变为儿童博物馆及当代艺术机构，有些则是铁路车站改建为艺术及科学中心。

到20世纪70年代，艺术机构已经成为复兴建筑的主要拥有者。通过在适应性用途项目上互相协作，为艺术及商业投资机会提供家园，艺术管理者和房地产开发商在理解各自需要、目标及效力方面取得了巨大的进步。

公共政策及城市开发趋势

处理市区问题的城市官员，越来越把市中心当作至少是一些解决方案的源泉。一个健康的城市中心——经济强大，无限繁荣，以活动为中心，以行人为侧重点，包含的用途多种多样——现在被理解为城市整体活力的关键。各种各样的经济和社会力量结合起来，改变对于需求的理解和市中心的目标，使公共机构和私人及艺术部门更加密切地合作。

联邦费用的转变

在过去的30多年中，联邦政府努力以减轻城市疾病为目标，现在则诊断出了不同的病因及合适的解决方案。在20世纪50年代和60年代早期，联邦政府的努力集中于清理贫民窟，大家相信通过改善土地使用模式，市中心可重新激发活力并得到保护，贫民区的社会问题也可得到缓解。在联邦政府帮助下，当地政府承担了曾经是私人开发商的角色：他们获取大片土地，有时是整片邻近街区，然后拆毁所有建筑。通过新设立的再开发机构，城市鼓励私人投资，以开发这些被夷平的地区。

当这种方法被证明不再是补救之道时，联邦基金计划——比如社区行动和模范城市——被启动为邻近地区提供直接支持。

这些计划的目标是满足低收入城市的住房、街区改造和社会服务的需要。尽管有着许多个案的成功，问题及导致问题的根源却并未妥协。

随着60年代联邦政府在城市作用的加大，其努力越来越集中于城市中心地区。丹尼斯·R·贾德（Dennis R. Judd）和玛格丽特·柯林斯（Margaret Collins）在文章《旅游业案例：城市中心的政治条件和改造》（The Case for Tourism: Political Conditions and Redevelopment in Central Cities）中这样陈述道（来自《不断变化的城市结构》（The Changing Structure of the City），G. A. Tobin 编.，1979）：

联邦政府办法所包含的广泛目的中，加速经济增长和城市改造吸引了几乎所有大城市里的一个非常大的临时性联盟的最大支持。此联盟在各个城市都非常相似。它包括了和新型官僚、大公司、都市报纸，通常还有建筑行业联合会等有工作关系的城市政客。20世纪60年代，此联盟是如此的稳定，它完全是为中心城市讲话的唯一的政治利益联盟。相对的是，城市内部街区却在社会等级、种族或地理差异的基础上分裂了，其分裂的程度如此之严重，以至于根本没有可能一起来提出一个中心商业区发展的替代方案。其结果就是，市中心联盟主宰了城市政治。部分原因是市中心联盟代表的利益团体在市中心问题上达成了一致，城市日常工作事项被单一界定为经济增长及中产阶级向市郊进发。

此议事日程断定，市中心商业区的活力恢复将是城市问题的解决方案。但是恢复活力是一个大问题，是联邦和城市政府所无法独力解决的；这些项目还需要私人开发商的支持。他们

获得了这样的支持，因为他们对投入提供了实质性回报的可能性。由此公共及私人部门发现他们是处于一个互利联盟里的合作者。

旅游业的吸引力

由于许多城市的工业基础已经衰落，服务业的生产已经成为经济的主导部分，旅游业开始呈现出新的重要性。城市间获取旅游收入的竞争变得激烈，这点从在过去20年中纷纷建造会议中心、运动场和其他吸引游客的事物中就可清楚看出。旅游业被认为可以产生需要技能和不需要技能的工作岗位，给城市金库增加大量利税收入，为当地经济注入大笔资金。

贾德和柯林斯简洁地描述了旅游业的魅力：

除了对市中心利益方的直接经济利益之外，城市寻求旅游者，因为这项常规行业似乎有其独特的利益，从本质上说是一种“免费”的商品。大概是因为游客花了钱却不从当地经济带走任何东西。此行业经常被描述为“没有烟囱的行业”。

因而城市寻求提供吸引游客的设施类型。那些成功地吸引了较大数量会议代表与游客的城市，不仅提供了酒店、饭店、会议场所、商业表演大厅等强大的旅游基础设施，还提供了一系列的休闲、商业、文化和艺术吸引力。这些举措带来的回报就是，这些城市在旅游业市场被理解为活跃、令人激动、有趣的，有着自己的显著而独特的魅力。

在寻求加强这样一种氛围的新方法时，城市开始注意艺术。有着强有力方案的健康的文化组织对人们的吸引力巨大；因为它们产生的经济利益，城市越来越愿意给予它们公众支持。

大型的多用途项目，通常以结合酒店、餐馆和零售用途为特征，迎合了旅游业的许多需要。将艺术设施或活动包含在这些项目当中，使一站式包装旅游更加完整，也使其更具吸引力。

美国城市的欧洲化

在最近的一篇文章《重建美国城市：一个对比视角》（Restructuring the American City：A Comparative Perspective）中（来自G. A. Tobin的书，《不断变化的城市结构》（The Changing Structure of the City）），诺曼·I·法因斯坦（Norman I. Fainstein）和苏珊·S·法因斯坦（Susan S. Fainstein）阐述了一个一直发生在美国老城市的变化：

直到上个十年的中叶，两个比喻主要被用于对比美国和欧洲大城市的自然环境：一只浅碗和一个油炸圈饼。欧洲大都市呈现出的是保护良好的历史中心，提供昂贵消费，商业及居住高楼大厦环绕四周……而美国城市与此相反，表现出的却是半遗弃、半凄凉的中心，充斥着低收入，少数民族居民威胁日益令人烦恼的中心商业区……突然间，美国印象似乎发生了改变。

法因斯坦等人把美国许多老城市——纽约、芝加哥、波士顿、旧金山、匹兹堡、明尼阿波利斯以及丹佛——称为“转变”的城市：其中社区的社会阶级构成和经济用途以重要的形式发生着变化。根据这份分析，这些城市呈现出与大部分老城市中持续存在的衰落相反的趋势，以及向欧洲模式会合的变化。这个转变和会合的中心就是城市中心的转变：

这些城市见证了太多的新公共及私人部门在市中心的投资，导致了穷人的被迫离开和用途的转变。市中心变成了利益源泉，因为其用途发生了变化——工厂、港口、劳工阶层区已经被办公楼、游客中心及上层阶级社区所取代……广义上的老城市和发生了转变的老城市之间的区别，就是由增加私人投资背景下的人口、住房和占用这三个因素互动而产生的，这使得城市中心土地用途方面发生着变革……因此，发生转变的城市，可用在积极投资环境中市中心土地用途发生转变加以定义。

这些经济和人口的转变，已经导致了活动内容从劳工阶级生产商品转变为上等阶层生产和消费服务。包含艺术的MXD从此转变现象中受益，而且帮助深化此转变，因为它包含的用途和吸引的市场是那些典型“欧洲化”城市。

大都市综合症

选举产生的官员和心怀城市的企业领导人的共同抱负，就是为城市建立强烈的城市个性及都市形象，且加入到世界伟大城市的传统中去。此目标可被称为“大都市综合症”。

大都市综合症由几部分组成。第一就是确认艺术可以对城市形象和经济健康作出贡献，或许有人认为，在美国城市中只有纽约有着综合艺术存在，并使其成为世界级的大都市中心。但是其他城市正努力迎头赶上，并且以强大的地区甚至国家艺术中心的面目出现。

第二构成部分就是人行焦点，人们往来于街道、广场和购物中心。步行的人们可以互相影响并和环境互动。这种相互作用的潜在性激发街道行为，而且使得城市更有生气。

相关的第三构成部分是24小时的活动周期。伟大的都市不会在黑夜死去，就像许多美国中心城区一般。而且，它们提供了超出纯粹经济活动的更广范围内的活动，迎合了大量的居民和游客的需求。

在欧洲和一些美国城市，这些特质已经发展了很长时间。但在其他渴求如此地位的城市中，城市领导人不得不寻求更快的方式来创造这些特质。一个大的、包含艺术的项目则提供了作出这种努力的可能性。

公众参与地产及艺术

随着使市中心重新恢复活力的目标的发展，公共部门发现有必要积极参与开发项目，这将有助于满足上述目标。MXD已经展现了结合令人期待的商业用途和公共便民设施的实质性潜在可能，但随着这些项目的范围和目标变得更加复杂，启动这些项目、为其筹集资金和完成项目开发阶段的难度也变得更大。

ULI于1976年的MXDs研究对于公共部门的参与阐述如下：

从广义上设想，公共部门的可能角色从被动（比如，除分区批准外再无其他公共行为，保证公共行为利益被认为是微不足道的），到其催化作用（比如，公共“本金”以资助特定的项目部分，如停车设施，或会议中心），到综合性公共开发（改造）（比如通过建立改造局，或建立公共公司）。

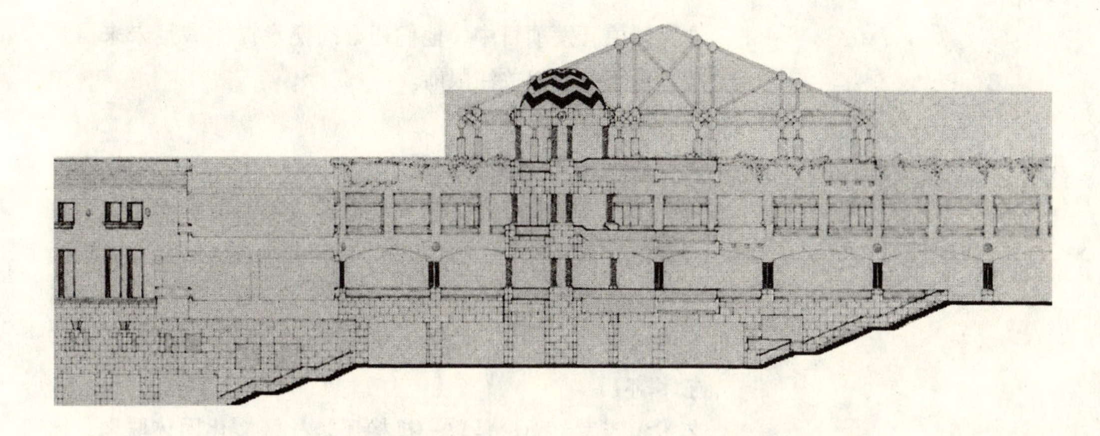

那些建立了包含艺术的 MXDs 项目的城市，倾向于从被动姿势转变到催化姿势。一些城市部门已经获得了综合性参与，直到参与正在进行的某一项目特定用途管理的程度。

公共部门也从事着帮助支持艺术团体的事业。所有的 50 个州，加上哥伦比亚特区和 5 个特殊管辖区，都已经建立了州艺术机构，它们在 1984 年从州议会收到总共超过 1.36 亿美元。国家艺术基金会估计总共有 1500 个地方艺术组织——有些是私人的，许多是公共的——它们共同每年为艺术提供超过 3 亿美元的资金。专业非赢利性艺术团体的大约 17% 的收入缺口由公共部门来填补。

有时会引起这样的争议，艺术是属于精英阶层的，参加者应该自愿承受损失。这种态度忽略了艺术给社区提供的利益，无论是经济利益还是无形利益。就像海伦·索斯（Helen Sause）（旧金山市再开发机构耶尔巴布埃纳项目主管）所说的那样：

城市能够给其市民提供各种各样的经历是极其重要的，而艺术长久以来就是世界大城市经历中不可或缺的组成部分。艺术将人们吸引到一起，给予他们交流的方式，创立参与感和包容感。文化资源是城市基础设施的重要组成部分，其重要程度等同于学校、交通及城市的自然构造。因为艺术设施和计划对主要的城市区域如此重要，所以公共部门有义务提供这样的机会。

三方合作关系

所有包含艺术的 MXDs 都通过私人、公共和艺术部门的共同努力发展而来。此过程非常像合作关系（尽管不是法律意义上的）；尽管参加各方可能不是平等的合作者，除非所有三方团结协作，互相支持，愿意分担风险，否则该项目是不可能成功的。在大规模开发项目中，他们还必须愿意提供满足未来需要的框架，而不是仅仅关注眼前。

每个参与方的需要和力量

每个参与方都有一定的需要，即希望项目能够满足，而且每一方都给合作带来一定的力量，使得项目能够满足其目标。结果就是，该团队相对于单独行动的个人而言，处理复杂项目的能力要强很多。

艺术部门

艺术参与者，无论是单一机构还是社区文化团体联盟，需要最新水平的、包含于MXD中的艺术设施，还需要其他团队成员的资金参与，以创建和操作这些设施。它还可以向潜在的新观众开放并且获益，因为其自身是声名远播开发项目的高度可视部分，所以吸引了上述观众。然而，艺术部门很少能够承担房地产所努力承担的资金风险。

作为回报，艺术通过其在项目中的存在，给项目提供有价值的商品——人们。它们不仅吸引公众关注自己的项目，而且还为零售店和饭店吸引顾客，为酒店吸引客人，为办公楼吸引租户，为居民楼吸引买主。艺术观众大部分受过良好教育且富裕，正是项目其他用途需要的顾客类型。

艺术还赋予MXD强烈的个性、营销焦点和品质形象。之所以取得这样的成功，部分原因是人们的高度关注，受过高等教育的消费者拥有的文化需要。但是纳入艺术通常会提高项目设计标准。

私人部门

当然，开发商参与MXD为的是获取利润，而且他们恰恰需要那种营销优势。艺术的存在能够使一个项目从其竞争者中脱颖而出——单一用途和多用途开发，市中心及市郊的——能够促进公众对其的理解。这种强烈的、积极的形象和对有此需要的消费者产生的吸引力能够促进项目的赢利。

开发商对项目的贡献，是在收集和构建房地产开发方面的专业技能：从规划到设计、资金筹集、建造、操作和营销。开发商还是完成工作所需资金投入的主要提供者，但是他们很少愿意或能够独立承担包含艺术的MXD项目的全部经济负担。

公共部门

当地政府对于包含艺术开发项目的目标，总的来说，就像对于任何开发项目一样包括经济目的：增长的税收基础、出售或租赁公有土地带来的收入、未充分利用土地的活力恢复及创造新的就业机会。公共规划者通常希望激发项目四周地区的经济活动，而且他们有时以给市民和游客提供利益和便民设施为目标，以提升城市作为文化活动中心的美誉。

公共部门的力量包括控制项目得以完成所必需的土地审批，还包括提供合适基础设施的能力，以及通常还有土地的所有权。有关当局可能并不总是扮演全部经济参与者的角色，直接提供资金。更通常的情况是，他们提供使项目资金筹集变得可行的工具，比如减低土地价格、债券发行等。通常公共部门也会变成包含艺术 MXD 项目所需要的复杂初始规划过程的关键管理者。

合作关系的工作方式

如下几项要素对于这样的合作关系的行之有效是不可或缺的：坚强的领导、三方间的真诚合作、有利或有潜在价值的地理位置。

领导

艺术项目成功的原因总的来说是，一个或更多的参加合作的个体对项目坚持强烈的责任感。

- 在圣迭戈，杰拉尔德·特林布尔（Gerald Trimble）——中心城市开发公司行政主管，霍顿广场的公共合作者——曾经说道：

> 将艺术纳入霍顿广场最重要的原因是我对艺术、音乐、戏剧的强烈兴趣。这种在个人层面上的参考框架，在理解和执行时将艺术和文化景观整合的项目来说是必不可少的。

- 达拉斯艺术区的首要推动者菲利普·蒙哥马利（Philip Montgomery）博士，志愿投入大量时间，协调文化组织对于新场馆的需要，城市对于复苏商业区的需要，私人开发商对于可靠投资机会的需要。

- 对于旧金山的耶尔巴布埃纳中心来说，城市再开发机构的海伦·索斯（Helen Sause）带领市政府、开发商及艺术社区，经过了4年综合文化规划。她的工作开始于一个不明确的要求，即预留项目中的一些土地用于文化目的，以现实的预算为文化中心制定了一个可行计划、一个管理机构及创新规划理念。

在本书案例研究描述的每一个项目中，一些个体以深厚的个人对项目目标的责任感、视野、可能性和满足实际需要的潜能承担了此类领导角色。对于这些领导者，项目目标的成功超过了仅仅的专业任务。它成了坚强信念的问题，为此他们坚持不懈地付出了自己的才能与专业机智。

合作

包含艺术的多用途开发项目的三个合作方，必须愿意在构筑开发项目和分担创建项目的风险及花费方面互相合作。为了使项目成功，每个参与方必须拥有共同的期望和目标，且合并成未来项目的综合性形式，它由坚实的管理开发过程政策加以支撑。这样的形式应该指引开发过程，维持三方合作者经历不可避免的起起落落。

比如，公共及艺术部门必须承认，只有在项目满足特定标准的经济可行性时，开发商才会加入：他们必须分担经济风险，为的是开发商可以获得所需回报。通常艺术参与者负责提供或筹集项目启动资金，或者负责提供使艺术组成部分成为可能的资金或基金。公共土地所有者或许得在和开发商的经济谈判中作出某些妥协，以确保项目中艺术构成的地位。对于开发商来说，他们必须理解，即使分担风险，这样的项目经常需要私人部门的特别奉献。

相同的情况是，公共及私人方面都必须认识到，无论是其资金筹集还是制定计划的才能，艺术机构很少有训练有素的职员或其他资源来管理建筑、维护以及操作复杂的房地产项目。即使他们有的话，参加日常开发过程也很可能会产生严重问题，也就是针对机构的艺术使命和完整性的可能作出的妥协。因而，艺术作为这些项目中可行的部分，其他公共和私人参与者必须帮助管理文化部分的开发过程。

地理位置

所有合作方的最好意图都不能使包含艺术的MXD成功，除非此项目首先在经济上是可行的。该项目必须以其主要产生收入用途和其艺术构成部分迎合市场的需要。这样的要求在房地产市场很强大、土地价值在上升的地理位置是非常容易满足的，或在有可能于一段合理时间内变得极具吸引力的地理位置也是极其容易满足的。

然而，什么才是一段合理时间呢，则可能很难界定，另外在某一地点多久将建立积极的房地产市场，也很难预测。在洛杉矶，在远离已存在的金融市场的非闹市区，加利福尼亚大厦项目获利于开发商对洛杉矶市中心兴趣变得高涨。但此项目依旧表现出些许先行者的风险。在旧金山，综合开发 8.8hm^2 的市中心土地则代表了非同寻常的机会，但是，此地点也不是首屈一指的。巴尔的摩的内港项目开发经过了很多年；成功以递增的速度到来，而查尔斯中心——内港管理公司能够利用此项目早期部分的成功作为卖点吸引新开发商，以及将新用途吸引到剩余地块上来。在克利夫兰，戏楼广场基金会相信，改造一些具备重要历史意义的剧院将有助于建立卓越的形象及品质，而这些是激发周边街区提升品质所必须的。

正如协同增效的效果存在于每个此类项目中的不同用途之中一样，MXD 项目和环境也存在有动态关系。该项目的存在可能激发项目所处地区经济增长及市场活力。这些正面影响反过来使得项目受益，加强其市场地位。这种协同增效的可能性通常是促使公共机构参与项目的目标之一。

除了可能强大的房地产市场之外，包含艺术的 MXD 项目需要一个存在的文化市场。它不能在没有文化市场的地方为艺术创立观众群。尽管，在一个似乎没有艺术市场的地方，可能市场是隐藏的，因为其需要没有被满足。MXD 项目中文化规划的制定可能会超出项目的范畴而激发当地艺术的繁荣。

房地产背景

包含艺术的 MXD 在迥异的房地产环境和周期中发展。在有些情况下，比如达拉斯、奥兰治县和加利福尼亚，项目被设计与膨胀的房地产市场一致。而在其他地方，比如克利夫兰和巴尔的摩，项目是恢复衰落的市中心活力政策的组成部分。

然而，在所有成功的情形中，首要参与者都已经完全意识到开发项目成型的房地产环境。而且在所有的此类项目中，已

经存在这样的共识，即坚持何种交易，从而使得项目在经济方面具有可行性。可行交易的组成部分包括经过规划的资金花费及运作花费，这些花费可由项目产生，以向开发商披露项目，或是大型都市土地拥有或主要艺术设施的公共开发计划，它们对社区有着真正的政治支持。

对于和艺术相关的 MXD 项目即将到来的政治支持，将反映社区价值观。其范围可能从使纽约南街海港变得可行的公共部门的干涉主义者角色，到主要单独依靠私人部门的解决方案，就像在达拉斯艺术区中的房地产谈判中发生的那样。

包含艺术项目的区别何在

包含艺术组成部分的多用途项目和那些不包含艺术的在根本方面是不同的。为艺术让出空间会影响规划和开发过程、经济结构及项目被建成后的管理和运作。

对开发本质的影响

包含和不包含艺术的项目最显著的区别，就是是否需要纳入专业的艺术设施，这些设施设计的目的就是为了满足它们容纳的特定艺术科目的需求。这些设施的建造和维护很可能是代价昂贵的，建设和运作资金可能需要来自开发过程。如这些花费被克扣的话，或如果没有全面理解艺术结构需要的情况下就规划、设计和建造设施，结果将是损害机构方案的品质，这将对整个 MXD 项目起到决定性影响。

而且，对于项目而言，很可能还有超出艺术设施自身之外的土地用途考虑。大家期望包含艺术项目满足广大的公共利益目标，在这些利益目标中，艺术仅仅是一部分。此类项目被允许的密度比通常项目要低得多，而且还常有很高的开放空间的需求。比如，在旧金山的耶尔巴布埃纳花园，大约一半的土地将成为花园、广场及排屋，以满足提供人行焦点的目的。可能会有所缓和——比如，一座办公楼可能被允许建造得比计划高。但总体上会被开发得比“最高和最好用途”要少很多。假如历史建筑在项目地区内或附近，可能会要求保护这些历史建筑，并将其并入到项目当中。

因为这些项目被想象成城市中心的东西，大家都会期待高品质设计。优秀的设计能够整合不同的用途，创立名誉目标形象，培养公众这样的理解，即此项目将促进环境而不是与环境妥协。优秀的设计还能促进公众的批准过程，在法人和投资方都产生激动的情感。

对开发过程的影响

对于包含艺术的MXD项目而言，其开发前阶段可能大大延长，也是很耗费时间的，总的来说，平均达到了7～11年，而不包含艺术的MXD项目只耗费3～5年。开发商、公共部门和艺术部门之间需要进行大量的谈判，为项目确立艺术方案的本质，并与其他产生收入的用途形成和谐关系。

公共方参与在规划阶段是必不可少的。公共方将支付一大部分费用，要么是直接通过公共财政，要么是通过创立机制，比如契约条款等。许多居民还作为志愿者加入到项目当中。传统的艺术提供者，比如基金会，也有可能参加规划艺术构成的本质，并在资金上予以支持。

艺术构成的规划因而从开始到完成和每一关注全局需要和目标的参与者协作。在本书的有些案例中，参与者的关系组织化程度很高，而在其他项目中则不那么正式。在任一情况下，规划过程必须以成员恰当的奉献并在咨询时间中加以仔细管理。某一参与方应该承担这样的管理角色。

对财政和管理结构的影响

包含艺术项目比不包含艺术项目更为复杂，原因如下：

- 它们较大，无论是从规模还是从目的上；
- 有着更多的参与者，他们的利益必须自始至终被顾及。事实上，每一部门包含几个不同的个体机构或参与人；
- 它们并入了更多种类的用途，这些用途必须相互协调，互相补充；
- 某些用途——首要的是文化用途——将不产生净收入，这提高了和项目有关的经济风险。因而，确定艺术对项目贡献的具体数目极其困难，这使得在参与者间平均分配成本和风险的努力变得复杂；
- 启动和建造前阶段花费更多时间，因为规划细节的水平要高得多。根据具体情况，这些项目需要相当高的预付资金投入，而投入的回报却很可能延期。

这些项目的财政谈判毫不奇怪地倾向于被延期，而且变得强烈，有时甚至是很激烈。在本书描述的案例中，最终达成的经济安排都是个性的解决方案，对于项目和参加方来说都是极其特定而具体的。

管理问题围绕公平分配维护和运作不同项目组成部分的需要而转动。文化部分呈现出的问题是商业部分所不具有的——

尤其是维护艺术独立性的需要和不获取收入而确保生存能力的需要。包含艺术的 MXD 项目的管理结构因而不能是事后诸葛亮，而应该仔细制定，在项目实施开始前清楚界定各自的职责。

创建何种类型的项目

本书中描述的项目可分成三个类别，每一类别都包含日益复杂的设计、资金筹集、管理和运作问题。从最简单到最复杂，它们是：（1）多用途建筑；（2）多用途开发；（3）艺术区域。

多用途建筑

比起多用途开发，这些项目的规模和抱负都较小。它们结合了两种用途——其中一种和艺术有关，另一种则产生收入——在同一建筑中，或在同一地点。本书讨论的两个实例包含了艺术博物馆：纽约市现代艺术博物馆有着自己的居住楼，以及惠特尼博物馆的扩建建筑，后者被并入公平人寿保险（Equitable Life Assurance Society）的新总部大楼，它同样位于纽约市。

以上述方式结合两种用途，需要的是艺术机构和开发商之间相对简单的交易。公共部门不是直接经济参与者，它将参与限制在制定公共政策上——比如分区变化或开发权转让机制——当它们对艺术有益时，公共部门会喜欢这样的安排。一旦项目完成，继续维持管理关系就不再必要了。分享地区的各参与方是有着共同利益的近邻，但它们维持的是独立而不同的管理结构。

多用途开发

包含艺术的多用途开发将开发商、城市机构和一个或更多的、努力满足互补目标的艺术团体联合在一起。各方创立的是复杂的多项用途，其中的每一项用途必须补充和支持其他用途。

本书案例研究的每一个以 MXDs 为特征的城市，都希望项目会加强城市中心。科斯塔梅萨的南岸广场坐落在洛杉矶南奥兰治县内，它事实上希望为一个一切都尚不存在的地区建立一处城市中心。

因为多种用途被合并进入了同一建筑群，其整体的成功取决于每一部分的成功。因而，对运行的有效管理是极其重要的，三方的关系必须被延伸至运作阶段。

艺术密集型 MXDs 倾向于包含极其多元的用途。比如，旧金山的耶尔巴布埃纳花园被规划成包含办公楼、一座大酒店、居民楼、专业零售和一座庞大的娱乐休闲大楼，以及公共便民设施，比如露天广场和步行街，还有艺术的无私展示。

艺术区域

艺术区域可以被定义为经过正规设计的区域，它有着特殊而令人期待的文化特征，为此，人们制定公共政策，以鼓励保护或进一步发展该特征。历史区域为艺术区域提供了先例。现在，数座城市正在创建艺术区域以激发市区或靠近市中心地区的活力，在这些地区艺术设施会比较集中。产生收入的用途正被合并，以提供经济生存能力，而艺术的价值则吸引消费者。它们的目标就是赋予整个地区凝聚性的特征，以及高素质和激动人心的公众形象。

艺术区域可能包含许多地产，它们依旧独立存在，而非被并入同一方案（就如多用途开发案例那样）。所以，包含的参与者的数量，尤其是来自房地产和艺术团体的数量，很可能会很多。协调它们的不同利益和目标的需要，在确定该地区的更大目标被满足的情况下，给规划者们提出了极具挑战性的规划、土地用途、设计、资金和管理等方面的问题。结果就是，这些项目往往会耗费比多用途建筑和多用途开发更长的时间来创立。

有些城市在创立艺术区域过程中，直接在历史区域模式之上建造，其方式是使古老但是重要的建筑成为项目的基石。因此，它们能够满足保存建筑和文化资源的两个目标。此类项目包括的建筑通常是剧院，但是最古老的建筑并不一定是和艺术相关的。在南街海港项目中，地标建筑、码头和具有历史意义的船只被恢复，用以建立一座博物馆，使得人们能够回忆起纽约市的航海时代。

艺术区域不像历史区域，它们往往会被期望于满足经济和艺术的双重目的。在克利夫兰的剧院广场，国家最大的剧院恢复项目中位于欧几里德大道的三座剧院正在被恢复。该项目尝试着在大都市中心主干道确立文化及相关商业用途的地位，这些市中心最近有所衰败，但却有着自豪的历史。相似的是，匹兹堡的规划者正在利用一座已经经过改造的表演艺术广场，以及扩建邻近的另外一座，以刺激该市金三角多街区文化及表演事业的发展。他们尤其鼓励艺术展示，以促进都市中心经济的发展。

规划这些地区的公共政策的制定部门所做的并不只是划定边界而已。政策内容中通常还会包括一些专门的区划规定文件，对土地使用、密度、设计、允许用途以及整体规划都会做出严格限定。

包含艺术的设施类型

有两个不同的原因，使艺术被纳入一个项目：为现有的、得到承认的艺术团体提供新的设施，或者为更小的或新的艺术团体创造机会，以确立其在社区的存在。

在一些案例中，上述两种目标都得到了满足，比如，塔尔萨威廉姆斯中心的表演艺术中心包含了为大型的常驻公司和小型社区团体两者提供的设施。它的查普曼音乐厅是塔尔萨芭蕾舞剧院、塔尔萨剧院和塔尔萨爱乐乐团的场馆所在，自从1977年该中心开发以来，它们已经从当地机构发展到了地区性机构的地位。该中心的约翰·H·威廉姆斯剧院经常上演美国剧院公司的专业表演，以及几个大学和业余团体的表演。两个小"黑匣子"电影院为排练、研讨和作品试演提供场所。该中心还上演了许多特别表演，因而满足了多种社区和文化用途。

因为塔尔萨项目的艺术展示是大规模的、大量的，所以具备了典型意义。除了最小实例中的案例——多用途建筑之外，大多数包含艺术的开发项目都能够提供多种设施。通常情况下，这些设施是演艺场所，但是在有些案例中它们还伴有大型博物馆。它们的侧重于一流的、包含艺术的设施，其设计的目的正是为了满足其包含的特定艺术科目的具体需要和潜在可能。

这些文化构成的规划概念反映了艺术为何被纳入项目的原因。这些设施可能会容纳一个常驻机构，或使得各种各样的艺术团体享受它们平时无法享受的场所。加利福尼亚科斯塔梅萨的南海岸广场容纳了一个常驻汇演戏剧公司、一座奥兰治县250个当地艺术团体使用的剧院、一座吸引世界级艺术机构举行巡回表演的表演大厅，以及一座以野口勇（Isamu Noguchi）作品永久展示为特征的雕塑公园。

在旧金山，从综合规划过程发展而来的一种创新规划理念得到了进一步发展，此规划过程鼓励艺术社区的广泛参与。当认识到大量的当地艺术才能和活动，但是缺少可获得的合适场所时，耶尔巴布埃纳的规划者创立了一种多种设施文化中心概念，它有着展示海湾地区艺术的远大抱负。正如在他们的规划过程中界定的那样，此种展示有着几个关键构成部分：

• 以尽可能高质量的特定艺术设施展示专业级别、高水准的作品。

• 围绕所有艺术科目的多样性表演方案——结合正式和非正式、传统和先锋艺术，其多样性会吸引各个年龄段、种族、收入水平及文化背景的人们。

- 强调给予当地艺术家以目前城市中尚且不存在的展示机会。

此部分附有的图表列出了本书案例研究项目中艺术设施的范围。

巴尔的摩：一个复兴城市的多用途和文化

查尔斯中心——巴尔的摩内港建筑群与刚开始时描述的项目范畴并不十分吻合。但是，巴尔的摩的经历可被看作本书中描述的潮流及开发方式的最高点，它同时还阐明了转变城市中心区的潜在可能。

查尔斯中心和内港实际上是两个项目，它们在巴尔的摩市中心大约间隔两个街区。但是，非赢利公司查尔斯—内港管理有限公司，以各种方式特地安排开发过程，使得公众加深了对两者的理解。进而，该项目对彼此都有着强烈的协作效益。

查尔斯中心开始于20世纪50年代后期，经过了长时间的发展，包含了办公、零售、酒店和住房。莫里斯·梅凯尼克剧场和两座表演广场提供了艺术展示。数个构成部分被大量的人行通道结合在一起，以人行活动作为其开发焦点。

内港是一个于20世纪60年代中期启动的改建项目，已经变成常常举办教育和娱乐活动的节日场所。该项目建造在如画的滨水区，周围是广场和花园，包含一座大型博物馆、一座国家级水族馆，以及一座节日零售和特色食品综合建筑。一座小船船坞提供冲浪船及其他出租船只，以及一座漂在水上的历史船只博物馆。尚在开发的还有一座创新的都市娱乐中心，其设计的目的既是为了成人也是为了儿童，它将成为其他城市的建筑标准。其坐落于一座古老的、经过改建的发电厂中，将以一位世纪之交科学家的观点、运用迪斯尼风格的技术来描述今日的城市。

案例研究项目

城市	项目名称	艺术设施名称	艺术设施类型	规划理念
多用途建筑				
纽约	现代艺术博物馆、居住塔楼	现代艺术博物馆	艺术博物馆	常驻机构
纽约	公平中心	惠特尼博物馆分馆	艺术博物馆	常驻机构
多用途开发				
塔尔萨	威廉姆斯中心	塔尔萨表演艺术中心	音乐厅，主剧院 两个黑匣子剧院， 艺术画廊	常驻及巡演公司

续表

城市	项目名称	艺术设施名称	艺术设施类型	规划理念
圣迭戈	霍顿广场	霍顿广场剧院	剧院和黑匣子	常驻机构和其他公司
洛杉矶	加利福尼亚广场	当代艺术博物馆	艺术博物馆	常驻机构
		舞蹈画廊	舞蹈剧院	常驻机构
		表演广场	户外表演，节日，活动	社区用途
科斯塔梅萨	南海岸广场	南海岸轮演剧院	剧院	常驻公司
		奥兰治县表演艺术中心	音乐厅和剧院	访问艺术家和公司
		加利福尼亚方岸	雕塑公园	永久展示
旧金山艺术区	耶尔巴布埃纳花园		剧院，视觉艺术，视频设施，多用途会场	展示当地艺术
纽约	南街海港	南街海港博物馆	文化、历史博物馆	常驻机构
达拉斯	达拉斯艺术区	达拉斯艺术博物馆	艺术博物馆	常驻机构
		莫顿·H·迈耶森交响乐中心	音乐厅	常驻公司
		达拉斯剧院中心	剧院	常驻公司
克利夫兰	剧院广场	州剧院	表演艺术空间	常驻和巡演公司
		宫殿剧院	表演艺术空间	常驻和巡演公司
匹兹堡	匹兹堡文化区	海因茨大厅	表演艺术空间	常驻和巡演公司
其他项目				
巴尔的摩	查尔斯中心内港	莫里斯·梅凯尼克剧院	剧院	巡演艺术家和公司
		巴尔的摩国家水族馆	水族馆	常驻机构
		马里兰科学中心	科学博物馆	常驻机构
		梅厄舰队	船只的历史、展示	永久展示
		6号突堤展示亭	室外剧院	巡演艺术家和公司

在这些项目的开始阶段，它们所处的地理位置往往被认为是一种不利条件，其原因是巴尔的摩市中心在经济和社会方面已经衰落。新项目的组成部分缓慢地分阶段进行，成功便以递增的速度到来，直到最后足以将经济实力很强的开发商吸引来，加入到剩余的开发项目当中。最终成功的一个主要因素，就是大巴尔的摩委员会委托查尔斯中心进行的、由来自华莱士·罗伯兹及托德的费城公司的建筑师兼规划师戴维·华莱士领衔的原始规划研究。该规划方案强烈而又令人注目地强调了建立开放空间和人行通道的需要，坚持杰出建筑设计的需要，以及将项目建成足够大的规模、以建立城市中心投资兴趣的需要。该规划得到了来自市长办公室和市中心商业领导的实质性支持，它还提供了一种维持广泛开发过程的眼光。

通过规划设计，不是所有的巴尔的摩文化设施都坐落在项目所在区域。该市有一群实力较强的博物馆，它们被鼓励保持传统的设施。一位交响乐团新场馆的捐赠人要求规划者在市中心考虑另找一处地方。通过传播文化财富，巴尔的摩规划师们希望保持整个城市中心的活力。

当然，巴尔的摩还存在许多问题，这些问题并没有因为查尔斯中心和内港的成功而得到解决。但是它还是获得了解决问题能力的信心。这样的乐观则是包含艺术开发首创精神的副产品。

开发过程

任何大型多用途开发过程都包括四个阶段：开始和概念阶段；施工前阶段；施工阶段；管理及操作阶段。在前两个阶段中，进行的是项目的规划；后两个阶段主要是实施规划。

在开始和概念阶段，任务就是界定项目。参与者被选取并开始一起工作，设计项目的目标，并创立开发策略。

在施工前阶段，提升构想并使之具体化。具体想法的可行性经过测试，进行谈判，创立经济政策。

在设计和施工阶段，详细的建筑计划被建立和批准，项目被建立，市场营销开始。

在管理和操作阶段，业已完成的项目发挥并维护用途。

当完成实质性的规划后，如果要在实施阶段顺利实施规划，前两个阶段的工作就必须仔细对付。由于此原因，而且因为大

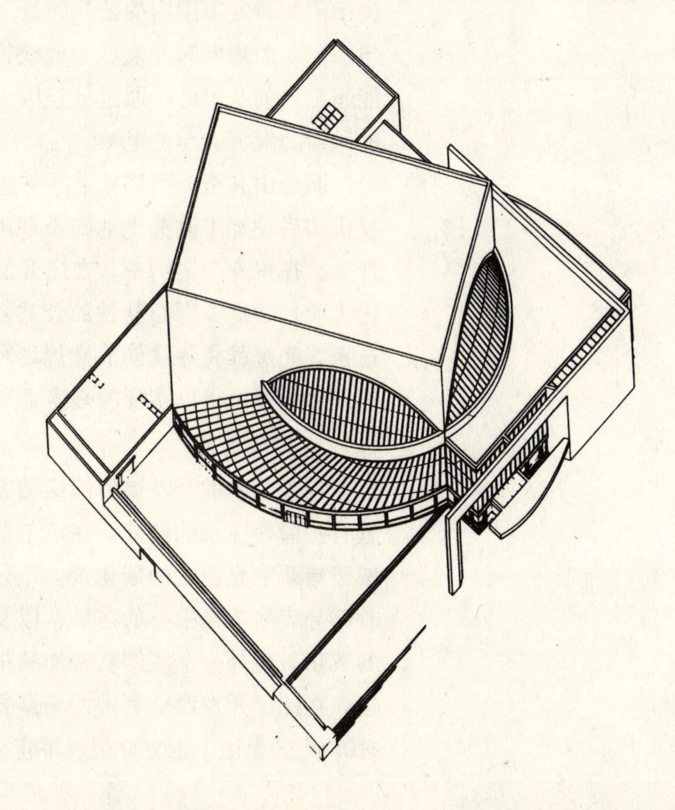

多数包含艺术的 MXDs 项目在后期阶段还没有足够的经验，难以得出富有意义的结论，所以下面的讨论主要集中在规划阶段。

启动项目

尽管迄今为止还没有开发出标准的模式，以得出公共、私人和艺术部门合作的精确方式，但是运用了许多方法，并且获得了显著的成功。在每一案例中，一个参与方充当项目的主要发起人和催化剂。该方创立初始蓝图，然后寻求实现该蓝图的其他参与方的合作。

某一地皮的初步经济分析并不总是能够得出这样的蓝图，因为经济分析典型审核的是该地皮作为特定用途的潜在可能——作为办公空间、零售商店、居住楼或是酒店。在成功的 MXD 开发中，这样的活动以协作的方式互相扶持。但是各种用途如何互动及建立在互相的基础之上，是几乎不可能衡量或预测的。

任何一方或所有方一起都可以作为项目的发起者。

公共机构

通常，城市再开发机构会是一个包含艺术项目的发起者。由于需要特定范围内的公共利益，该机构可能充当积极的角色，包括前期的规划和开发、土地获得或分区奖励。其角色甚至可能超出目前既定的、通过分担因为提供艺术和便民设施而产生的风险的经济参与的范畴。

旧金山和洛杉矶都阐述了一些案例，在这些案例中，再开发机构启动都市改造土地的长期闲置地块上大型多用途项目的开发。在每一个案例中，在向开发商发出要求之前，再开发机构为项目建立了野心勃勃的公共政策目标。然后它会指导合作过程，此过程将导致创造性规划和财政解决方案，而后者正是确保那些目标得以实现的必需要素。

私人开发商

包含艺术的开发项目的推动力通常不是来自私人部门，尽管有些值得注意的例外。在塔尔萨，威廉姆斯房地产公司充当威廉姆斯中心创立的催化剂。该公司和城市合作，确立项目核心部分表演艺术中心的需要，以及提供持续的补贴以确保开发的成功。另外一个实例就是加利福尼亚的科斯塔梅萨南海岸广场，在此，开发商亨利·西格斯托姆（Henry Segerstrom）在约 $810hm^2$ 的土地上创立办公、零售、酒店和艺术用途非比寻常的结合，而这片土地以前是他们家族拥有的青豆田。西格斯托姆的贡献在于将土地用于建造剧院和表演艺术中心，为一座野口勇雕塑公园筹集资金，以及捐赠数百万美元用于表演艺术中心新建设的花费。

许多开发商对启动此类项目感兴趣，只是他们不具备这样的资源；此类开发，一旦项目开发的话，需要实质性的前期投入、复杂的分阶段实施，以及错综复杂的管理体系。开发商必须准备好将即时回报延期为长期回报，其中有些回报的时间甚至难以确定。因而，房地产机构常常更喜欢关注更加传统的机遇。真正参与包含艺术多用途开发的开发商往往会是大型的多用途机构，它们通过小型 MXDs 项目或复杂的适应性用途项目工作获得了专业知识。

任何发起这样项目的开发商都很可能表现出强烈的企业家领导才能。大部分的开发商可能会面临实施宏伟或高尚工作的挑战，这种挑战或许可以看作他们职业生涯的顶点。在这样的局势下，由于投入产生的回报依然必须制定，开发商更加倾向于纳入一系列的便民设施，而这些设施是不会立刻产生利益的。

艺术部门

项目的此类推动力可能来自和艺术相关的文化机构或私人基金会。纽约现代艺术博物馆，面临更新和扩建其设施的需要，通过出售给其建筑之上空间开发权的方式筹集了资金。此交易的结果是建造了独立产权居民大厦，以及博物馆方面不间断的收入来源。

对于基金会而言，积极的开发角色是相对新颖的。在克利夫兰，一家有着支持艺术历史的社区基金会——克利夫兰基金会——首当其冲地建设了剧院广场。受到保留和改造三座历史剧院意愿的启发，该基金会意识到它们以及衰落的市中心地理位置会吓退可能的观众。它还认识到以附属的商业用途加强和推进剧院并恢复周边地区活力的需要。因而该基金会购买了邻近的商业地产，支持可行性研究，为建立和营销艺术和土地用途制定策略。

在匹兹堡，通过收购邻近土地并出租给一家大型公司建立总部大楼的方式，海因茨基金会首当其冲地为斯坦利剧院的恢复生成资金。这样的构思后来发展成中心城区文化区计划，其目的在于服务广泛公共目的和产生大量经济活动。

基金会和文化机构通常会在音乐会方面合作，基金会提供资金，文化机构则准备总体性计划或可行性研究，为项目整合来自公共机构和私人部门的支持。

其他发起人

包含艺术的 MXDs 也可以由其他实体发起，比如恰恰出于此目的而建立的中介机构。这些团体都合并了公共、私人和艺术部门的因素。

中心城市开发公司是一家半公共性质的机构，一家由圣迭戈市建立的、以协调改造工作和扭转市中心不景气局面的非赢利开发公司。该公司承担了所有的开发前和开发活动——以圣迭戈市再开发机构的名义获取土地，和开发商谈判，为建筑、法律、规划和经济服务等签订合同。

霍顿广场是零售、办公和酒店的综合体，是该公司参与的多个项目中的一个。认识到项目需要特别营销地位以面临艰难的郊区竞争环境，该公司规划和帮助为该地区建造两座剧院筹集资金，为它们的运作提供不间断的资助，而且鼓励项目开发商留出足够的资金用于艺术计划。当附近的一座剧院被市民团体确认为建立博物馆的可能地点时，该公司找到开发商参加博物馆的建筑开发。

1982 年由 ULI 出版的《中心城区开发设计手册》（The Downtown Development Handbook）对该方法评述如下：

人们常常建立公共或半公共性质公司，以促进市中心的普遍活跃程度，它们可以被授权以支持或加入特定项目……除了公司地位的总体优势之外，它们有着重要的力量，能够被用于启动市中心（开发）项目：卓越的支配力，出售免税收益债券的权力，从销售或出租房地产获取收入的权力，征收房地产税收的权力，特别评估，或特定公共改善费用。……独立开发公司增加城市的有效管理及其协调公共和私人行动的能力。

在达拉斯，由于存在公共和私人部门合作的牢固传统，建立了一家被称为达拉斯艺术区联盟的HOC委员会，以建立一个确保该市艺术区域开发目标取得优先权的发展论坛。艺术区域要求的规划、设计、土地用途控制、成本分担和地区配套方法，要经过认真推敲和具备创新意识。该联盟的组成成员代表了公共、私人和艺术的利益，它创建资金机制、公共政策目标、分区和规划指导方针，而且为此区创建非赢利性管理机构。

查尔斯中心—内港管理有限公司是一家私人非赢利性公司，其建立的目的就是为巴尔的摩市提供市中心开发过程的管理服务。它按照年度合同和城市进行运作，并且有履行实施市中心政策中管理决定相对自由的权利。

管理规划过程

由于包含艺术开发项目会延续多年，不间断的管理必须贯穿开发过程的所有阶段。通常，项目发起者也会承担这样的协调角色。然而，这样的领导并不是一成不变的分派，它可能由一方转移到另一方。比如，只是由于一家艺术机构没能提出比联盟最终规划更加审慎的项目合约条款，达拉斯艺术区联盟才最终得以建立。

在参与各方之间发展起来的密切关系带来的可能不仅仅是可观收益，而且还有大的困惑。必须清楚界定每一参与方承担的角色和责任——他们协调规划的哪个方面，谁为何种可行性研究及测试方案提供资金。另外，还必须创建不间断的沟通机制。

建立开发策略

一旦项目被启动，私人、公共、艺术联盟已经建立，就有必要规划初步概念和开发策略。开发策略必须切实可行，并将联盟成员的可能构成、阶段划分、成本、管理和参与变化考虑

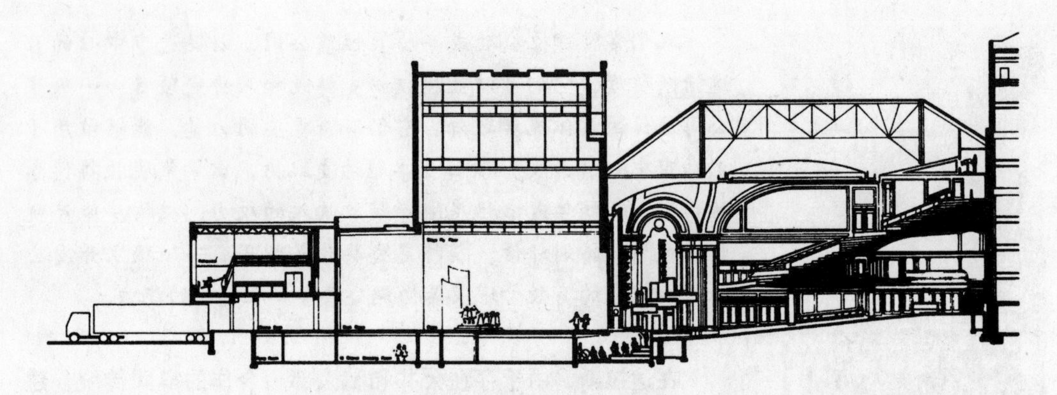

在内。同时，基本概念应该足够清晰，以启发参与者的想象力，使得公众理解并支持该项目。

开发策略很可能随着规划过程的推进而改变、发展。经过一段时间后，其构成部分可能包括：

- 对项目目标和目的的说明；
- 对项目所期待的形象和个性的清楚表述；
- 项目构成名单——包含何种用途和设施，谁对资金筹集负责，何时划分阶段，谁可能是潜在的最大租户——以及获取所期待的各方协力的计划；
- 推进项目的总体计划，包括规划完成、设计、建筑、入住日期，开发小组的构成，设计审查等；
- 营销计划，包括提出项目与众不同的市场地位；
- 对公共参与开发过程及项目本身本质的首次估计；
- 管理计划。

问题

规划过程中可能出现的问题包括：

- 如何界定最佳迎合项目全部目标的各种用途。尤其是如何定义艺术及设施的本质及范围。
- 如何联系不产生收入的文化用途而确定产生收入用途的地位，为的是赋予每项用途合适的侧重及形象，以确定市场合力。
- 如何贯穿项目始终提供以人为本的空间和便捷的人行通道，许多公共机构越来越多地期望 MXDs 项目提供户外都市休闲区。
- 如何创立及保持令人兴奋而活跃的氛围，这将造就极具吸引力的目的地。如何使项目对居民和游客产生吸引力，为的是它不被人们理解为旅游陷阱。
- 如何促进 24 小时的活动周期。

• 如何在不会使开发变得不堪入目和打扰他人的情况下提供足够的停车位。

包含艺术项目的经济

在包含艺术的多用途项目中，很大一部分地段被用于消费收入、而不是创造收入的用途，这便加大了经济风险。因而经济谈判中的挑战是双面的：各方必须找到公平分担风险和分享收入的方式，他们还必须确保项目包含文化在内的所有目标都得到满足。

对于本书中的许多案例研究项目而言，谈判过程是长期的，也是敏感的。在典型的房地产开发中，许多经济问题以传统方式得到解决（因为传统情况下，城市为项目内和四周的特定开发买单），或以法律方式解决（当开发商被要求将1%的建筑成本分配给艺术时）。然而，加上文化因素，就提出了许多新问题，而且没有清楚地解决问题的方式出现。在每一种情况下，参与者不得不设计出个性解决方案，以满足他们的特定需要。

出现的问题首要的是艺术用途如何界定。这成为旧金山耶尔巴布埃纳花园项目规划的一个症结，因为他们已经为文化构成部分设立了独立的预算——一个由城市支付的多科目艺术中心——以及娱乐、休闲和游艺用途设施则由开发商支付。开发商坚持认为，特定的、以社区为中心的活动，比如民族节日和街区集市，在本质上是文化的，它们及其设施应该来自文化预算。另一方面，艺术规划者则认为，这些活动应该是休闲或娱乐，他们坚持认为，艺术中心应该限制在专业级别的传统艺术科目展示。此问题最终通过增加艺术中心预算和包括有争议的用途的方式得到了解决。

投资成本

包含艺术的项目通常需要公共改建和设施，远远超过在典型房地产开发中提供的那些。文化设施当然是此要求中的主要因素，但还有其他因素。土地可能会被分配给那些配有照明设备、人造景观及路面、水及街道小品的露天广场和公园。设计要求通常会很高，其结果是，材料的质量要求更高，建筑及工程费用更昂贵。

财政安排必须构建良好，为的是这些成本按比例公平地分配给不同参与方。最简单的方式可能是计算出直接成本分配公式。然而，参与者之间的关系本质及各方可获得资源使得这样的方法很难奏效。

达拉斯、洛杉矶和旧金山的经历尤其具有重要意义。在达拉斯，其艺术区域包含了许多分散拥有的土地，市政府同意为那些被正式确认进入开发过程而作为城市花费的项目买单，比如正常的街道铺设、灯光和标志。设施的花费——树木、下水道、灌溉、特别铺设及街道设施——将在城市和附近的地产业主之间分割，后者将为在各自地产门前的直接改造部分负责。在许多情况下，在附近地产改造之前，城市为改造设立日程表，比如水和污水管道。随着这些必要部分的完成，责任转移到不动产业主方，他们完成各自地区的改造开发。

洛杉矶的加利福尼亚广场项目制定了周密的财政规划，以弥补开发商分担的特别的财政负担，一名顾问在 1981 年 10 月将其估计为 5860 万美元。这笔钱中的大部分和项目中的文化及开放构成部分有关。所安排的财政计划就是降低土地成本。基于开发商最终从当代艺术博物馆和项目其他设施中获取了一些利益，经过调整，他们获得 3080 万美元用于成本负担。土地的全部价值估计为 8910 万美元，但是城市同意将开发商的协调花费当作代替付款，从而把土地成本降到了 5830 万美元。

在旧金山，预计会有类似的土地成本下降，作为耶尔巴布埃纳花园财政安排的构成部分。但是尽管进行了大量的谈判，城市和开发商还是无法就项目中分配给公共设施的金额部分达成协议。最终的安排是，开发商需要为其购买或租赁的土地付出全额的市场价值。再开发机构将利用这些程序进行文化中心和花园的投资。

运作成本

本书中几乎所有的案例研究项目都有着一个主要的目标，那就是，以其商业用途为文化构成部分提供源源不断的经济补助。为达到上述目标，还建立了几项机制。

一种方法就是免除税收。在现代艺术博物馆案例中，纽约市同意放弃居住大厦独立产权不动产的税收收入。反而，还授权建立一项文化资源信托，以收集独立产权业主的税收，并将这些资金专门用于博物馆的扩建项目和随后的运作。

另外一种方法就是纳入商业用途产生的收入补助。在旧金山，计划为结合耶尔巴布埃纳项目的某些土地租金和办公楼的参与费用（其地皮将被出售），提供每年的花园和文化中心的安全、维护和运作预算。租金和参与费用将和收入比率联系在一起。纽约南街海岸使用了相似的理念：劳斯公司运作了项目中的三层特色食品市场，支付基本租金；然后，在重新获得运作费用和收到期望的回报之后，剩余收入在劳斯公司和海港博物馆之间分成两半。博物馆协同城市和州分享其收入。

在洛杉矶，相反的是，计划补助将和艺术项目的成功联系在一起。开发商同意部分补助用于当代艺术博物馆，其费用将在基于博物馆参观记录的基础上通过公式加以计算。

管理包含艺术项目

包含艺术的多用途项目的成功不仅取决于构成部分的个体成功，还取决于不同用途间的互补关系。为了确保所有部分的需要，无论是商业还是文化的，一旦项目完成就将得到满足，应该策划综合性管理机构。在项目规划阶段应该尽可能地解决管理问题，因为管理问题的解决会影响设计、资金筹集和其他事项。

必须处理如下几个关键问题：

- 哪一实体为项目公共利益部分的随后维护和安全负责？
- 促销努力如何，从而对项目和个体部分产生最大成果？
- 艺术构成如何管理以保证艺术独立性和完善，并确定其补充整个项目？
- 艺术构成的长期活力如何保证，假如预计其不能产生利润或自我维持？

包含艺术的 MXDs 代表了一种有着较短管理历史的新现象。本书中讨论的案例中，几个还处于规划阶段，其他的则处于建设阶段。有些运作了较短时间或方式有限，但尚不存在运作充分、阶段划分充分的开发项目，还不足以确立可靠的管理模式。

然而，我们能够发现一些新的东西。Zuchelli 的亨特合作公司的汤姆·弗林（Tom Flynn）在其文章《维护和管理协定：多用途开发的实施》（《都市土地》（Urban Land），1984 年 6 月）为 MXDs 项目确定了三种管理方法：

1）在一个项目中的特定构成部分或地理部门的公共和私人参与者间分配责任；

2）建立不同的管理、维护实体，独立于任一主要参与方之外，当其他参与者加入时可能代表更广泛的利益；

3）向开发商本人或第三方分配公共责任。

然而，弗林告诫道：

> 如指出在此课题方面具有准确的知识体系，是具有误导性质的。因为实际上，购物中心的维护和管理问题方面的协议仅仅经过了最近几年的发展，仅仅通过了所有主要参与方都可接受的反复试验的成交过程——开发商、城市官员、半公共性质公司和其他的——在典型的多用途项目中。事实上，各方完全接受的协定的发展过程，很可能是一种永远无法企及的目标。

现代艺术博物馆获取了最简单的解决方案：在博物馆和其居住大厦间没有持续存在的关系，每方独立地为各自的维护和管理负责。但整个项目有着比典型的包含艺术开发项目更简单、更直接的结构，两种用途无论在占有的空间还是在其用途方面

都不重叠。

对于其他项目而言，各参与方之间存在的某种关系在运作阶段都是必不可少的。在旧金山，耶尔巴布埃纳花园的参与者选择了综合弗林的第一和第二个方法。再开发机构和开发商为不同的项目构成部分分担责任，再开发机构负责花园和文化中心的运作和维护，而开发商处理酒店、办公楼、居住区、零售和娱乐、休闲、游艺用途。然而，文化中心实际上由一家非赢利机构管理（尚待成立），在再开发机构的合约下工作。城市、开发商、艺术区域和其他的赞助方都将在非赢利机构的董事会中拥有代表。

这样的非赢利中介机构可能会作为包含艺术 MXD 的可行性管理模式而出现——或至少作为艺术部分的管理模式，尤其当单独存在的文化机构没有参加时。比如，非赢利性匹兹堡文化资源信托为市中心的文化和娱乐区协调了开发过程，而且有望为该区提供持续的服务和进一步的活动，包括管理经过改进的斯坦利剧院和其他艺术设施。在圣迭戈，他们规划了一家非赢利性公司，以一美元一年的价格租赁霍顿广场剧院，以运作和维护那些设施。由达拉斯市授权的一项研究推荐建立三个独立的非赢利机构，以管理达拉斯艺术区：（1）一家管理机构，处理租赁、维护和其他商业事宜；（2）一个政策制定实体，负责促进地区及其活动；（3）一家成员机构，提供公共观点的论坛。

无论管理机构最终采取何种形式，这些问题早处理而且处理好是至关重要的。公共空间项目公司是一家纽约市咨询公司，它实施了达拉斯研究，并且在其报告中强调“强大的管理机构是市中心区或公共地区成功的唯一最重要的因素”。

结论

包含艺术的多用途项目提供了令人激动的利益前景，无论是对于创立了它们的公共、私人和艺术的联盟，还是对于它们所处城市地区的市民。然而，它们的开发是极其复杂的，也是极其耗费时间的。只有在开始的时候为项目建立清楚、相互能够接受的特定目标，还有在坚强而有责任感的领导指导开发过程时，它们才可能获得成功。

只有当多用途项目除了艺术之外，其余部分都具有经济意义时，才应当制定纳入文化部分的计划。艺术活动应该和商业用途周密结合。这种综合规划将有助于建立成功的市场形象。它还将确保文化存在将提供高品质规划。最重要的是，它将保证所有项目用途——产生收入和不产生收入的——将互相支持和加强。

准确界定将艺术纳入多用途项目所增加的资金花费或取得的投入回报，依旧是困难的。艺术事业对城市的累计影响是可衡量的。然而，尚不存在精确计算艺术部分对特定项目所增加的经济利益的工具。文化机构和设施看起来确实改进零售和酒店业，提高酒店房间的周末入住率，激发顾客对办公空间的兴趣，而且提升项目的整体形象。凯泽·马斯顿（Keyser Marston）合作公司是一家房地产咨询公司，在召集包含艺术的MXDs项目方面具有大量的直接经验。来自该公司的迈克尔·马斯顿（Michael Marston）总结了房地产环境如下：

我一直建议我的客户建造高品质项目，然后长期持有它们。这点在包含艺术部分的大型MXD项目中尤其如此。合理包含艺术的房地产项目有提供商业空间的机会，这是独一无二的，由此，它们在市场中获得了令人高度向往的地位。我个人觉得包含艺术的多用途项目，在更长的时期内，比更加标准的房地产开发有着更强的价值增值潜力。

公共机构和私人开发商必须估计到大量而昂贵的谈判。由于公共机构通常必须首先集中土地，制定计划，选取开发商（在合资项目中也是如此），公共参与方通常必须获取新的专业知识。他们随时准备提供训练有素的公共部门专业人士，但这些还不足以规划和运作这些项目。挫折和延期通常会折磨设施规划不善的项目，因为这些设施没能符合开发商的要求。当艺术机构的展示高品质展品或上演高质量演出的能力为未知时，

项目也会遭受损失。

结合了艺术的 MXDs 变得更加复杂，它们的经济要求也是如此。它们通常需要长期的开发日程安排。必须考虑现实的时间框架，估计项目规划成本，以确保工作进行良好并且避免不必要的失望。

一旦开发商和公共官员在关于艺术的空间和资金上达成实质性责任协议，文化区有责任提供优质产品。艺术空间不能被轻易改造成商店或办公楼。文化机构必须迎接和公共官员、私人开发商一起工作的挑战。他们经常会需要新的方案和观众的开发计划，以支撑协议中关于他们的利益。创新的计划必定会将邻里居民、办公室工作人员、酒店客人和参加会议者发展成观众，以及来自传统艺术的赞助人。

这些计划的成本可能很高，而且资金无法轻易从平常艺术捐助人处获得。然而，一些艺术部分的成本，可从开发本身重新获得。应该给参与的艺术团体增加部分项目资金和运作费用。而作为回报，艺术会为市场吸引极大数量的消费者。

杰出的设计对这些项目极其重要。在评述其他地区从圣迭戈的霍顿广场可以吸取教训时，中心城市开发公司的杰拉尔德·特林布尔（Gerald Trimble）说道：

一项重要的、可以传递的项目就是，城市设计方面的项目应该伴随商业交易始终进行。此两个因素必须加以监管直至施

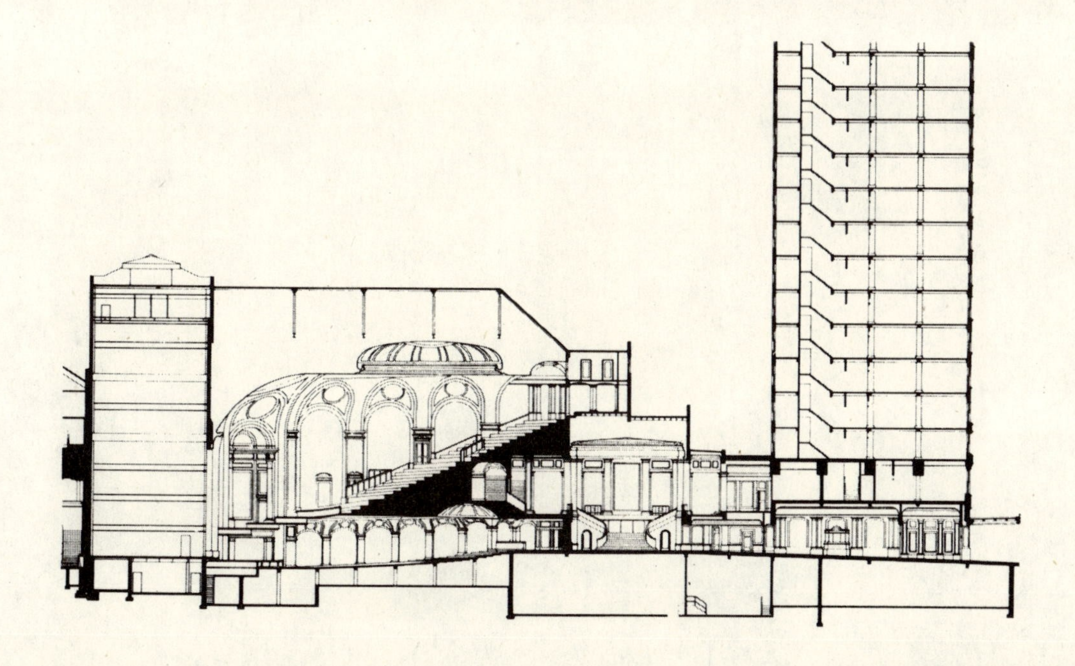

工的完成，然后一直到租赁的完成。我们还必须考虑这些不同开发的功能和运作，它们如何结合，它们如何在未来数年发挥作用。我们花费大量的时间思考表演艺术、剧院和影院——这些项目的所有以人为本的组成部分——如何被纳入其中，以便开发项目可以很好地接纳观众，消费者如何愿意经过其他大型的开发项目来购物和用餐，而且在城市中心享受娱乐。

这些设计需求包含了一流的、可以容纳特定艺术科目杰出展品的艺术设施。然而，随着艺术进入多用途领域，“文化”的定义可能需要拓展，以包含节日、户外休闲、流行音乐会和能够吸引大量人们的集市。流行娱乐的文化精英或者传统方式都无法完全满足需要。事实上，新的艺术形式可能从这些项目运作经历中发展而来。

尽管有着这么多的复杂因素，艺术、私人开发和支持性公共政策之间正在出现的合作关系，对所有参与方可能都是相辅相成、互惠互利的。正如视觉艺术世界在纽约市外分散分布一样，在人们居住、工作和游玩的这些创新多用途项目中，艺术的其他部分也能找到自己的位置。这种现象完全能够给城市带来激发活力的影响。

纽约市　现代艺术博物馆

案例研究1

项目简介

在 1975 ~ 1984 年间，现代艺术博物馆（MOMA）——世界上现代时期视觉艺术领域首屈一指的博物馆——在其位于曼哈顿中城的第53街西11号的著名建筑西部扩建了一个侧厅；通过重塑其东侧现存的侧厅，其略微缩小，但是没有毁损其神圣的雕塑公园，而且在整体上，其将展览区以及研究、工作、教育和零售空间扩大了一倍。

所有这些改变并非本着赢利或时代性变化的精神进行的，只是通过让数量快速增长的观众能够接触到其丰富收藏的方式，保存 MOMA 的传统，保留现代艺术遗产，提升其作为品位仲裁人的用途。博物馆的发展已经超出其画廊空间（3762m^2）所能容纳的程度，以至于到20世纪70年代中期，它在任一时间仅仅能够展示其15%的绘画和雕塑收藏。它的发展还超出了其资金来源，以至于实际上，在不花费资助未来运作的基金捐助的情况下，它已经无法进行常规资金筹集。而且，因为没有更多场所，MOMA 不能从入场券和零售收入中提高自我维持的能力。

此僵局被一笔房地产交易打破了。MOMA 将其邻近地产上的空中所有权以1700万美元的价格出售，MOMA 说服城市和州当局通过立法建立文化资源信托基金会，促成了这次交易。该基金会可在不影响博物馆免税地位的情况下，接收空中所有权出售带来的款项。它还获得来自已开发地产的免税收入，以及独立产权单元房出售给业主的款项。由此，空中权利出售在某种程度上使得博物馆可以进行扩建，以开发运作补助。

博物馆和开发商把空中所有权变成了公寓楼和现金

随后，芝加哥的查尔斯·H·肖公司建造了一座52层的独立产权公寓楼，该公司就是MOMA空中所有权的购买者。博物馆公寓楼和博物馆独立运作，后者尽管同时但却是独立建造的。两栋建筑使用相同的转换楼层，这些楼层用来容纳两栋建筑各自独立的设备系统。

15607m^2的博物馆扩建总共花费了5570万美元。通过发行两个系列、总价为6000万美元的债券，基金会支付了扩建费用，今后再用免税收入偿还。公寓楼和新博物馆都已完工并且入住了。

该机构的历史展示了创造性智慧、毅力、美学与财政等方面的整合，以及MOMA和肖公司之间良好的合作意愿。

城市文脉

中城破产，尔后随着经济、艺术和娱乐而迅速发展

曼哈顿中城南接第34街，北接第60街，东面和西面则是第一和第八大道，一直被认为是纽约市中心的——也是西方世界的——文化生活中心。

尽管林肯中心和大都市艺术博物馆在市中心之外，却有许许多多的艺术画廊和剧院在其区域之内。许多中城场所变成了整个美国工业一般描述的那样："百老汇"作为剧院的代名词，"第七大道"作为时尚的代名词，"麦迪逊大道"则作为广告的代名词。"第五大道"被普遍理解为高级零售商店，而"公园大道"则是奢华住所的同义词。位于中城的办公楼、百货商店、饭店和酒店促进了该区的全面活跃。它总是拥有丰富的、形形色色的用途。

在1980年，一份中城开发项目草案报告总结了那些特质：

> 附属的办公高楼群对中城天空的统治反映了其支配用途：国家及国际商业管理和金融。纽约市拥有作为国家和国际商业和金融中心的杰出品质，而它又由多种多样的其他用途支撑——或帮助支撑：各种各样的专业和商业服务；观点的集合；国际艺术及文化中心；著名教育、医学和宗教机构的驻地；无出其右的商品和服务种类市场；一个提供从百老汇剧院到低级舞场所有一切的娱乐"餐前菜"；一个受欢迎且在不断壮大的旅游、酒店和饭店中心。
>
> ……使得中城区（Midtown）成为一处名区，并且具备独一无二都市个性的品质，比其构成部分的数量和种类更多。它来自大道、街道和地方的风格和格调：第五大道有雄伟的石灰石建筑、高雅的百货大楼和商店、宏伟的教堂；洛克菲勒中心；百老汇剧院区，尤其在开幕前；现代艺术博物馆的雕塑公园，及其紧接北面的中心街区的品质和规模；饭店街；绵亘的公园大道——这仅仅是其特别品质和与众不同之处中的一些，它们都对令人激动的整体贡献颇多。
>
> 这种特质的结合，有助于保持曼哈顿中城区作为纽约市经济心脏的用途。它是超过60万人的工作场所，这几乎占了整个城市1/4的工作岗位，是地球上工作最密集、最能产生财富的地方。

现代艺术博物馆位于西53街，在第五和第六大道之间。其扩建工作必须在如下两个背景下加以考虑：

- 博物馆的西部和南部私人的中城区开发项目的扩建，它们提升了博物馆地区和附近地区的价值；

- 大量的城市分区法令，包括销售和转移空中权的潜在可能，它们自1961年开发以来，其设计目的是为了保护和提升中城区的品质，确保私人开发和公共利益目标同时被满足。

位于第六大道西部的中城区开发的当代历史，据说开始于1969~1972年的4年间，当时纽约经历了其历史上办公建筑的最大发展。在那段时期内，在第六大道西区建造了近174.6万m^2的办公场所。然而，在这个建筑兴旺后不久，城市进入了经济衰退期。1970~1977年，该市损失净工作岗位超过60万个。20世纪70年代中期，纽约几乎走到了破产的边缘。普通信用市场对其关闭了大门。它之所以得以存活，主要是因为制定各种各样的紧急经济措施，其中最著名的便是城市援助公司的创建，它实施了形形色色的非常规公共和私人政策，帮助城市恢复健康。

在恢复过程中，曼哈顿在经济侧重点上做了显著的转移，从制造和生产性工作转移到金融和公司总部的创建，尤其是在信息和出版方面。此趋势是全国性发展的组成部分，在这次全国性发展中，城市地区和其中心商业区将发挥更多的商业和联络中心用途，而非制造地的用途。

在这种转变发生的同时，还出现了两种其他趋势。1981年城市规划局的一份报告描述了这两种新的相互关联的因素：

在1976年7月的200周年纪念之后，该市从其暂时性经济衰退、媒体恶意批评和对城市问题的夸大中得以恢复，再次以伟大的旅游目的地形象出现在公众面前。

旅游业也在快速发展。旅游业快速增长的国外部分既和纽约作为国际中心的角色有关，也和其汇率有利、对外国人而言是理想的购物场所有关。在1979年，创纪录的1750万名游客拜访了该市。他们花费了22.5亿美元，为市政府直接创造1.8亿美元税收收入。酒店入住率也达到了空前的83%。

该市的全国和国际的功能造就了商业服务——法律、会计和广告是其中最重要的。作为支持的旅游业、酒店和饭店业则造就了蓝领服务，帮助填补了制造业衰落留下的职业市场的空白。这种艺术、文化和娱乐对于城市商业和金融总部功能及其旅游业的共生关系，不必作过多说明。当然，它也不应当被低估。艺术、文化和娱乐功能完善就是一项重要事业。根据迪

左图：现代艺术博物馆雕塑园，1939年5月开业时情景。（出处：纽约现代艺术博物馆）

右图：洛克菲勒雕塑园，菲利普·约翰逊于1954年设计。（出处：Bolles）

克·内策（Dick Netzer）教授的报告，它贡献了3%的城市国民生产总值——和证券业一样多。它还有助于结合和补充组成纽约中央商务区的不同活动。

因此，该市认识到其文化机构有益于旅游业，构筑中城区大部分特征的高水平商业决策，因为办公楼前广场至贯穿街区长廊商场的便民设施而得到提升，这些设施使得中心街区街道之间的道路变得顺畅。

艺术环境 MOMA 变成其自身成功的受害者

现代艺术博物馆于1929年建造，为的是“在公众中培养对于现代艺术的充分理解”。当它在租用的、位于第57街和第五大道赫克谢尔大楼的租用场馆里首次开业时，因为它不拥有任何绘画，雕塑作品也只有一件，MOMA并不像其创办计划中的博物馆，其第一个场馆包含了宽敞的、用于画廊展览和教育活动的空间。在早年时期，该博物馆完全垄断了美国公众对现代艺术的兴趣。只有少数的纽约画廊还展示20世纪的绘画和雕塑；当时对于当代艺术的大众评论较少；当代艺术的学术调查几乎不存在。因而，公众对于MOMA暂时性展览和发布表现出的热烈响应，甚至使最忠诚的支持者都感到惊讶。

在博物馆教育公众的同时，它还于1939年前，在其第一位主管小艾尔弗雷德·巴尔（Alfred Barr，Jr.）的指导下建立了永久收藏，当时MOMA搬进了第四座同时也是最后的位于第53街11号的场馆，并以各种方式收藏了多达2500件作品。在1939～1941年间，其收藏品数量增长了一倍。在接下来的每个

10年间，收藏品数量都再次翻番。

最终，该博物馆的唯一一座礼堂变得不足以容纳电影、讲座和其他教育活动。用于展示印刷品、绘画和博物馆建筑和设计收藏典范的房间，也证明是有限的。用于学者和饭店的设施也慢慢变得过分拥挤，其零售运作的效率和赢利因为空间受限而削弱了。博物馆还发现需要一座图书馆兼档案馆，用于其工作人员和不断壮大的学术团体的研究。

到20世纪70年代，博物馆显然成为了受害者，同时也是在它帮助之下公众兴趣爆炸的受益者。因为小艾尔弗雷德·巴尔和其他MOMA创建者的工作，在很大程度上，纽约变成了世界当代艺术之都。它有着超过500个展示当代绘画、雕塑、图片、印刷品和海报的艺术画廊。该市其他博物馆和大学迎合了MOMA首次培养的艺术和设计的品位。

MOMA现在不得不应对不断增加的学者、学生和从业专业人士对研究中心使用的需求。因为其收藏的大部分无法在自己画廊展示，它提出了举办巡回展览的庞大计划，而且它不吝惜贷款来举办这些展览。在1974年7月~1976年6月间，MOMA举办了15次不同的展览，包含的艺术品超过1500件，遍及31座城市，向147个美国机构贷款近1500次。

同时，博物馆面临着不断加剧的经济压力。1965~1975年的10年间，MOMA的会员数量从32000名下降到了25000名，部分原因是它无力支付强有力的推广活动，还有部分原因是大都市艺术博物馆（Metropolitan Museum of Art）的受欢迎程度及成员规模高涨。通过其他措施，MOMA的生命力受到了质疑。《纽约时报》艺术评论约翰·卡纳迪（John Canaday）表达了其狭隘的观点（1976年8月）："大都市艺术博物馆已经从现代艺术博物馆手中接管了城市文化中心的地位，而后者陷入了保守的历史姿态。MOMA是历史上最伟大的博物馆之一，但是现在它已经没有任何现代色彩……在过去的17年中改变了现代艺术博物馆的是，"他继续说道，"美国艺术赶上并超过了它。"

随着参观人数的下降，博物馆每年的赤字接近100万美元，而且股票市场贬值，威胁着逐渐减少的资金捐助。在整个70年代中叶，博物馆都缺乏空间和资金。

大家提出了很多增加收入的建议——从冻结博物馆收藏和展出已经展出过的艺术品，到"出售馆藏"或出售画作以获得运作资金。这些观点没有一个被认为是合适的，因为受托管理人相信MOMA不应该变得停滞不前，博物馆收藏已经是公共财产，应该得到特别捐助，为的是其他人能够观赏这些文化财富。将收藏作为适销物品的做法被认为至少是不道德的，假如不是非法的话。反之，受托管理人和工作人员决定继续相信博物馆原始理念，将收藏品完全留在西53街。他们削减职员，引入运作经济机制，增加收入，但是在1975~1977年间，这些举措被证明仅仅能够防止赤字越过100万美元的水平。越来越多的证据表明，博物馆如继续处于当前场馆中的话，将永远无法实现自我维持。人们预计，博物馆赤字将于1979~1980年超过120万美元，而且“随后会快速增长”。

MOMA走到目前的危险经济状况是一点也不奇怪的。从其早年开始，它就一直处于资金不足，在很多场合中发动集资活动，既是为了缓和场馆扩建的持续需要，也是为了加强基金基础。

在1959~1961年间，博物馆筹集了2550万美元的资金，以扩建建筑和拓宽基金。用这些资金，博物馆于1964年5月开放了由菲利普·约翰逊（Philip Johnson）设计的侧厅、经过整新的阿比·奥尔德里奇·洛克菲勒（Abby Aldrich Rockefeller）雕塑园、新画廊和研究中心。1968年，附加的扩建工程竣工了，当时博物馆在其后的第54大街购买了一座建筑，它曾经是美国惠特尼艺术博物馆。这座被称为北翼的建筑，被改造成为了图书馆和艺术品库房。

但是缺少画廊空间的局面继续存在，原因是MOMA有义务展出其全部的现代视觉艺术品。比如，在20世纪60年代晚期，博物馆图片部由欧仁·阿捷特（Eugène Atget）获得了卓越的伯尼斯·阿博特（Bernice Abbott）图片藏品。但在获取时展出一次后，仅仅只有代表性的阿捷特作品能够展出。

开端

资金驱动成功了，但远远无法满足

在20世纪60年代晚期，几项研究调查了转移博物馆附近房地产之上的空中权利，成为可获取利益的企业。一项计划建议，博物馆上方商业办公楼开发能够净赚相当于1000~1500万美元的博物馆基金的收入。这种收入，结合筹集的3500万美元资金，足够支付博物馆运作花费。

然而，在这些研究继续深入之前，70年代的经济衰退开始了。这次经济减速和曼哈顿市中心办公空间计划过度供给联系在一起，使得MOMA受托管理人确信推迟提议的建筑计划。更重要的是，每年运作赤字会慢慢持续上升，受托管理人决定所有新近捐款应该添加到基金中去，以支付每年的赤字。没有实施任何实质性的新建筑，除非这项首要目标被满足，并且运作任何新建空间的费用得到足够基金。

MOMA 的资金筹集目标因而被减少到 2150 万美元，都用于运作资金。这个数目在 1974 年得到私人捐助者的保证。然而，同时，博物馆基金有价证券的价值，因为股票下跌和提款支付运作赤字而消失了。2150 万美元的资金筹集有助于确定博物馆的财政稳定，反而变成针对当前损失的纯粹的特有行为。

在 1975 年，博物馆因此开始考虑恢复经济健康的两个额外选择：为了经济支持，加强其作为文化和经济才能的吸引力；开发其房地产潜能。需要让博物馆有盈余的预计年收入约为 100 万美元。假如 MOMA 每年从城市或者其房地产获得此数目的话，它可以依赖传统捐助者获取资金，以补充其基金。

不幸的是，在博物馆能够请求市当局支持之前，城市遭受了有史以来的最严重的财政危机。随着城市数以千计地裁减警察、教师和其他员工，关闭博物馆和图书馆，以挣扎着避免破产，MOMA 请求每年 100 万美元运作资金是完全不合时宜的。

所以，MOMA 启用了第二计划，即 $6131m^2$ 的一流的中城区地产的商务开发。初步的可行性分析表明了有利的结果。仅仅几个街区之外，最近建成的奥林匹克大厦是一座豪华的住宅及零售大楼，它在施工完成之前就几乎售完。受此鼓励，MOMA 的计划聚焦于在提议良久的新西侧翼楼之上为博物馆建造一座豪华公寓楼，以解决空间难题。

构想

MOMA 出售空中权，购买地皮

增加博物馆画廊空间的计划是基于最早从 1969 年发展而来的一项政策，此政策在市长约翰·V·林赛（John V. Lindsay）的监督下取得了逐渐发展：鼓励私人开发商在百老汇新办公楼中建造正统剧院，这可作为增加建筑高度的交换。使用空中权利提供文化设施的原则，是由博物馆总顾问和行政主管理查德·科克（Richard Koch）向 MOMA 提出的，但是当办公楼市场衰落时被束之高阁。然而，它现在出现了，20 世纪 70 年代晚期将见证第五大道中心地区强大的豪华公寓市场。有人怀疑，带有大的电梯核心的办公楼能否安置在博物馆上方，但是住宅楼或许可以——假如 MOMA 能够把其空中权出售给开发商，而不危及免税地位的话。

MOMA 召集了有才干的顾问小组来帮助应对这次房地产挑战。理查德·温斯坦（Richard Weinstein）是一位城市设计师和建筑师，一直负责林赛市长领导下的剧院地区的规划，当了解到博物馆的兴趣所在时，他在洛克菲勒兄弟基金会担任顾问。到1975年底，在和一直担任林赛的城市规划的专员唐纳德·H·埃利奥特（Donald H. Elliott）共事时，温斯坦为空中权策略提出了一个新构想：

- 沿第53街在邻近的地产上新建一座博物馆西侧翼楼；
- 在西侧翼楼顶上建造一座完全用于居住的大楼（而非一座办公及居住混合大楼）；
- 在新分区规则下将MOMA空中权转让给私人开发商；
- 创建一个特别州机构——文化资源信托局——代表博物馆，利用公寓开发赚取的替代款项担保的、免税的融资，为扩建筹集资金。

在初步建筑概念准备完毕之后，博物馆请求温斯坦指导一个成熟的可行性研究。埃利奥特准备了一个财政计划，彼得·E·帕蒂森（Peter E. Pattison）指导房地产部分。所有的人和市长的工作人员密切合作，他们共同组建了向理查德·E·奥尔登堡（Richard E. Oldenburg）负责的工作小组，后者时任博物馆主管，并向约翰·D·洛克菲勒三世负责，他是博物馆主席。

评论家保罗·戈德伯格（Paul Goldberger）在1976年2月13日的《纽约时报》描述了温斯坦设计概念的关键，其描述如下：

> 该设计（也）说明了博物馆建筑本身的一些显著变化。面朝雕塑园的主建筑后墙将被移去，一面玻璃墙将竖立于距离现在墙壁数英尺之外的地方。玻璃墙地区向所有楼层开放，将发挥流通枢纽的用途，自动扶梯直达顶层，当参观者乘坐扶梯而上，可以看见花园和画廊的全景。
>
> 温斯坦的计划也需要把博物馆的餐厅转移到雕塑公园的东侧，在此现在是达农科特（D'Harnoncourt）暂时性展示画廊。然而，雕塑园的规模仅仅会略微减小。

财政计划需要新的州法律，以为文化资源处理信托做好准备，它将限制征用权，具备发行免税债券和接收替代地产收入的权力。提议中的信托将把博物馆空中权出售给私人开发商。一旦塔楼竣工并入住，税收方面每年总体超过100万美元将直接进入城市，支付给信托。这种预计的趋势将允许信托发行免税债券，资助建造扩建的博物馆空间。

合作

MOMA 信托赢得城市和州政府拥护，以及法庭裁决

1976 年 6 月，为文化资源创立 MOMA 信托的提案递交到了纽约州议会面前。该提案的目的是，允许纽约州所有满足特定资格的文化机构，建立类似信托以管理房地产项目，作为一种改善文化运作的方式。

该提案受到了公共官员和文化机构领导的广泛支持。亚伯拉罕·比姆（Abraham Beame）市长在马丁·E·西格尔（Martin E. Segal）的建议下签署立法，后者是林肯中心现任主席，和该项目关系密切。比姆陈述了他支持扩建计划的原因：

> 注意到博物馆在没有请求市政府现金款项的前提下，竭力解决困难的财务问题是很重要的。在我们历史的这个时刻，这是一种救济，它就像银行中的资金一样。

尽管有这种高水平的支持，在立法提案被州参议院通过后，却被州众议院否决了。《纽约时报》报道："平衡培养那些使纽约市成为处于经济绝境的文化中心的需要和欲望，此问题是整整一个小时议会辩论的主题。"奥利弗·G·科佩尔（Oliver G. Koppell）是一位来自布朗克斯区的民主党人，他是这样描述这个问题的："我们不能在无法养活孩子、完成新学校建设和使医院开业的时候，去建造黄金宫殿。"

在提案失败后不久，市长比姆、博物馆拥护者和文化领导人进行了大量的游说努力。一些立法者害怕，立法代表了一种"特洛伊木马"——它将使得强大的博物馆挤出一条路，进入开发业。唐纳德·埃利奥特（Donald Elliott）反驳道，替代税收款项如直接进入城市的话，将数目不会变大，信托征收权利不会如此地有威严，以至于使得文化机构取得征税土地。

埃利奥特强调了文化社区内的巨大希望，即希望计划成功："我想我们都觉得，必须找到筹集资金的方式，而不是去要。我们不再能够去大的捐助者那儿，因为那儿已经没钱了。"

两天后，立法会彻底改变了其立场，批准了信托法案。唯一的区别就是，增加了在创立前纽约市评估委员会批准信托概念的要求。修正案的影响就是，把争议从州转移到城市。州长修·加里（Hugh Garey）随后签署了赞同信托的提案，为市评估委员会复审项目铺平了道路。

在随后的 1977 年 9 月，在评估委员会考虑之前，项目被纽约市规划委员会审查。规划委员会批准了博物馆塔楼计划，但并不是没有表达大楼处于地区中心的忧虑，这将改变第 53

街的特征。还听到了批评缩小雕塑馆规模提议的声音。戈尔丹·戴维斯（Gordan Davis）专员解释了委员会文化赞成计划的原因：“因为复杂而困难的设计问题，我相信，假如委员会不相信此举对于博物馆的存亡不可缺少，他们是不会赞同该项目的。”

规划委员会和评估委员会审查计划的同时，一项挑战该法案合法性的诉讼呈交给了曼哈顿纽约州高等法院上诉部。该诉讼来自多塞特酒店（Dorset Hotel），其地产位于博物馆的西54街部分附近。如公寓塔楼建成，酒店的视野将被阻隔，而且酒店拥有西53街29号一座赤褐色砂石建筑的地役权，这使得它有权对该地区的任何建设设置限制。MOMA需要使用该地产和其他在西53街31、33和35号的地产，以建造新的大厦。

现代艺术博物馆

项目数据

物理结构 构成—收入生成	
住宅塔楼	263个独立产权 38000m² 居住空间 44层在MOMA侧厅上，开始于第7层（第7层和第8层是机械和服务楼层，9~52层为居住楼层） 178.78m高
构成—艺术/文化 开放空间	
现代艺术博物馆	15600m² 新空间 18860m² 改建空间 总共34460m² 建造MOMA附近6层西侧厅设施，改建和改进博物馆剩下部分
方位	西53街，纽约市
总开发商	博物馆塔楼合作公司—查尔斯·H·肖公司（Charles H. Shaw）和莱昂·迪·马泰斯（Leon DeMatteis）建筑公司
博物馆建筑师	西萨·佩里（Cesar Pelli）合作公司，纽黑文，康涅狄格州，项目设计师和格伦（Gruen）合作公司合作，纽约
塔楼	西萨·佩里，格伦合作公司和杰奎琳·罗伯逊（Jacquelin Robertson）合作
开发期限	1979~1984年
估计总开发费用	
博物馆扩建开发费用	5570万美元
财政费用	888万美元
居住塔楼	
空中权购买	1700万美元
开发费用	1亿美元

州高等法院裁决，该法案在三个方面是违反宪法的：

1）因为州法律要求免税在“笼统”而不是具体基础上进行的；

2）因为征收权力只有用作“公共用途”，以及“这里包含了非公共用途”；

3）因为州议会违反了州宪法，方式为通过了特别法案，影响了纽约市从市议会没有获得“地方自治权信息”。

MOMA 随后要求纽约上诉法庭举行特别法庭听证会。美国艺术惠特尼博物馆提出了非当事人意见陈述，声称该法案是合法的。一位惠特尼发言人解释说，尽管他们是“没有考虑类似项目，假如我们想要做类似事情的话，有类似可利用的法律总是好的”。

在 1978 年 11 月底，州上述法庭支持了立法的合法性。多梅尼克·加布里埃里（Domenick Gabrielli）法官函致公众表达其看法，认为：“新法并没有保证唯一特权或者特许，在这些情况下不能被看作私法，因为它满足了宪法的普遍性的精神。”他还强调，“州公共利益”支持文化机构。

查尔斯·肖被选作独立产权塔楼开发商

随着有利的法庭裁决，MOMA 准备更进一步。阿伦开发公司（the Arlen Development Corporation），奥林匹克大厦的开发商，于 1978 年春天和博物馆签订了意向书，但它在合法性诉讼中由双方协议、允许失效了。到 1979 年春天，通货膨胀极大提高了项目成本，结果就是，新侧翼所需资金推动要比以前规划的 3600 万美元更多。然而，独立产权公寓塔楼市场已经改善，所以塔楼构想从半出租、半独立产权大楼变成了全独立产权结构。这种修正需要对公寓布局做大量变化。还必须解决将新塔楼正面和扩建的博物馆大楼的正面相“结合”的难度。

健康的独立产权公寓市场有助于激发来自超过 20 多个潜在开发商的项目兴趣，但是到 1979 年 5 月，博物馆仅仅在和查尔斯·肖谈判，他是一位有着强大经济地位的芝加哥开发商，有着可靠的美誉，而且有开发高品质多用途项目的记录。弗里德里克（Frederick）和阿方索·迪·马泰斯（Alfonso De Matteis）被肖引入项目，作为总承包商，他们的联合企业称作博物馆塔楼合作公司（Museum Tower Associates）。

肖面临着这样的挑战，即吸引独立产权公寓买主到以前数十年从未见过豪华居住公寓的地区，以及为项目建立既独立于博物馆又和其有关系的个性特征。尽管存在这些障碍，他从大陆伊利诺伊国家银行（Continental Illinois National Bank）和芝加哥信托公司弄到了大笔资金，以1700万美元的价格购买了博物馆的全部空中权。

项目数据：现代艺术博物馆

位置	纽约，第53大街北，介于第五大道和美洲大道之间	
竣工	1984年春	
建筑师	西萨·佩里及其合作者，纽黑文，康涅狄格州，项目设计师和格伦及合作者，纽约，博物馆部分的设计师	
顾问	机械工程师：	科森蒂尼及其合作者（Cosentini Associates）
	建造工程师：	罗森沃瑟及其合作者（Rosenwasser Associates）
	照明：	唐纳德·布利斯（Donald Bliss）
	景观（雕塑园）：	津恩与布林及其合作者（Zion & Breen Associates）
承包商	特纳建筑公司（Turner Construction Company）	
建造成本	5500万美元	
总面积	15600m² 新空间	
	18860m² 改建空间	
	总共34460m² 扩建博物馆	
内部分解	画廊	8080m²
	公共区	
	主厅及教育中心	1130m²
	花园大厅	1670m²
	部门研究中心	1390m²
	图书馆	840m²
	礼堂	1240m²
	剧院Ⅰ期（460个座位）	
	剧院Ⅱ期（217个座位）	
	管理实验室	740m²
	饭店	1920m²
	花园咖啡厅（220个座位）	
	会员餐厅（240个座位）	
	博物馆商店	740m²
	库房	1580m²
	商店	740m²
外部特征	办公室	6040m²
	机械室	3440m²
	西侧翼和博物馆塔楼正面：混凝土框架；铝和玻璃幕墙，装饰有11扇不透明陶瓷玻璃和着色景观玻璃	
	花园大厅：钢制框架，装有铝和玻璃幕墙	
	玻璃类型：PPG绝缘玻璃，带有过滤紫外线的中间层	
	西侧翼外观被设计的目的是为了沿第53街博物馆外部的全部组成部分。原来的白色11号楼包含了扩建的大厅通道，现在在其侧面有了深灰色的西侧翼及类似的东侧厅	
内部结构	人员流动被水平安排，通过一层电梯从11号主楼进入新西侧翼。该系统位于新四层楼、由玻璃封住的花园大厅。一处明亮、通风的空间，从这可以看见雕塑园，第54街和曼哈顿市中心	

博物馆塔楼合作公司对于空中权的全部购买，立刻使得MOMA远离了开发的财政风险。但是为了确保耽搁良久的项目马上有进展，博物馆让肖和迪·马泰斯保证塔楼以其个人和公司资产担保塔楼完成。

在1979年11月，文化资源信托以收益抵押的方式发行4000万美元债券，以使施工开始。为了取得最初提出的3A品质，债券被一家抵押基金保证，MOMA向其捐助了3100万美元的非限制性基金，以附带条件委付盖印契约保持债券的生命力。债券销售的程序将以如下方式分配：

信托收益债券收入

土地获取	400万美元
建设和固定设备	2500万美元
费用及其他	700万美元
	3600万美元
资本利率和保险费用	400万美元
	4000万美元

MOMA信托管理人一直相信，查尔斯·肖能够开发出卓越的豪华住宅楼，该楼将满足爱德华·迪雷尔·斯通（Edward Durell Stone）和菲利普·古德温（Phillip Goodwin）的建筑标准，后两者是博物馆1939年原始建筑的设计师。肖参与了美洲广场（United Nations Plaza）和塔尔萨威廉姆斯中心早期的开发工作。他理解曼哈顿房地产及其多用途开发的困难。

肖同意了一系列独特的设计标准及审核过程。因为西萨·佩里已经被选为博物馆建筑师，肖的工作必须符合西萨·佩里的基本构想，及其为塔楼和博物馆建造幕墙的理念。博物馆和独立产权公寓塔楼是用途分离的，它们又构成一个建筑整体。幸运的是，MOMA坚持高品质的建筑和设计，这和肖关于住宅楼市场的理解是一致的。

肖在5年塔楼规划和建造时期内，对于博物馆工作的态度是持续合作："你们必须彼此相信它会成功。"赢得这种完全信任的是MOMA职员、由唐纳德·马伦（Donald Marron）担任主席的受托管理人扩建委员会，后者是佩因·韦伯（Paine Webber）公司的董事长。他们努力工作以使博物馆的规划和施工计划和博物馆塔楼合作公司互相协调。

扩建的博物馆综合体的横截面位于第 53 大街立面的后面。原来 6 层大厦的部分被移去，以展示其后玻璃环绕的花园大厅。第 54 大街上的北侧厅未展示

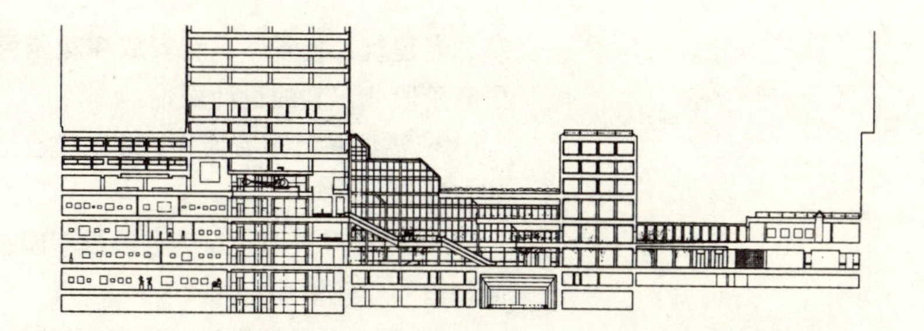

尽管不能准确确定博物馆独立产权公寓增加的价值，肖承认了其受益关系："和现代艺术博物馆的文化力量联系在一起，在这个城市、这个世界，就是一种明显的附加值。当所有项目完成，博物馆塔楼和 MOMA 扩建将显然被理解成一个有机整体。"

MOMA 和肖的空中权合作是否能够被其他文化机构和开发商复制，是一个悬而未决的问题。博物馆塔楼联合公司为空中权付出了创记录的价格——一个其他开发商或许不会接受的前期投入。肖还必须和其他两位建筑师合作（西萨·佩里负责博物馆扩建和塔楼外观，爱德华·迪雷尔合作公司则负责塔楼内部）。仅仅交易完成之前的规划就花费了数百万美元，而且押下了很重的个人担保，确保塔楼完工。作为这些苛刻义务的交换，开发商获得了在曼哈顿中心最佳地点建筑的机遇以及和世界知名博物馆联合的美誉。

尽管，纽约的其他非赢利机构，如纽约历史学会和圣巴塞洛缪（St. Bartholomew）教堂，很早以来就提议在其建筑上建造塔楼，但最终的协议却未达成。这样的项目需要非赢利机构和私人开发商之间一直有着罕见的信任关系。

在文化或非赢利机构之上建造公寓塔楼的构想，还受到了豪华住宅市场很小的限制，并受到从开端到销售、长期的（7～10年）建造周期的限制。这种延长的时间跨度束缚了大多数开发商获取资金的能力。

规划

MOMA 在转换楼层旁边和下面建造建筑

在 1977 年 2 月，在确定耶鲁大学建筑学院院长的职责之后的一个月，西萨·佩里被 MOMA 委任设计其扩建和改建项目。西萨·佩里以前是洛杉矶格伦合作公司的合作方，并为其指导了如洛杉矶太平洋设计中心和印第安纳州哥伦布市县府大楼中心这样的项目。

西萨·佩里选择在可行性研究阶段使用由理查德·温斯坦开发的方案设计的基本特征：一条花园大厅循环枢纽连接新建

筑和老建筑，将餐厅重新安放在花园侧翼。他面临了在可行性研究阶段认识到的设计困难：

• 需要将已现有博物馆建筑整合进博物馆扩建和公寓塔楼的新计划；

• 需要保护博物馆著名的雕塑园，还要建立一条穿过扩建博物馆的流通格局；

• 需要为塔楼建造一座高大建筑，但是不能阻碍花园的阳光。

佩里保留了西53大街11号1939年建筑的外观，并使其和新的西侧厅以及菲利普·约翰逊设计的1964年建造的东侧厅相交融。佩里相信，无论如何：

> ……外观必须保留下来。这可能是我们为重要机构建造现代建筑的首个范例，它已经被普遍认同为博物馆的象征。该外观意味着“现代艺术博物馆”等同于“阿维尼翁（Avignon）少女”。

佩里设计的玻璃墙，以及将游客从底楼入口载往顶楼画廊层的自动扶梯，解决了流通问题，使得沿整个建筑的向上运动变得舒适。玻璃墙有着将博物馆从53街再次定位到54街的附加影响。《纽约时报》的保罗·戈德伯格（Paul Goldberger）以如下方式描述了这种改建的影响：

> 此产生的影响是微妙而强有力的。博物馆以前是一座中等规模的建筑，面朝第53街，有着怡人的后院。如今，由于建立花园大厅和博物馆雕塑园东侧餐厅的改址，成了一座“U”形建筑群，面朝54街和雕塑园。第53街，尽管还是正式的前门，现今实际上是博物馆的后门。其前门是它的优美花园，为了横穿街道即可以达到第54街的高尚建筑——此街景非常像第53大街自身在博物馆变得如此之大之前展示的那样。

在内部设计中，佩里决定不在内部空间投入过多的个人色彩。相反，他把新画廊设计成与现有画廊一致的风格。佩里把评论人寻找的小规模画廊结合起来，其流通格局是使大量人员从一侧登上建筑，从而不会干扰画廊的私密。

对于独立产权居住塔楼而言，大规模的设计研究为每一楼层探索可能最佳布局。最终，肖和其合作者选定了一种布局，

左上图：MOMA 的新雕塑园，从此可看见公园大厅
出处：特里·桑德斯（Terry Sanders）

右上图：MOMA 新西侧厅三楼的抽象表现主义画廊景象
出处：亚当·巴托斯（Adam Bartos）

右下图：现代艺术博物馆沿第53街扩建后的外观，包括左侧远端新西侧厅，中间为最初的1939年建筑，右侧为1964年建的东侧厅

将每一楼层的公寓数量从9间减少到6间，把其中4间起居室安放在每层的四个角落。这种安排使得许多公寓可以看见雕塑园。

肖还必须首先建造一个平台，然后在其上建造开发项目。在本质上，他购买了博物馆提议扩建区上最多44层的空间；他必须确保其下的房屋骨架按照独立产权公寓塔楼计划的时间顺序完成。

相应地，肖和MOMA缔结了一份5年协议，在此时期内，新博物馆侧厅建筑将被建成，构成基础，然后在上面继续建造公寓塔楼。此协议反映了项目的两个基本方面：

- 尽管扩建的博物馆设施独立于共管的塔楼之外，在单独的施工布置图下可以更经济地建造特定空间；

• 博物馆对于公寓塔楼外部和大厅区域有特定的美学标准，开发商必须满足这些标准。

在协议之下，整个项目被分成三个部分：

• 6层较低的建筑，它将安置扩建的博物馆西侧厅（除居住塔楼大厅和电梯外）；

• 44层的独立产权塔楼部分；

• 两个转换楼层，安置机械设备。

协议为整个项目制定了开发时间表、一份互惠地役权协议、一个针对影响博物馆和塔楼设计问题的联合审查程序，以及“具有特色的豪华住宅楼”的标准。双方同意支付各自份额的底层建筑和转换楼层。最终，协议准备了仲裁机制，以解决完成底层建筑框架中可能发生争端和终结日期（除外观外），以及为塔楼颁发入住证。此协议证实了一种业已建立的开发模式，即开发商和博物馆各自独立地运作和管理项目，但双方又协作作出重要决定。

在完成西侧厅之后，博物馆建造工作继续独立进行。这种关系使得结构、机械和电力工程师们按照博物馆和独立产权大楼的基本需要进行工作，同时，还可以加速独立产权塔楼的建造工作，它将于博物馆之前完工。

当前状态

MOMA 像集市

扩建后的博物馆在1984年春天重新开业，在第二年则以“20世纪艺术中的‘尚古主义’”为口号，展出了其全部藏品。其展览空间从3760m^{2}翻番到了8080m^2，所以，MOMA现在可以展出其作为完整的现代艺术史永久收藏品。威廉·鲁宾（William Rubin）是一位绘画及雕塑评论员，他向《艺术新闻》（*Artnews*）讲述了博物馆扩建对于艺术爱好者和学者的意义：

> 无论你把现代艺术的起源定义为19世纪80年代的艾尔弗雷德·巴尔（Alfred Barr），也就是我们收藏开始的时期，还是稍早些的马奈（Manet），我们本质上面对的是100年的艺术……在一个当代艺术被广泛展出的世界里，在一个除了我们外其他人很难组织——比如毕加索或是卢梭，甚至超现实主义或抽象表现主义——作品展的世界里，该博物馆的展览方案是对整个现代艺术历史负责，而不仅仅是或主要只对正在发生的负责。

右图：阿比·奥尔德里奇·洛克菲勒雕塑园于 1984 年。

左下图：MOMA 的新花园大厅俯瞰阿比·奥尔德里奇·洛克菲勒雕塑园。该大厅安置了一排电梯，连接了博物馆新西侧厅和最初的建筑、东侧厅和西侧厅
出处：亚当·巴托斯（Adam Bartos）

右下图：场地规划，MOMA

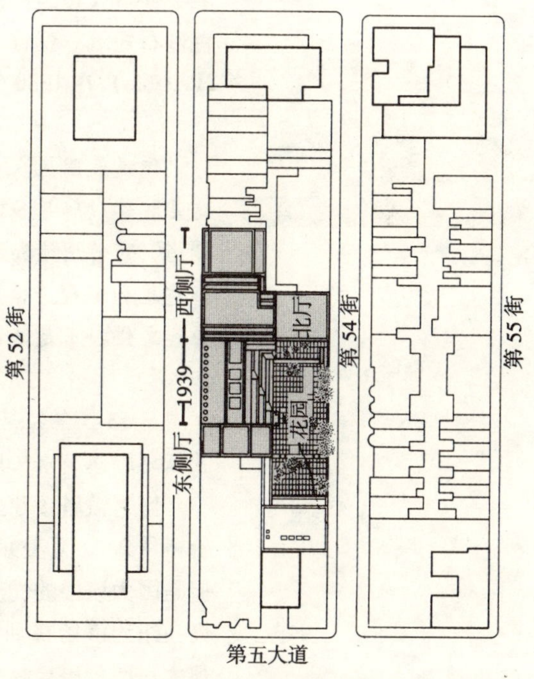

新的绘画和雕塑画廊保持了融洽的规模和环境，博物馆一直在扩大会员的数量和展出作品的种类。艺术家们所取得成就中的最重要的作品被在合适的历史环境中，和其他人的作品并

列展出。在木质楼层的特别设计的画廊中，给轮流展出当代作品提供了空间，这些作品需要的是比收藏家公寓更像艺术画廊的展出环境或者阁楼工作室。

MOMA 的其他主要组成部分——建筑和设计、图片、印刷品以及插图书籍和绘画——已经使得展出空间翻番，这样它们能够安置暂时性展品和展出作品，而这些作品以前是不可能展出的。其他改建包括每个展览区的研究设施、第二座礼堂、一座扩建的图书馆以及团体教育中心。另外，还建造了两家新餐馆，一家提供给会员，而另外一家提供给参观者，它们都建造在花园东侧。博物馆商店被扩建，包括了超过 $740m^2$ 的地面空间和改建后的东餐厅底层以及西 53 街 37 号的扩建部分。

建筑的流通格局，通过建造沿建筑花园正面的玻璃墙扶梯大厅，而得到极大改善。当由菲利普·约翰逊设计的花园体验，被更大规模的扩建博物馆和公寓塔楼改变时，它作为城市的心脏中精致的绿洲的精品却得以保存。

新建筑给第 53 街的影响一直是正面的。为了使花园完美无缺，MOMA 被迫沿第 53 街进行扩建，在此过程中，拆毁了赤褐色砂石建筑。就像埃达·路易斯·赫克斯特布尔（Ada Louise Huxtable）在 1980 年 6 月 29 日《纽约时报》中撰写的那样：

> 但是最困扰人们的是——现在依旧是——第 53 街的破坏，这是扩建必然导致的。这一直是曼哈顿市中心最具有吸引力的侧街，随着用途和风格的变化，小规模的老建筑、其赤褐色砂石建筑和市政府转变成了商店。画廊和餐馆，结合了建筑、商业和文化。正是这种街道提供了美国城市的大部分吸引力。

第 53 街的特征确实被新 MOMA、塔楼和其他沿街正在耸立的新高层建筑永久地改变了。

博物馆塔楼独立产权公寓于 1983 年早期投入市场，其购买价格从 24.7 万美元到 500 万美元不等。刚开始销售进展缓慢，但是因为该楼的优质材料，致力于保护业主隐私，现在看来公寓在纽约市场找到了独特的定位。几乎所有的公寓已经售出，很大一部分出售给了外国公民。“博物馆塔楼正是为了那一小部分高收入人群设计的，他们欣赏世界上最令人兴奋的城市中心的安静、奢华和精英地位”，肖说道。

尽管扩建的博物馆对于第 53 街的建筑和人口影响，被许多人看成是负面的，他们担心牵连了商业地产，会有损于博物馆的完美，这样的担心长久以来被证明是没有根据的。通过文化资源信托立法条例，博物馆远离了塔楼建筑的商业方面和公寓销售。查尔斯·肖及其合作者被证明是优秀开发商，不仅仅是他们在建筑过程中对于博物馆感光度和设计要求方面，还在于他们追求公寓塔楼的品质。

在1984～1985年间，博物馆希望以1500万美元平衡其运作预算。收入替代款项于1984～1985年贡献了29万美元，而且有望在未来数年内大幅上升。博物馆很有可能以其新的全部资产支付扩建用途和增加的运作花费：增加的基金收益，从文化资源信托所获收入，增加的观众和会员人数，来自私人部门的不断的捐助，扩建的零售经营收入。尽管MOMA主管理查德·奥尔登堡汇报经济问题依旧存在，博物馆现在能够以其资源解决以前从未能解决的问题。

奥尔登堡解释说：

整个项目的真正目的从来不是使我们成为一个赢利机构，而是为博物馆提供更多的足够的空间。问题在于，在我们不能维护我们以前拥有的空间时，如何完成所有这些目标，如何获得更多空间。我们都知道，我们无法以这次扩建解决我们的经济问题，而且我们将不能消除我们的赤字——但是我们将拥有所需空间。我们将从更多参观者那里获得更多收入。该收入加上筹集的资金，应该可以使我们处于不错的局面。

所以，这笔复杂的交易看来成功了。新独立产权公寓塔楼项目使得博物馆不仅生存了下来，而且还进行了扩建——并且展览用途的扩建正是继续成功的关键所在。

MOMA于1975年实施了一个房地产项目，以寻求扩建和经济问题的解决方案，这并不令人奇怪，假如现代艺术的发展和公共对其欣赏的增长被考虑在内的话。博物馆的最初赞助人能够提供建造MOMA原始场馆的资金。当私人资金不再能够确保运作博物馆扩建工程时，博物馆需要的是商业计划以及来自政府的帮助。

房地产交易完成了机构转变，使得博物馆从由小团体捐助人维持的第一代博物馆转变成了成熟的公共机构，它有着来自政府和公司资源的大笔资助。扩建的建筑还标志着它由诸如小艾尔弗雷德·H·巴尔（Alfred H. Barr, Jr）和勒内·达农科特（René d'Harnoncourt）等具有远见卓识人士领导的高度个人化管

从第53街看博物馆塔楼

理，发展到了必须以新收入资源、政治影响和财政知识自负盈亏的管理结构。在这次由主管理查德·奥尔登堡和主席约翰·D·洛克菲勒三世夫人领导的机构转变中，博物馆得到了强有力的指导。

正是因为公众关于MOMA对于纽约市、对于国家和整个世界价值的理解，整个项目已经成为可能。新建筑也雄辩地说明了这个因素，正如评论家卡尔文·汤姆金斯（Calvin Tomkins）在1984年10月15日《纽约人》中描述的那样：

> 人们来博物馆的原因多种多样，期望也各不相同，但是他们的数量越来越大，而且他们的存在改变了博物馆的本质。传统上，在此国家（尽管不是在欧洲），博物馆的首要功能被认为是教育——博物馆是知识的圣殿，是品位的仲裁者。没有任何博物馆比MOMA更有效地扮演了那样的角色，当然，MOMA的教育性作品是精致而系统的，它们现在一直珍藏于永久收藏画廊中。但是，MOMA在其大部分历史中还扮演了其他角色。它比城市中任何其他博物馆更多地被用作广场和集会地，正是出于这样的功能，新花园大厅进行了合并和扩建，并重新设计加以提升。广场的重要性不应被低估。纽约拥有这样本质的集会场所相对较少，而且没有哪座城市可能拥有这么多。并且，这样的环境能够提供的愉悦，绝不是和观赏艺术品的经历无关。接触和教育无关层面的艺术完全是可能的——或者，就此而言，和威望无关的——一切只是因为乐趣。

纽约市　公平中心

案例研究2
项目简介

在其位于曼哈顿第51街和第52街之间第七大道的新总部大楼里，公平人寿保险社将提供一个非同寻常的、大量的公共雕塑、壁画和博物馆展品，以及一座有500座位的剧院。这种在公司办公楼中包含各种各样艺术和公共设施的承诺，体现了公平中心高层行政人员、惠特尼美国艺术博物馆、几位视觉艺术家和办公楼建筑师爱德华·拉腊比·巴恩斯（Edward Larrabee Barnes）之间的合作。该艺术规划包含了一系列的景观广场、地下广场——和洛克菲勒中心最初建筑平面交会处，将使公平中心成为洛克菲勒中心在第七大道的延续。

公平塔楼是一座54层的摩天大楼，计划花费2亿美元，竣工期限在1985年秋天，计划在美洲大道（第六大道）1285号于1959年建成的公平总部毗连。新建筑面向第七大道，填满了剩下的整个街区。这种全街区建筑群将包括278700m^{2}的机构办公空间。其艺术品特征为托马斯·哈特·本顿（Thomas Hart Benton）于1930年所做10组壁画《今日美国》，以及557m^{2}的、分成两个画廊的惠特尼博物馆分馆。其中一个画廊将展出惠特尼永久收藏的艺术品，另一个以暂时性展出为特征。

该建筑的入口——一个5层的中厅——将展出20.7m的罗伊·利希腾斯坦（Roy Lichtenstein）壁画和斯科特·伯顿（Scott Burton）的雕塑中最重要的作品。那堵37.8m高的拱廊墙，穿越从第51街延伸至第52街的建筑，将陈列索尔·莱威特（Sol LeWitt）壁画。其他被购买用于公共展示的艺术品，包括亚历山大·考尔德（Alexander Calder）的《特洛伊战争》（*Les Trois Barres*）和保罗·曼希普（Paul Manship）的《日子》(Day)。(曼希普在洛克菲勒中心室内溜冰场创立了深受喜爱的普罗米修斯雕塑。)

剧院将举行公共讲座和独奏会。

公司总部为艺术和剧院提供空间

新总部大楼将是第一座办公塔楼在第七大道的主入口，在此，老化的酒店和荒废的店面展现出的是一幅令人感觉凄凉的街景。在过去的20年中，开发商将其市中心的开发行为局限在更具吸引力的、靠近洛克菲勒中心的公园及麦迪逊大道和沿着东区的地区。公平中心和重要的分区变化现在将开发商的注意力向西转移。即使在项目谈判结束前，城市规划师和房地产专业人士称摩天大楼为该地区建筑的催化剂。随后，附近又宣布和开始了一系列办公室、公寓和酒店项目。它们包括该市两个重要文化机构的可以创收的塔楼、城市中心和卡内基大厅。

公平大楼耸立到了比其他中城区建筑都要高的高度，卡尔文·汤姆金斯称之为“公共空间新艺术”。汤姆金斯相信，艺术家、雕塑家和建筑师之间的合作关系超出了仅仅在建筑大厅和广场摆放画作和雕塑的范畴：

> 不是以雕塑的形式给公共空间强加美学地位，他们寻求使空间自身变得更有趣、更有活力，使得这些空间对穿过或在那儿集中的人们更有用。

城市文脉

市政府改变分区以鼓励修建更多真正的便民设施

曼哈顿市中心是一个杂乱无章的地区，其地界为第34街到中心公园南的第二和第九大道，现在依然是纽约市零售经济的文化活力的主要源泉。在此范围内，曼哈顿的地平线被塑造成世界上最受认可的都市风景。曼哈顿市中心最近开发项目的外形，很大程度上受到了该市1961年分区条例的引导，后者引入新的工具来控制建筑密度：容积率（FAR）。该条例为最大办公建筑设定了场地面积乘以15即为建筑总面积的计算公式，或者FAR15，以及通过具体系列的津贴，控制建筑高度和体积的例外或者补充。

西格拉姆（Seagram）大楼是路德维希·密斯·凡·德·罗（Ludwig Mies van der Rohe）于1959年建造的、青铜色表面的精品，成为该市新建筑最钟爱的建筑典范。它的宽敞的广场提供了就座空间、灯光以及市中心拥挤街道所具备的气氛。因此，1961年条例给带有广场的建筑提供了奖励：这些建筑的高度可以高20%。刺激性分区政策给建筑者提供了额外的建筑高度和体积，作为对“可产生津贴设施”的交换。

津贴还将提供给袖珍型公园，此类公园以佩利花园（Paley Park）和格里纳克花园（Greenacre Park）为典范，两者都是由慈善家提供、用以思考和消遣的场所。贯穿全街区的长廊商场和画廊，以米兰的Gran Galeria和伦敦的Burlington Arcade为其典范，它们同样鼓励改进街区中心的人行活动，商店则排列在人行通道的两侧。“有顶棚的人行空间”被提供了极高幅度的津贴补助，它们将全街区长廊商场的行人流通需求和受气候控制的空间、十足的高度和较大的尺度结合在了一起。这样的空间可以租借用于举办公共艺术展出、音乐表演、大规模栽培等活动，以及用于带有可移动座位和小吃食品供应的咖啡馆。建筑师和开发商将这些设施结合进了20世纪70年代建造于纽约市的许多摩天大楼。

罗伊、科奇滕斯坦的这幅壁画将挂在公平塔楼的大堂中

仅仅在市中心地区，1960～1980年间，就有接近7430000m^{2}空间的140座大楼拔地而起，它们堵塞建筑，阻挡阳光，使成千上万的工人进入业已拥挤的地区。到1980年，很显然，刺激性分区程序已经导致了太多的、毫无吸引力的、体积庞大的建筑，它们符合了该法令条例的条款，但是没有遵守该条例的精神，因为它们根本没有或很少提供真正的公共利益。它们可能提供了一座广场，但是可能太冷清了；它们可能设计了全街区长廊商场，但是光线暗淡。建筑评论家保罗·戈德伯格（Paul Goldberger）认为诸多分区设施“设计低劣，实施低劣，保养低

劣，现在大家不难提出这样的疑问：假如没有这些设施，因而也没有伴随设施的大型建筑的话，我们的情况是否会好很多。”

1980年，在纽约市规划委员会主席小罗伯特·瓦格纳（Robert Wagner，Jr）的指导下，一个由规划和设计专业人士组成的工作小组审查了1961年条例，草拟了一套新的管理市中心开发的指导方针。在其他目标中，他们希望鼓励开发项目从建造过度的东城区转移向西城区，后者有大量的地铁、经济实惠的生产力、使用不足的土地，以及数量稳定下降的居住人口。

到1982年5月，城市评估委员会将研究小组的许多建议纳入了一系列新条例，简化城市开发审查步骤，削除并不提供实际公共利益的FAR设施补助，提供更强大的刺激性措施促进西城区开发，包含第六大道西部指定的“发展地区”新楼建筑的显著密度差别。

同时，该市修正分区程序，将办公楼开发移到西城区，私人开发商在东城区建造三座摩天大楼，它们极大地增加了办公

洛克菲勒中心，纽约，1976年。底层广场坐落着保罗·曼希普（Paul Manship）的《普罗米修斯》雕塑和户外咖啡馆（周围是200年纪念旗帜）

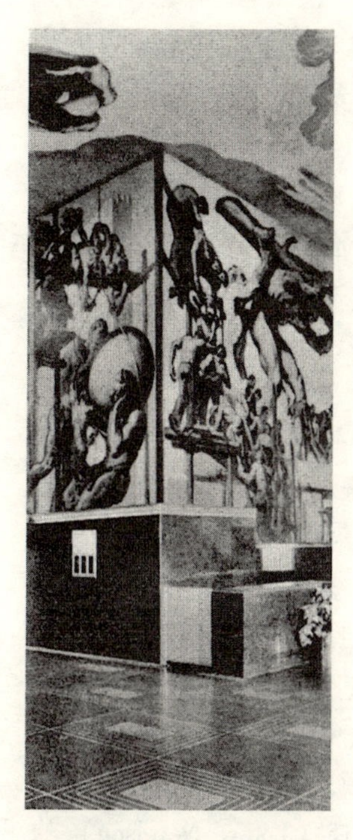

洛克菲勒中心，纽约，1978年。《美国进步》，约瑟·玛利亚·塞特（Jose Maria Sert）展示在RCA大楼的壁画，描绘了美国对智力和体力的依赖

大楼的面积，作为在底层提供艺术空间和封闭景观前厅的回报。这些建筑是43层、绿色花岗石的IBM大楼（93000m²），位于麦迪逊和第57街，由爱德华·拉腊比·巴恩斯合作公司设计；街道对面是37层的美国电话和电报公司总部（其奇彭代尔屋顶受到了广泛的讨论），由菲利普·约翰逊和约翰·伯奇设计；26层的菲利普·莫里斯总部，由乌尔里克·弗兰岑（Ulrich Franzen）合作公司设计，位于第42街和公园大道。

在IBM大楼，玻璃围护的前厅容纳了一个包含有其他稀有植物的竹园，它是由纽约植物园赞助的，以及一家咖啡厅，使顾客可以就座、就餐或交谈。从此前厅，自动扶梯载参观者直达地下艺术画廊。迈克尔·海泽（Michael Heizer）设计的花岗石喷泉坐落于第56街和麦迪逊大道街角，将典型的公司喷泉建造在数量众多的市中心建筑内或周围；瀑布则从一旁穿过石盆奔腾而下。

AT&T大楼在其侧的第55街和第56街上纳入了两座有拱廊的公共广场，以及其建筑底层西侧的通信博物馆空间。在该建筑的麦迪逊大道凉廊之下，他们还提供了可移动的公共座位。

因为深受街道拥堵和不方便的折磨，菲利普·莫里斯大楼在中央车站区提供了便民设施。它两座大型公共区域由惠特尼博物馆管理：一座3层的、总面积为483m²的雕塑园，和附近一个93m²的画廊，用于交换展品。

西城区建设者们——如公平塔楼和其位于公平中心的开发管理人蒂什曼·斯派尔（Tishman Speyer）房产公司——一直能够从这三座东城区塔楼的榜样作用中获取利益。但是，公平公司高级官员心目中的具体典范是邻近的一座建筑，后者25年来一直备受称赞，其数量众多、设计美观的设施供公平公司的大多数员工在每星期的此时或彼时使用，该建筑就是洛克菲勒中心。

作为一座宏伟的装饰艺术设计纪念馆，洛克菲勒中心结合了一流的办公空间和下方街道广场体系，将建筑和便捷的商店和餐厅结合在了一起。令人激动的壁画和雕刻油画使得入口和大厅变得优美雅致。其正规的海峡花园、屋顶种植园、人行道、广场和地下溜冰场提供了高品质、有生气的户外活动区域。

当洛克菲勒中心最初的石灰石建筑于20世纪30年代耸立的时候，它们面临来自两座令人惊叹的摩天大楼的激烈竞争，帝国大厦和克莱斯勒大厦。而且，其西侧的第五大道的地址，那时被认为是不时尚的，也是不方便的。但是中心的艺术和租户服务克服了许多不利地点条件。它甚至安置过科学和历史博物馆，它展出的科学模型、复制品和参观者操作的机器，自1936年开业以来，每年吸引了50万人。

20世纪70年代晚期当开发商开始规划公平中心西向第七大道扩建时，他们将所有这些都谨记于心。

艺术环境

公司欢迎公共艺术，博物馆拓展业务进入商业领域

纽约市建筑雕塑和装饰、壁画、镶嵌工艺和雕像的传统，是从丰富的公共赞助遗产发展而来的。曼哈顿市中心大量的办公楼建筑，则给公司提供了安置大型户外艺术作品的很多机会。有些作品只是更大版本的雕塑，这些雕塑在博物馆和画廊收藏中就可见到。其他雕塑则是为了纪念公共事件或者政治家或者英雄。但是直到20世纪70年代早期，开发商和建筑师都很少考虑在建筑内设计公共空间展示艺术品。典型的情况是事后诸葛亮；艺术不像装饰那样被认为是开发不可缺少的组成部分。

公共艺术从1970年被引入曼哈顿，打破了这一传统。在调查一组当代公共艺术品时，艺术品顾问南希·罗森（Nancy Rosen）描述了比如路易丝·内维尔森（Louise Nevelson）的《夜晚展示Ⅳ》（*Night Presence* Ⅳ）——一座6.7m高、安置于公园大道第92街购物中心的艺术品所作出的贡献时说道：

> 将公共艺术品的风格和精髓与它们所处地理位置相匹配带来的挑战，成功整合了艺术家个人视野和公共空间的挑战，是巨大的。选择和放置公共艺术品需要非同寻常的敏感性和责任感，以至于在大部分的偶然实例中，安放于公共场所的大型艺术品，看起来是合适的，甚至是特制的。由此，它们的作品在所处的环境中继续有尊严地耸立着。

艺术家越来越多地参与到和建筑师、开发商在项目设计开始阶段的合作，而不是此过程的中途。罗森解释了其重要性：

> 当艺术家参与较早，当他们的想法和概念被开发商和建筑师重视，而不是仅仅被当作装饰，公共艺术有能力展示（自身），满足我们惊奇、放松、消遣、沉思或喜悦的需要。

在私人商务建筑中安放大型艺术品的机遇，是艺术环境的重要组成部分，此环境构筑了公平中心项目。公平中心也是能够促进纽约公司和博物馆之间正在出现的合作关系的。在过去的15年中，几家纽约公司已经在其办公楼内纳入画廊空间或是博物馆分馆。这样的设施将展览带给了办公室日常工作的文化存在并不典型的区域。

惠特尼美国艺术博物馆于1973年担当了先驱，他们在位于沃特大街55号的新华尔街办公楼中，开设了一家446m^{2}的市中心博物馆。运作资金由公司捐助人、基金会和国家艺术基金会提供。其分馆现在位于华尔街26号的联邦国家纪念堂，为惠特尼美国艺术博物馆不断增长的收藏品提供了额外空间，为大多生活在曼哈顿之外的人们服务，这些人们因为生活地区的原因，发现参观位于上东城区的主馆是非常困难的。

在1978年，作为菲利普·莫里斯位于第42街和公园大道的新总部建筑师的乌尔里克·弗兰岑（Ulrich Franzen）建议，将该大楼一部分有顶盖的人行空间（它曾经得到FAR补助），捐助给博物馆或者画廊。由于菲利普·莫里斯长久以来是视觉艺术和尤其是惠特尼博物馆展览计划的主要支持者，他们很快就达成了协议。惠特尼博物馆主管汤姆·阿姆斯特朗（Tom Armstrong）描述了他对于启动市中心分馆的兴趣：

> 博物馆分馆使得我们得到了能够扩大展览计划的机会。使得我们有机会做或许对于惠特尼来说不太合适的事情，或者我们没有时间去做的事。博物馆分馆被理解为接触更多人的方式。曼哈顿市中城区有大量公众，在那时，只有在该地区，这样做才有可能。

5年后，也就是在1983年，菲利普·莫里斯惠特尼博物馆分馆开业了。该博物馆483m^{2}的空间展出了许多作品，尤其是亚历山大·考尔德（Alexander Calder）、约翰·张伯伦（John Chamberlain）、克拉斯·奥尔登堡（Claes Oldenburg）和乔治·西格尔（George Segal）的作品。附近另外一处102m^{2}的画廊每年举办6次暂时性展览。菲利普·莫里斯每年捐助大约20万美元给惠特尼美国艺术博物馆，用以支付所有和分馆有关的花费，尽管它对展览内容并不加以限制。惠特尼在菲利普·莫里斯的经历，表明了博物馆分馆可以在将艺术带给商务环境方面取得成功，而且不会损坏展览过程的完整性。

公平中心的艺术策划，是其扩建和公平公司早期参与收购艺术品带来的结果。此策划启动于1980年中期，然后得到了南希·汉克斯（Nancy Hanks）的推动（前国家艺术基金会主席，后来担任了公平公司董事会成员）。随着在公平公司主席科伊·埃克隆（Coy Eklund）的赞许以及首席成员大卫·哈里斯（David Harris）的帮助下，汉克斯将公司赞助目标重新定位为获得更年轻艺术家的作品。各种各样的印刷品和纸上作品被购买，用于公司高层官员餐厅。冈田谦三（Kenzo Okada）和杰克·扬格曼（Jack Youngerman）的绘画被增添到增长迅速的收藏之中。当代艺术品陈设满了38层建筑，无论是在接待室、走廊，还是其他经营区域。到1984年策划终结时，他们大约积累了164件作品。而项目终结正是为了给一项用于新总部建筑群的、具有更大野心的艺术策划让路。

开端
公正中心推动中城区向西部转移

从亨利·海德（Henry Hyde）于1859年建立公平人寿保险社以来，其总部一直在纽约市。它的首个官方总机构（home office）于1871年在百老汇120号开业，其特征便是该市的首个电梯系统，它使得该9层的花岗石和砖砌的维多利亚式建筑，成为了吸引观众的主要场所之一。当火灾于1920年摧毁该建筑时，公平公司很快地在原地址建造了一座36层的、意大利文艺复兴式摩天大楼。由欧内斯特·R·格雷厄姆（Ernest R. Graham）设计的子塔楼和石灰石外观给下曼哈顿下城的地平线增添了特性，而此前伍尔沃斯大楼一直是该地区的主要特征。然而，宏伟的新公平大楼直接从街道外墙毫不缩进地拔地而起，其5层楼之上的楼体覆盖了该地区的90%。

部分是为了对新建筑体积的批评作出回应，城市建立了高度管辖街区，以保护街道和大道不至于变成阴暗的都市街道。这些条例限制了建筑所能够达到的高度，它和大楼面前的街道应该符合一定的比例，除非其外墙逐层缩进。次法令构筑了纽约建筑的外形，导致了过多的“结婚蛋糕”式建筑，它们是如此重复而单调，结果导致了1961年的“可产生补助的设施”

位于第42街公园大道菲利普·莫里斯世界总部的惠特尼美国艺术博物馆
出处：杰弗里·克莱门茨（Geoffrey Clements）

美洲大道（第六大道）1285号：美国公平人寿保险社从1961~1965年间的办公楼
出处：沃茨兄弟公司，杭丁顿，长岛，纽约

法令的制定。

公平公司并未在百老汇120号待得太久，它在1924年向非商业区搬迁，到了第七大道393号的一座22层的大楼内，该大楼介于31街和32街之间，横穿宾夕法尼亚车站。当数十年后，该公司发展成为了该国第三大人寿保险公司，其高层官员研究了扩建大楼的问题，然后搬进了第51街和第六大道的一处场所。他们在第六大道1285号收购了土地，然后在1959年，一座42层铝和玻璃、呈L形的塔楼开始建造，该大楼有着超过14000cm^{2}的可使用空间。当公平公司的7000名员工于1961年搬进非商业中心时，它成为了纽约最大的单一租户建筑。

在随后的20年里，曼哈顿经历了建筑高速发展时期。美洲大道（第六大道）成为世界上最负盛名的地方之一，当时洛克菲勒中心在大道西侧继续扩建，CBS和ABC也在此相继建立总部。20世纪70年代的一次经济危机是短暂的。办公空间太过于剩余，有些分析家曾经预测将花费15年时间才可以消化这些办公场所，但是在1978年晚期，办公场所过剩现象消失了，从而触发了另外一波的建筑活动。市中心租金平均上升了超过30%，每平方英尺直逼40美元的水平，甚至更高。

同时，公平公司已经发展成为了该国主要养老金基金管理机构之一，它同时保持了在人寿和健康保险市场的地位。该公司有些运作区域是分区进行的，有些结算室用途已经移出了纽约。公平公司开始探索不同的经济服务市场，其房地产运作改变了投资策略，从抵押借款转向了财产所有权，很快使得公平公司确立了该市主要机构房地产投资商的地位。在它获取的成就中，有圣里吉斯（St. Regis）和希尔顿（Sheraton）酒店，第五大道的康宁格拉斯大楼，以及几座高层办公楼，后者被购买作为蒂什曼地产和建筑公司清除债务的一部分。1980年，该公司宣布了和唐纳德·特郎普（Donald Trump）共同开发特郎普大厦计划，还启动了一项收购政策，将纽约地区有价证券提升到20亿美元的价值。它还收购了办公楼后第六和第七大道间第51街和第52街街区剩下的所有土地，包括老化严重的阿比·维多利亚酒店。

所有这些因素使得公平公司高层管理人员评估公司未来所需空间。他们达成的结论之一就是，开发办公楼后所剩街区。正如《房地产论坛》报道的那样：

（到1979年）他们决定开发公平中心街区的剩余土地。

“我们的决定，”本杰明·霍洛韦（Benjamin Holloway）评论道，“是建立在观察的基础上的：阿梅里卡斯大道很大部分建造在了第42街和第57街之间，最好的中城区街区，大约已经尽其所能向东扩展，现在不得不向西了。随着时代广场、第4街改建工程慢慢来临（我们曾经为其早期工作提供建议），以及项目中的会议中心，我们很自信，市中心西部的伟大复兴只是时间问题……，而且我们的大楼将是该区复兴的一部分。尽管我们在这些项目完全定型之前就开始规划，所有这些项目现在即将逐渐获得批准。”

该地区的大楼租赁有了一个1981~1982年的限制，该地块主要房地产——也就是阿比·维多利亚酒店——的完工日期也进行了谈判。1981年1月，约翰·T·沃尔什（John T Walsh）成为了公平公司内部开发小组的领导人。爱德华·拉腊比·巴恩斯合作公司签约成为项目建筑师；建造了1285号大楼的特纳建筑公司（Turner Construction Company），成为新建筑的建筑经理人；蒂什曼·斯派尔房地产公司（一家主要的国内开发商，公平公司购买了其一份有限合作股份），为全部项目承担了管理责任。公平公司执行副总裁本杰明·霍洛韦成为公平房地产集团主席，当时地产运作于1984年取得了独立子公司的地位，从开始就监管开发工作。

构想

艺术能够赋予建筑投资以名誉地位

公平公司决定在其办公楼后进行开发的决定，迫使其高级管理人员决定“西侧塔楼”将是一项地产投资、总部，或是两者的结合。另外一个问题就是，是出售还是租赁1285大楼。公司还有机会研究一系列的职员调整替代——包括把大部分运作移出市中心之外，到可能更具有成本效益的地区。高层人员和市官员会面，以审查将办公楼移到曼哈顿之外地区的选择。部门领导仔细审查了将公司搬到其他城市的好处。1982年，公司的房地产运作在董事会同意下，将其国内总部在变成子公司之前，搬到了亚特兰大。

1982年，约翰·卡特（John Carter）取代了科伊·埃克隆（Coy Eklund）成为公平公司的主席，一年后，他成为首席执行官。约翰·卡特开始加速公司的多样化经营，公司进入全面的经济服务。他还逐渐得出了这样的结论，即没有任何大型经济机构能够离开纽约，因为到那时为止，纽约已经明显超过伦敦成为了世界商务之都。1983年2月，公平公司董事会执行了卡特对于新建筑的建议。西侧塔楼将重命名为公平大楼，而且将是公司的全球总部。大约1000名员工将搬进新大楼，而其他的将转移到成本较为便宜的地区，大部分在曼哈顿。剩下三分之二的公平大楼（公平公司将不使用的）和整座1285号大楼，将利用曼哈顿强大的商业租赁市场，租赁给租户。随着1285号大楼大厅的适度重新设计，将建造一条长达24m的走廊，它从美洲大道延伸到第七大道。大厅宽度将略微缩小，而第51街和第52街上每条街道的人行道将被拓宽到3m，这些举措加强了整个综合建筑群为公平中心的个性特征。

但是，这些建筑特征自身并不会创立公司总部环境，从而在尚待证明的第七大道赢得高价的中城租金。应该需要更多的因素，使得新公平中心成为纽约最负盛名的商务地点之一。

在本·霍洛韦（Ben Holloway）的领导下，公平公司决定，这些“更多的因素”应该是大规模的公共艺术群——结合带有公共展示权限和新建筑大型拱廊、大厅前厅和地面层走廊的画廊空间。

在1983年早春，爱德华·拉腊比·巴恩斯和霍洛韦及汤姆·阿姆斯特朗（惠特尼博物馆主管）举行了会面，讨论将博物馆分馆并入新公平中心的可能性。惠特尼最新的分馆刚刚在菲利普·莫里斯大楼开业，约翰·拉塞尔（John Russell）（《纽约时报》评论家）非常赞同地评论道：

> 在菲利普·莫里斯大楼的惠特尼艺术博物馆，将是任何喜爱现代艺术人士的幸事，后者（或者）发现自己根本没有可供消磨的时间。这是在一直明显缺少艺术地区的一块严肃艺术的飞地。它看上去很完美，最初选择的艺术品也是非常高雅的，其景象——无论是从外向内还是从内向外——都是一贯地诱人。

霍洛韦告诉阿姆斯特朗，他需要的公平中心艺术品不仅仅是便民设施。阿姆斯特朗作出了正面的回应：

> 我意识到，惠特尼博物馆分馆是公司所需要的；它们帮助发展了艺术观众，这些观众通常不会去位于麦迪逊大道和第75街的博物馆主馆。第七大道可能和第42街以及公园大道一样，是博物馆分馆的理想地点，其建筑本身有着特别的潜在可能。

之后不久，惠特尼博物馆正式同意，在公平大厦入口前厅的两翼运作两个279m^2的画廊。结合艺术和建筑的过程现在进展良好。

合作

公司，博物馆和城市共同协调建筑和艺术

1983年2月17日，公平公司正式宣布，它决定依然留在纽约，并且新建一座世界总部大楼。“我们想要继续作为纽约的强大组成部分，”卡特宣布道。“我们审核了美国各地所能发现的每一处选择，而这里是最有意义的。”

将公平中心转变为吸引洛克菲勒中心级别租户的商业场所，开始于选择爱德华·拉腊比·巴恩斯作为建筑师。巴恩斯事务所最近完成了两座新的曼哈顿摩天大楼：位于麦迪逊大道535号的IBM总部大楼和为乔治·克莱因（George Klein）建造的、36层的535号麦迪逊大道大楼。巴恩斯还参与设计了19509m^2的新达拉斯艺术博物馆。他熟悉纽约市分区条例中制定的修订本，他懂得如何通过在沿第51街和第52街合并两座都市广场，使得建筑获得额外长度。

当它签约受顾于惠特尼博物馆，作为其开发一流艺术中心的合作伙伴时，公平公司获得了博学而热情的合作伙伴。惠特尼博物馆分馆项目副馆长丽莎·菲利普斯（Lisa Phillips），总结了惠特尼博物馆发展分馆背后的历史：

> 十多年前，我们开设了第一家分馆——这是一次在教育领域和博物馆分支的冒险试验。几乎所有人（信托管理人，主管，艺术专业人士）都怀疑此计划的价值，以及是否能够保持较高专业标准。1973年，博物馆分馆的理念是不切实际的——是一种时机尚未到来的构想。现在，它是惠特尼最重要、最有活力、最有特色的项目之一。我们谈妥了能够赢利而有利的合约——在其总部开设一家全国性的博物馆分馆。它为赞助者而开设——作为一种实惠的促销手段和公共设施，它会在社区促使大量友善活动的产生——它还是为惠特尼开设的——作为拓展该机构声名和影响的方式，展示更多的永久性收藏品，发展更广阔范围内的美国艺术观众。
>
> 最后，观众获得巨大利益——而且对于每一分馆而言，观众都呈现多样化趋势。我们所有的分馆都是免费的，而且有相配的小册子、免费的讲座，以及每次展览伴随有座谈会。艺术在熟悉环境中成为日常生活内容的组成部分——人们舒适地逛进逛出，30%的博物馆观众来自其分馆。那些没有时间、耐心、自信，或是有意参观更大博物馆的人们，能够顺便拜访当地的

公平大厦，爱德华·拉腊比·巴恩斯建筑师事务所设计。从第七大道看到的景观

博物馆分馆，欣赏那些令人愉悦、刺激的、有新闻价值的事物。作为20世纪60年代“激进教育”的项目，如今变得制度化、专业化，它以一种给人巨大满足的方式，给成千上万人带来了欢乐。

对于双方来说，公平公司博物馆分馆在第七大道的正面，构筑了对于市中心西区艺术和地产的未来的强大保证。已经规划的展览计划，将利用新建筑北侧和南侧两块共计558m^2 土地。279m^2 将用于展览惠特尼的永久性收藏品，另外的279m^2 将安置暂时性展览品。

公平公司将为惠特尼补贴所有的和展览区域有关的人员花费，并将承担维护和运作费用——在博物馆分馆开业第一年，这一重大投资估计为10万美元。该公司还将每年认捐惠特尼一次大型展览。

一个特别的事件使得公平公司成为了作为艺术赞助者的、众人瞩目的焦点，而且为公平中心的前厅和大型拱廊制作新的艺术品设定了方向，此事件就是公司购买了托马斯·哈特·本顿（Thomas Hart Benton）的壁画《今日美国》。

托马斯·哈特·本顿于1930年为新社会研究学院创作的此壁画，包括了十个场景，使用了在亚麻布上的蛋彩画法，然后被粘贴在画板上。十幅中除了一幅之外，其余尺寸都为2.13m高、2.44~3.96m宽。壁画描绘了经济萧条前的美国，从以舞厅、地铁、拳击比赛和复兴布道会描绘大城市的活力和兴奋，到工业区科学技术扩张、农场和小城镇生活的慢节奏。在过去的几年中，该壁画不再供公众观赏，从而遭受了损害和忽略。因为需要资金，同时相信该壁画可以在其他地方更好地展出，新学院于1982年5月将其出售给了克里斯托夫·珍妮特（Christophe Janet），后者为莫里斯·塞古拉·加勒里（Maurice Segoura Gallery）画廊主管。

在尝试了完整无缺地将壁画在纽约保存一年之后，珍妮特接触了纽约之外的收藏家。该整幅壁画的价格对于大部分博物馆来说都是过高的，而其较大的尺寸又排除了私人收藏家收藏的可能。看来，此壁画将不得不分开出售，而且可能销售到海外。

就在此时，市长爱德华·科克（Edward Koch）的办公助理担心该市将会失去另一个艺术珍宝，于是请求律师W·巴纳巴斯·麦克亨利（W. Barnabas McHenry）帮助将本顿的画作留在曼哈顿。他们建议他与即将规划新建筑的房地产开发商接触，后者可能愿意将壁画展示于一处经过特别设计的地方。为了使壁画更具投资价值，市政府提议给潜在买家提供和购买壁画价格成正比的地皮。他们制定了一份38页的分区修正倡议书，将分配FAR作为保存画作的回报。然而，城市规划委员会拒绝了地标艺术品的展示，尽管在原则上它认可了将壁画纳入规划的开发计划。委员会建议，即将接触的开发商应该是在规划总部大楼、而不是非实用项目的那些对象，而且它还提供了一些候选人的名单，其中便包括公平公司。

因为对此行为过程和运输本顿画作的经济负担不堪重负，珍妮特和索斯比拍卖行签订了合约，授权后者于1984年5月拍卖壁画。市政府于是要求在1984年1月15日前，可以买断拍卖的画作而不必付违约金。索斯比拍卖行同意了。

1983年12月，作为市长爱德华·科克的特别顾问的赫伯特·里克曼（Herbert Rickman），在一次社会聚会中会见了公平公司的约翰·卡特，并且告诉了他关于本顿画作之事。在调查了情况之后，公平公司决定在1984年1月27日购买本顿的画作。公司在和巴恩斯（Barnes）讨论后的结果是，该画作可以被安置在大厅电梯的北面墙上，在此画作将沿着走廊跨度达到27.4m，将极大地影响该空间的活动和美观效果。对于该收购，媒体和公众表现出了高度正面的反响，这激励霍洛韦专注于使用另外的画作，来提升公平中心的公共空间。他获得了杰里·斯派尔（Jerry Speyer）的帮助，后者是蒂什曼·斯派尔（Tishman Speyer）地产的管理伙伴，同时也是大楼开发经理及现代艺术博物馆信托管理人。他还雇用了艺术史学家艾米丽·布朗（Emily Braun）作为艺术顾问，以联络惠特尼，并且协调委托和收购事宜。

公平公司

项目数据

自然结构	
构成部分——收入来源	
办公楼	130060m^2
零售	2415m^2
构成部分——艺术/文化/开发空间	
画廊（2@279m^2）	558m^2
剧院	500座位
画廊	15.54m×27.74m
占地面积	7462m^2
容积率（FAR）	17.18（平均）
方位	纽约市，第51街和第52街间，第七大道东侧
总开发成本	超过2亿美元
建筑师	爱德华·拉腊比·巴恩斯
总开发商	美国公平人寿保险社

公平公司现今不是用孤立的雕塑作品装饰其大厅、走廊和人行区域，而是实施委托艺术家制作艺术作品的政策，这些艺术家为特定的公平中心空间设计艺术品。霍洛韦鼓励将新颖的方式使用于公共空间——大厅、广场和拱廊——其美学价值在近年来的办公楼开发中常常被忽略。纪念雕塑是传统的此类空间的填充物，但看上去是不够的，因此霍洛韦开始寻求替代品。

上图：宽阔的地下交汇系统，连接了公平大厦和美洲大道1285号大楼

下图：两部分《今日美国》，由托马斯·哈特·本顿所作的十副一套的壁画。该壁画使用了亚麻布上的蛋彩画法、胶画法和油釉料，将沿着公平大厦北电梯大厅而展开

规划
全街区中心连接中城区和洛克菲勒中心

公平公司成为第一家搬进美洲大道中城西侧的开发商，目的是适应该市决定性的分区修正方案，该法案的目的是促进远离拥挤的东城区的商业开发。新大楼位于一个剧院内的子街区，该街区有着其一套独特的分区刺激措施。

该分区允许某一地点建筑总面积与用地面积的比率（FAR）为16.5。公平中心的FAR增加到了平均17.18，因为这样的“依法当然取得的”鼓励作为全街区的大型拱廊。之所以有额外的FAR补助，是因为该公司承诺以植树种草来提升1285号大楼北侧和南侧现存的都市广场景观。该分区法案还委托了零售和店面一线的连贯性管理——该疑难需求最终被放宽，允许了一项同样值得向往的用途：沿着第七大道街道正面纳入惠特尼博物馆分馆。

巴恩斯设计了一种表面覆盖条纹状暗黄色石头和玻璃的经典结构。无论是地下广场的物理角度，还是通过一览无余的空间、壁画和其他艺术品的美观方面，它都完美地和洛克菲勒中心联系在一起。除了从街道逐层缩进之外，他还在第七大道入口处提供了一座5层楼、有天窗的前厅，以及一座全街区大型拱廊，以连接新摩天大楼和其后现有的42层大楼。此长廊商场还将于中心街区处连接第51街和第52街。一座有400～500座位的剧院将建造于交会层面，租户可利用它来举行会议，它还将给音乐会、独唱会和讲座提供场所——它是由巴恩斯在和林肯中心荣誉主席威廉·舒曼（William Schuman）、菲尼克斯剧院创办主任诺里斯·霍顿（Norris Houghton）交谈后，向公平公司管理层传达的。

在纽约，一个城市空间的设计，依旧不可避免地和开发商提供人行设施而获得的补助有关。在规划的初步阶段，公平公司雇用了亚历克斯·库珀（Alex Cooper）作为建造街景的顾问。全街区大型拱廊、第51街和第52街广场、新总部大厦前厅大厅、已经存在的1285号大楼大厅，都被考虑作想象艺术和设计的首要空间。

对于1285号大楼大厅而言，它将成为佩因·韦伯（Paine Webber）公司总部和保罗·韦斯·里夫金德·沃顿（Paul Weiss Rifkind Wharton）法律事务所，于是公平公司雇佣了该大楼的最初建筑师——SOM建筑师事务所的拉乌尔·德阿梅斯（Raoul De Armes）。SOM的解决方案是，重塑大厅的内部，并且在两边设计艺术画廊。最初的1959年的大厅内部的色彩从冷的金属色调，转变成比较暖的赤褐色装饰和花岗石表面。画廊

SOM 建筑师事务所旁的美洲大道 1285 号大楼大厅改建规划
出处：拉乌尔·德阿梅斯

设计打破了以前现代主义内部的走廊式效果。画廊的增加也将大厅从原始的通道转变成了雅致的走廊。

在 1285 号大楼展示艺术的想法，部分是因为佩因·韦伯对于向非闹市区搬迁的兴趣发展而来。佩因·韦伯主席和首席执行官唐纳德·马伦（Donald Marron）在过去的一些年中，引领了杰出的公司先锋艺术收藏活动，他和公平公司官员达成一致，佩因·韦伯画廊将是惠特尼博物馆分馆的完美对应物。除了展示部分佩因·韦伯藏品之外，画廊还将进行缺少曼哈顿展览空间的社会及国家博物馆、社区组织和档案馆举办的展出活动。

同时，公平公司雇用了惠特尼对公平大厦大厅的艺术品委托提供建议——这是一个由两座惠特尼画廊侧面相接的前厅，其上为天窗覆盖，用石灰岩和圆滑的花岗岩互相衔接的墙壁围起。从第七大道穿过巨型的拱形入口，延伸着石灰岩贴面的墙壁，大约 20.73m 长、9.75m 高，它是大型壁画的理想场所，将支配宽阔的大厅空间。在和惠特尼及埃米莉·布朗（Emily Braun）合作时，公平公司官员决定委托罗伊·利希腾斯坦（Roy Lichtenstein）为该堵墙壁创作作品，该作品将为伯顿画作提供延续性。这也是利希腾斯坦的最主要作品。

中庭的巨大空间及宽敞的地面区域也需要处理——以提供更加人性化的区域，提供座位，建造和其世界总部入口相称的外形。公平公司请求艺术家斯科特·伯顿（Scott Burton）来处理这些事务。伯顿以其艺术家具，尤其是和建筑师西萨·佩里和艺术家沙恩·阿玛贾尼（Siah Armajani）在设计地处曼哈顿下城区巴特里公园城（Battery Park City）即将出现的世界贸易中心公共广场的合作而闻名。

在伯顿设计公平中心中厅的概念中，弯曲的绿色花岗石靠背长椅，间以粉红缟玛瑙灯具，用浅浮雕艺术品连接，将构成就座场所的主要元素，面前是绿树构成的弯曲屏障。这一切将构成两个弧形轮廓，它们造就了更加私密的空间。它们圈起的还有一个极大的中心绿色花岗石桌子，后者也是用于就座，将承载一个巨大的、种植有水生植物的池塘。伯顿的创意可以被描述成带有雅致靠背长椅的沙龙、桌子和花圃，它们欢迎着光临中心的成千上万游客。

公平大厦的大型拱廊在其建筑富于挑战性的建筑空间里，为艺术委托品提供了焦点。跨越整个街区长度，高高耸立在超过30.48m的高度，长廊商场的巨幅墙壁为大型壁画提供了另外一处天然表面。该长长的、漏斗状的空间需要节奏感，以激活单调的人员流动。以其雅致、组合及外墙表面作为关键思考点，公平公司委托了概念艺术家及壁画家索尔·莱威特（Sol LeWitt），创造一幅巨型的、由5个部分构成的壁画。莱威特的几何设计将被着上大型拱廊石灰石外墙区域的颜色。大型中心区域的尺寸为32.31m×9.75m。其他的5堵外墙每座大约为6.10m×11.58m。独立的各个表面将在颜色、图案和设计方面和整体环境联系起来。

在大型拱廊的另一边，红色花岗石喷泉水池将为英国艺术家巴里·弗拉纳根（Barry Flanagan）怪诞的动物铜像提供背景。该雕塑——《铃铛上的兔子》（*Hare on Bell*）（1983）和《小象》（*Young Elephant*）（1984）——将为大型拱廊的高大建筑添彩。公平公司还收购了保罗·曼希普的铜像《日子》（Day），它将被固定在一个特别设计的台座上，安放在美洲大道1285号大楼正面的人行道上。它是曼希普为1939~1940年的纽约世界贸易博览会创作的4件喷泉雕塑之一。

当前状态

建造师和艺术家创造了高于装饰的艺术

建设中的公平摩天大楼将于1985年底前完工。利希腾斯坦和莱威特将创作壁画，其设计方案已经获得通过，并将于夏季晚期开工。在1985年10月中旬该中心盛大开业时，这些雕塑将及时完工，该仪式将包括惠特尼博物馆分馆的开业和伯顿壁画的揭幕。

侧面和第51街和第52街美洲大道相接的都市广场还处

于设计阶段。巴恩斯对于广场就坐和种植植物的独创设计，将满足1982年城市法令对于获得大楼FAR补助的要求。该设计将给大众提供固定的座位。然而，城市规划委员会稍晚些的想法是，要求提供可移动的座位，并且考虑弹性的个体和群体用途。该要求带来了后勤方面的难题——每天将80把椅子搬进和搬出、存放椅子，以及提供安全保障和不可避免地频繁更换椅子。

1984年12月，作为一种替换方案，公平公司委托斯科特·伯顿准备一套新的广场设计方案，该方案还是包含固定座位，但是给行人、办公室员工和邻居提供更多利益。该方案必须再次提交给社区审查委员会，然后呈递给规划委员会，以证明其可获得FAR补助。为了替代非固定座位，伯顿设计的广场注重就坐、社交、交通、行人格局和面积。这样的广场和美洲大道上的传统设计迥异。

除了伯顿设计的广场之外，在建造开始前，公平中心的艺术品和画廊空间已经被并入了建筑策划。它们当中的大部分设计，都直接和其建筑环境有关。它们不会是博物馆或是民用大厅的组成部分，它们也不会由创建杰出纪念馆的慈善家积攒起来。而是，这些壁画、雕塑和绘画极具震撼性地美化该建筑、以及游客在该建筑空间的经历。正是这种艺术和建筑的融合，而非仅仅展示著名艺术作品，是公平公司希望在其地产事业中呈现的。

公平大厦将有助于激发令人期望的街区活力的恢复，从其最早构思开始，该项目的全部重点就在于开发不仅仅是纯粹办

保罗·曼希普的《日子》，一座1938年青铜雕塑，将固定在一个台座上，安放于美洲大道1285号大楼前的人行道上

公楼和公司象征的房产。“我们期望的是”，本杰明·霍洛韦说道，“赋予城市一个具备洛克菲勒中心传统的开发项目，它将是一个诱人的都市绿洲，给员工和游客提供令人精神振奋和激动的环境，一个凸显纽约活力的场所——其规模、建筑和文化。”

塔尔萨　威廉姆斯中心

案例研究3

项目简介

威廉姆斯中心是一座耗费了2亿美元的多用途项目，由威廉姆斯地产公司开发，并且是威廉姆斯公司全部拥有的子公司。威廉姆斯中心坐落于塔尔萨北边的俄克拉何马中心商业区，覆盖了9个街区（占地21.5hm^2）——大约为闹市区的30%。它起了帮助彻底改变闹市区衰落的作用，刺激了其他公共/私人资源的新投资。它包括了俄克拉何马银行塔楼，一座多租户的52层的办公楼；威斯汀酒店，威廉姆斯中心，一座450间客房的豪华酒店；威廉姆斯中心会场，一座封闭式3层的零售中心，内有“冰雪”（俄克拉何马唯一的四季溜冰场）；塔尔萨表演艺术中心，内有4座剧院和一座艺术画廊；两个多层车库（共可停放1684辆汽车）；以及绿园（The Green），一个1hm^2的停车场将各部分连接起来。整个项目总面积大约在278700m^2。

塔尔萨表演艺术中心是市民、市政府和威廉姆斯公司之间牢固而信任的公共及私人合作关系的结晶。它为塔尔萨交响乐团、塔尔萨剧院和塔尔萨芭蕾舞剧院提供了场馆，它们在演出季独占查普曼音乐厅。美国戏剧公司，塔尔萨青年学院，北方剧院，美国印第安剧院公司，俄克拉何马管弦乐及圣歌合唱团，音乐会时间公司，以及其他专业和业余团体也在此表演，但不是独占的。该艺术中心还起着多用途社区设施的作用，独奏会、毕业典礼、颁奖演出、节日义演、社会集会及公司会议也不时在此举行。该艺术中心为市政府拥有，1984年的运作预算为140万美元。

公司领导抑制市中心衰落，提供多用途艺术中心

威廉姆斯中心一期工程包含了上述诸多组成部分，于1973年开工，1976～1978年间完成。在一期项目西侧，二期工程包含了威廉姆斯中心一号及二号塔楼，耗费7500万美元、完工于1982～1983年的一流的办公楼，加上350车位的车库以及面积为4000m^{2}的公共广场。在一期和二期工程建造期间，威廉姆斯地产公司重建了威廉姆斯中心邻近街区的三栋建筑：肯尼迪大楼（19054m^2），320南波士顿大楼（43956m^2）和塔尔萨联邦储备银行（4238m^2），它们总投资为1510万美元。

城市文脉

居民迁往郊区，商铺闻风而至

虽然不再是世界石油中心，塔尔萨仍存留1000多家石油相关企业，其1983年的人均收入为14484美元，高于国家水平的33%。1983年，城市人口为36.95万人，大都会地区人口共计72.8万人。塔尔萨最强的几大工业分别为航空、航天，计算机和数据处理，并通过卡图萨港口的驳船运输和密西西比河相连。

城市位于阿肯色河东岸，占地480km²。每天有5.5万人在塔尔萨市中心工作，市中心占地400hm²，邻内环城公路，连接所有进入的高速公路。由于塔尔萨20世纪10~20年代的蓬勃发展，市区拥有众多艺术品和艺术装饰大楼。

自1908年至今，塔尔萨当地政府一直沿用了市委员会的形式，且是全国沿用该形式的最大城市。委员会由五大委员组成，包括市长、金融财政委员、警察和消防委员、街道和公共财产委员及供水和排水委员。城市审计员列席委员会但并不参与投票，按照俄克拉何马州的规定，每年必须有平衡的预算，一个城市的赤字不能超过特定的税收偿还赤字。因此对于承约期超过一年的项目，塔尔萨会通过债务期较长的非赢利机构与以城市和其他政府实体为受益方的信托结构进行运作。

塔尔萨于1898年建城，是克里克（Creek）印第安族的一座城市，当时的人口为1100人。1901年6月首次发现石油，1905年11月格林－普尔的石油大发现最终奠定了其作为世界上出产量最高的小油田的地位。1907年11月16日，俄克拉何马建州时，塔尔萨正处于高速发展中。第一次世界大战期间，

威廉姆斯中心
按顺时针方向依次为：俄克拉何马银行塔楼、塔尔萨表演艺术中心、绿园、威斯汀酒店、塔楼1、塔楼2和论坛

塔尔萨地区的石油产量已居美国首位。仅1916~1920年间，用于城区建设的投入就高达3.36亿美元。

第二次世界大战后，塔尔萨又重新崛起，并修建了供水和排水系统、各街道和高速公路。但是由于其用于公共设施改善的投资存在立法困难，塔尔萨推迟了一些公用设施，如新的市政厅、会议中心和公共剧院的修缮工作。

20世纪50年代中期的城郊化大大消耗了塔尔萨消费者的收入和税收收入。而在此之前，塔尔萨的市中心一直是一个生气勃勃的商业中心。1958年，西尔斯将其在塔尔萨的唯一一家店迁到距市中心约8km之外的地方，至此开始了市区店铺的大转移。曾经因毗邻市中心而引以为豪的居民区逐渐丧失了其地位和层次。塔尔萨的市中心在下班后也逐步变成了廉价旅馆、低级餐馆、酒鬼和乞丐们的天下。这样的景象也大大影响了塔尔萨中心地区的投资环境。1958年，在市长詹姆斯·马克斯韦尔（James Maxwell）带领下的拥有150位成员的社区保护委员会提交了一份报告，报告就防止就业机会和税收收入流失提出了三项长期共同协作的策略：（1）都市重建计划；（2）最小住房供给规定；（3）综合的城市规划。

艺术环境

艺术家和老主顾责难

讨人嫌的布雷迪夫人

在塔尔萨发现石油后，全国各地大批淘金者蜂拥而至，同时也带来了他们对艺术的热忱。塔尔萨第一家歌剧院建于1906年，早在1911年，纽约交响乐团就曾来此演出。1924年，塔尔萨则是迎来了芝加哥民间轻音乐剧团。到1929年，塔尔萨的音乐爱好者组织了一个本土义演乐团。1948年、1949年和1955年分别建立了塔尔萨歌剧院、塔尔萨交响乐团和塔尔萨芭蕾舞剧团。歌剧公司每年三场演出。芭蕾舞剧团的20位舞蹈演员每年演出15场，并到西南部6个州的13个城市巡演。1983年，公司在纽约市推出了首场演出。这支85人的管弦乐团吸引了方圆800km的音乐爱好者。

塔尔萨拥有很多本土剧院。塔尔萨剧院，建于1922年，是当地最古老的6大社区剧院之一（皆由本地的业余演员组成）。20世纪70年代初，美国剧院公司成为俄克拉何马唯一一家职业常驻剧院公司。俄克拉何马美国印第安公司全部采用了美国本土的演员和本土的剧作家所写的剧目，北方剧院则是推出黑人社区的表演。

但是塔尔萨为这些演出团体所提供的设施却远远不够。早在1913年，为筹建会议厅和市音乐厅通过了一套债券发行方法。塔尔萨会议厅建于布雷迪和梅因街的铁路北侧，于1914年开幕。但结果它并不适用于召开会议，只可用于举行文化活动。因此会议厅最终被改成了市音乐厅。但是其未安装空调，只含2700个木制座椅，而且后台狭小，地处铁路轨道边上，简直就是剧院中的布雷迪夫人①，市领导和表演团体都看不上它。

50年代出台了市民中心总体规划，发展市中心两块区域，其中包括了修建一个表演艺术中心。但是为筹建会议艺术联合中心而进行的两次债券发行都以失败告终。第三次发行终于成功，但却取消了剧院的修建，预算也从1000万美元降到了700万美元。

60年代，新塔尔萨艺术委员会成立，作为当地艺术组织的票据交换所，同时也提供艺术指导。该委员会开始为建立表演中心寻求公众支持。1966年，美国音乐艺术家协会和演员公平协会否决了老的市政剧院。这些协会提出剧院的舞台太危险，而且缺乏用水和适合的供暖系统。根据协会的规定，任何与协会签约的艺术家和组织若在不符合协会标准的场合演出将被罚款或遭受纪律处分。

同年后期，市长詹姆斯·休格利（James Hewgley）委任一市长委员会调查表演艺术中心的需求。1969年5月，委员会向城市一县市民顾问委员会上交了一份厚达45页的报告，报告指出了现存的市剧院舞台“设施陈旧、停车难、位置不佳而且对老主顾的关注极其不够，已无法再运转，而且十分危险，惹人厌恶。”报告提出应把建立新的艺术中心吸纳进已包含另15个项目的债券发行中。提议新建的中心将包括一个含2500~3000个座位的大型剧院大厅，适用于芭蕾、歌剧和音乐会演出，以及一个含1000个座位包括舞台大厅的小型前置式舞台剧院。

面对强烈的反对，市长休格利和市委员会坚决支持重建艺术中心的建议。在塔尔萨艺术委员会的领导下，该项协议获得1.5万个成员的支持。但是当综合证券的投票结束后，很明显，只有艺术协会投票支持该提议，最后协议以14610票对38470票，72%的反对率被否决。

开端

分开实施市区发展规划和剧院重建计划

1959年关于开发塔尔萨中心区域的综合规划，推荐在塔尔萨市区修建步行商业区。该商业区将跨越12个街区，内禁行机动车，并将种植树木。由于经济资源紧缺，最后1966年梅因街

① 布雷迪夫人是一个老套的老太太形象，这里表示剧院已成了老古董。

只有四个街区被改建成半商业区。

1970年，塔尔萨中心区无限公司，这家于1956年建立旨在帮助市中心零售业运营，促进和重振市中心的繁荣的非赢利私人机构加入塔尔萨市商会，联合重提1959年的规划。1973年，其由芝加哥巴顿·阿希曼公司进行的研究“中心塔尔萨，行动计划”发表。该计划指明了市中心三个主要的活动中心——市民中心（包括所有主要的本地、州和联邦代理办公室）、中心核心商业区和提议指出的一个包含9个街区的综合用途再开发项目。计划还提议所有区域皆由漂亮的步行街相连。报告还指出需要一些公众表演和活动以赋予市中心更多的活力，替换那些靠近市中心并已被拆除的建筑、建立紧密相连的公园和广场、提供短程服务、建造双排单行道提高交通流量，补偿那些因修建步行商业区而封闭的街道。

塔尔萨城市复兴当局已开始市中心西北块复兴计划，包含面积124hm²，其中包括了塔尔萨中心商业区的核心区域。当局收集了商业区衰落的大量证据，1950～1962年期间，几乎40%的新办公空间和93%的新建酒店房间都建于城市中心之外。5年内，代理商收购并占据了市中心北块接连9个街区的约3/4的土地，其范围从北部的铁路一直到南部的3街，从东部的辛辛那提大道一直到西面的波尔得大街。这9个街区还保留着塔尔萨早期建造的一些边缘建筑物、其中大部分是半空的低级住所或廉价旅馆、小啤酒馆和当铺。再开发之前，这9个街区的税收收入为17.5万美元。当局的执行主席保罗·查普曼（Paul Chapman）指出，这一区域并不像许多城市的贫民窟那般衰落、枯萎。“但是漂亮女生是不会去3街以北的。”

1965年当局为开发土地进行了第一次公开发表。其中只有Metro中心公司提出了一个可行的建议，这家公司资金雄厚，由当地的投资者和一个建筑师和一个普通承包商组成。地铁中心的计划需要资金2500万美元，重新开发8个街区。街区内包含停车场、高层写字楼，上为办公区，下为商铺，还有一家酒店、一些饭店、剧院和一个综合运输中心。这在西南部是一个前所未有的项目。但是结果该公司最后未能吸引足够的租息用于投资该项目。

1971年11月，塔尔萨威廉姆斯公司和芝加哥哈尼特－肖开发公司提出了2亿美元的提案，在清理后的市中心区域建造办公楼、酒店和零售综合大楼。按照这一计划，威廉姆斯公司在获得当局的批准的情况下，将收购地铁中心，获取再开发权。

当局估计这一统称为威廉姆斯中心的项目将带来超过500万美元的税收收入，这超过了当时内环城路以内整个城区所带来的税收收入。

同年，塔尔萨著名石油家族成员，前街道和公共财产委员会委员、市长罗伯特·拉福蒂纳（Robert Lafortune）组建了一个是戏剧研究委员会，不断加深了公众对新的表演艺术的兴趣。同为塔尔萨艺术委员会（于1972年改名为艺术和人文委员会）委员的前城市检察官查尔斯·诺曼（Charles Norman）和本地金融家威廉·沃克（William Waller）共同担任戏剧研究委员会主席。该委员会共花了两年时间评估了城市的需求和为满足这些需求所需的融资方法。委员会与艺术和人文协会委任的另一工作人员一起重新评估了先前有关塔尔萨艺术中心的提议，研究了过去15年内世界各地建造中心的规划，还调查了旅游景点和道路公司的需求和可用性。通过对当地四个用户群的采访，他们认定1969年债券发行中被否决的两剧院建造计划并不可行。含1000个座位的戏院对于可能到塔尔萨演出的传统百老汇剧目而言太小，但用于当地的戏剧团体表演又太大。曾经提议的大厅不够用于歌剧和私人赞助演出，用于交响乐演奏和芭蕾舞表演又太浪费，因为适合两者的座位数应该是1800座。

研究委员会的结论是适合塔尔萨需求的剧院容量至少应为2000人，但是布雷迪街的市政剧院已无法再修缮。它推荐由美国建筑研究院执行一项1万美元的研究，来决定是否可修建市民中心地面的阿卡达大楼，而不是重新建立一座大楼。阿卡达大楼建于1925年，当时是作为一个共济堂，包括一个含1800个座位的大厅，设备完善，但是其倾斜的地面已经变平。城市委员会资助了该项可行性报告。研究结论指出此次修缮需花费350万美元到450万美元，由于空间有限，修缮后的大楼并不能完全满足所有艺术团体的需要。

构想

当地“挑战拨款”资助威廉姆斯多用途剧院

1972年，为协调一年后的塔尔萨75周年庆祝活动。拉福蒂纳市长组建了另一个委员会。1973年3月，城市复兴当局的保罗·查普曼（Paul Chapman）和旧金山劳伦斯·哈尔普林（Laurence Halprin）公司的劳伦斯·哈尔普林联合主持了一周末委员会工作小组，探索周年庆典的庆祝方法并进一步推动市区的正向发展，由市场保证包括威廉姆斯集团公司总裁和首席运营官约瑟夫·H·威廉姆斯（Joseph H. Williams）

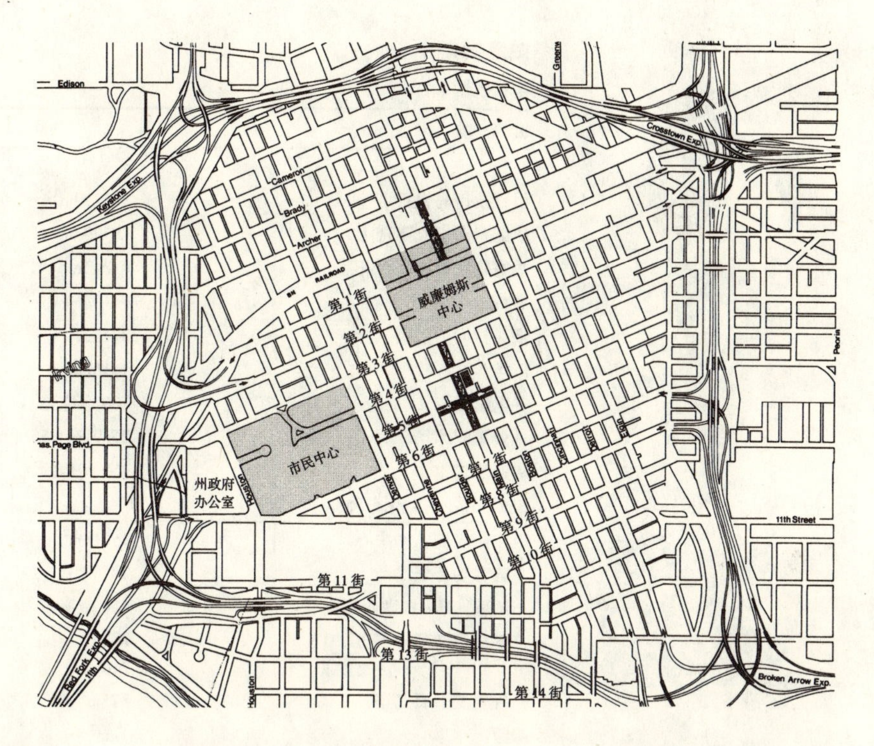

塔尔萨市区，威廉姆斯中心、市民中心和联系两者的位于梅因街和第五大道的商业中心

地图出处：塔尔萨中心区无限公司

在内的塔尔萨商界领袖们的出席。工作小组成员趁周末时间探访市区的各活动中心（包括当时还被用作县舞台的阿卡达大楼），对这些活动中心今后可发展成什么作出预期。周一早上他们得出了一个非常简洁明了的结论：周末在塔尔萨能做什么？什么也不能。

该小组得出的其中一个主要构想就是建造一个艺术中心将有助于展现“文化生活是塔尔萨市民所享之品质生活的一部分”。但是由于1969年债券发行失败的记忆犹新，市民对支持建设一项新设施持非常怀疑的态度。当地商界领头人物都很支持建造新剧院的想法，但是没有一个提出资助计划。

威廉姆斯中心计划经宣布后，艺术和人文协会主席凯瑟琳·韦斯特比（Kathleen Westby）向威廉姆斯公司主席和首席执行官约翰·H·威廉姆斯提议新项目对于文化中心而言也许是个适合发展的地方。韦斯特比称威廉姆斯告诉她：“如果你能筹到资金，我就给你一块地。”但想到之前债券发行的失败先例，她实在无法想象如何筹集到1000万美金。

市立剧院研究委员会仍然坚持其研究。根据从市民中收集的进一步信息，为获取调配的最大灵活性，塔尔萨应建造一个含2400个座位的剧院（按一开始所提议的）和三个分别包括100、150和350～400个座位的黑箱（black-box）设施。

威廉姆斯中心

项目数据

组成—收入来源	
办公	
俄克拉何马银行塔楼	$102190m^2$
威廉姆斯中心高楼Ⅰ	$28799m^2$
威廉姆斯中心高楼Ⅱ	$41842m^2$
零售	
俄克拉何马塔楼银行	$3718m^2$
市场	$14162m^2$
电影院	700个座位
爱思溜冰场	25.91m×56.39m
威斯汀宾馆	450间房间
组成—艺术/文化/开放空间	
塔尔萨表演艺术中心	$15018m^2$
查普曼音乐厅	2450座位
约翰·H·威廉姆斯剧院	450个座位
多用途剧院—演出厅Ⅰ	288个座位
—演出厅Ⅱ	210个座位
视觉艺术展览馆	$372m^2$
绿园	$1hm^2$
威廉姆斯中心高楼广场	$0.4km^2$
其他	
停车场	2134个车位
总建筑面积	$278700m^2$
容积率（FAR）	3.2
位置	
总开发商	塔尔萨中心区无限公司 威廉姆斯房产公司
总规划师和建筑师	山崎实
开发期限	1973~1983
总开发成本	2.434亿美元

出处：威廉姆斯房地产公司

威廉姆斯中心

开发费用概要

	私人	公共
办公大楼	1.63亿美元	
零售商店	1650万美元	
宾馆	2550万美元	
塔尔萨表演艺术中心	900万美元	900万美元
停车场		2040万美元
总计	2.14亿美元	2940万美元

出处：威廉姆斯房产公司

委员会同时还提议新剧院还应该包括视觉艺术展览馆和用于教育的多用途厅。它还建议是否有可能将该剧院综合用途大楼建于郊区。这样停车将更为便捷，甚至还可移址于塔尔萨大学，将其建成一个多用途中心。

但是根本没有资金可以购买市郊的土地，同时市区市民中心的那块土地，自20世纪60年代就已建立了多幢大楼，各大楼互相竞争、互相争夺焦点，因此虽然名义上仍可使用，但已经不那么走俏了。

同时威廉姆斯集团公司则是静静地重新评估了凯瑟琳·韦斯特比关于艺术中心的想法。威廉姆斯中心社区虽然靠近城市最重要的商业区，但是却蒙上了犯罪和衰落的阴影。文化设施的结合增加了该区域在夜晚的吸引力。但是约翰·威廉姆斯也知道塔尔萨人可能并不愿意投票支持这个艺术中心，因为它将坐落于私人商业开发区域内，而非在市民中心，这一早已分配好的区域内。

约翰与其堂兄弟，约翰·H·威廉姆斯请求查尔斯·诺曼帮忙评估修缮阿卡达大楼的想法。他们想知道如果可以选择，塔尔萨人会选择修缮旧设施还是另造新设施。诺曼表示答案肯定是新设施。

在威廉姆斯公司的评估和建设部门的协助下，对这一包括一家音乐厅、3家黑箱（black-box）式剧院和一家拥有200个停车位的停车场的艺术中心，诺曼作出了一个1400万美元的预算。其中1250万用于硬件花费，其他则用于支付建筑设计和土地费用。

威廉姆斯提议可利用挑战捐资资助剧院的修建。如果他能筹到700万美元的私人资金，塔尔萨的市民们是否就会出资解决另一半资金。市长批准了这一战略，威廉姆斯于是提出了下述计划：

- 艺术中心位于威廉姆斯中心；
- 塔尔萨市通过由市立剧院研究委员会准备的一项计划，支持建造一能满足计划要求的设施；
- 威廉姆斯集团公司任命中心的建筑师；
- 并且组成一小型艺术中心委员会，包括来自私人领域和公共领域的各两位代表，负责设计和建筑的管理。这些代表是：约翰·威廉姆斯；主要私人赞助商的代表律师，拉尔夫·阿伯克龙比（Ralph Abercrombie）；城市工程师哈罗德·米勒（Harold Miller）和查尔斯·诺曼。

已宣布的修改后的威廉姆斯中心第一阶段计划包括了艺术

中心，同时还有：（1）一座52层高写字楼，用作威廉姆斯公司和俄克拉何马银行的总部。剩下1/3的面积用于出租。（2）在项目区域西界修建一包括400个房间的奢华宾馆。（50多年以

项目数据：塔尔萨表演艺术中心

位置	俄克拉何马州塔尔萨威廉姆斯中心	
完工时间	1977年3月19日	
设计师	山崎实（Minoru Yamasaki）	
顾问	沃曾克拉夫特，莫厄里及桑德斯（Wozencraft，Mowery，Sanders）——助理设计师；博尔特，贝拉尼克暨纽曼（Bolt，Beranek & Newman）公司——声学和戏剧	
承包商	塔尔萨弗林特科有限公司	
建筑成本	建筑花费：1765万美元 土地花费：35万美元	
总面积	$15018m^2$	
内部区域细目分类		
查普曼音乐厅	座位：	2450个（1402个用于管弦乐队；62个用于舞台前高台；618个用于中层楼；368个用于包厢）
	舞台前部高度：	10.36m
	舞台前部宽度：	18.29m
	栅顶高度：	25.60m，0.15m+71线组
	舞台宽度：	30.48m
	舞台深度：	16.15m
	管弦乐队席：	60人
	化妆室：	最大容量72人
约翰·威廉姆斯剧院	座位：	一层450个
	舞台前部高度：	6.71m
	舞台前部宽度：	11.58m
	栅顶高度：	15.54m+50线组
	舞台宽度：	21.95m
	管弦乐队席：	25人
	化妆室：	最大容量20个人+最大容量16人化装室
演出厅Ⅰ	座位：	可调整：最多280个，按舞台大小定
	空间尺寸：	18.29m×18.29m×6.10m；可作尽端式舞台、岛式舞台和伸出式舞台
	化妆室：	最大容量24人
演出厅Ⅱ	座位：	210个
	空间尺寸：	15.85m×15.85m×5.79m，0.15m
	化妆室：	无特别指定
艺术展览馆	包括储藏室和办公室大约$37.16m^2$	
外部特征	外部院子与威廉姆斯中心绿园相连 两条独立的入口可进入四个剧院	
内部特征	除了上述以外，设施还包括售票处；最大容量为160人的更衣室；两个演员休息室；服装店；风景商店	

来，塔尔萨市区还未曾建立一家新宾馆。(3) 在北面建造一个多层停车场，用于满足三层高的特别零售中心论坛和一溜冰场的需求。(4) 南面再修建一个多层停车库，并在它之上修建作为整个项目一亮点的绿园——一个占地 $1hm^2$ 的公园。

协作

城市和威廉姆斯找到共同利益

没有塔尔萨城市复兴当局、拉福蒂纳市长、威廉姆斯集团公司、私人慈善家和塔尔萨艺术委员会的长期共同协同努力，建造艺术中心的计划就用不能实现。

威廉姆斯集团公司

最开始威廉姆斯兄弟是在受雇的承包商破产并将其设备抵作拖欠工资后，在世纪之交成立了他们的公司。威廉姆斯兄弟公司的第一个项目是在阿肯色河上建立一座通往该地区油田的混凝土大桥。不久后，公司开始为石油公司修建输油管道。到 1935 年，公司已经成为一个主要输油管承包商。从第二次世界大战末到 1966 年，威廉姆斯兄弟公司主要都是为国际客户服务，在中东、南美和阿拉斯加修建输油管道。20 世纪 50 年代，创建公司的威廉姆斯兄弟退休，并把公司卖给其儿子和侄子，公司也改名称为威廉姆斯集团公司。60 年代，公司以 2.87 亿美元收购了 8 家石油公司共有的北美五大湖石油输出管道工程。

1971～1972 年间，威廉姆斯公司收购了海湾和大陆石油的肥料业务，从而成为全国最大的肥料公司。到 1972 年为止，其资产近 10 亿美元。由于公司发展迅速，其需要在塔尔萨市区拥有 5 座独立的办公大楼。在收购了俄克拉何马银行（后改名为塔尔萨国家银行）20% 的股份之后，公司意识到它至少还将需要两座新的办公大楼。

公司考虑将达拉斯和休斯敦作为公司总部新址，但是约翰·威廉姆斯指出："我们没有任何充分的理由支持搬迁。"公司的根基在塔尔萨，这里总体生活质量很高，并且拥有大量石油工业的基础设施，北美四大钻探承包商有两家在塔尔萨，最大石油输出管道供应商也在这儿。

威廉姆斯集团公司后又考虑搬到市郊，但最后还是决定留在市区。这一决定是毫无私心的，威廉姆斯房产公司总裁 E·埃迪·亨森（E. Eddie Henson）表示："大公司作为社区的一部分，有义务不使市区发展继续恶化。"

在公开宣布其威廉姆斯中心计划之前，威廉姆斯集团公司在所提议的超级街区范围内的四块私人土地中选择购买了两块，并向城市复兴局承包了地铁中心再开发工程，获得公有土地的使用权。城市复兴当局同时也同意收购另外两块私人土地，以完成对9个街区的开发。

因此，计划能否实施就要看城市复兴局能否收购其余九处必须被征用的土地，位于第1街和第3街的梅因街和波士顿大道能否关闭以及项目能够获得许可与城市高速公路及主要街道计划保持一致。城市复兴当局正式通过了将威廉姆斯中心归入市区西北块复兴项目的计划。1971年12月，城市委员会同意关闭梅因街和波士顿大道的各两个街区，以满足该项目的要求。

1972年10月宣布了威廉姆斯中心的最终计划。鉴于该项目的规模，约翰·威廉姆斯认为有必要选择一个世界级的建筑师：山崎实。

城市迅速出击

1973年5月3日，拉福蒂纳市长宣布塔尔萨获得了史上最大的一笔现金资助。约翰·威廉姆斯承诺将私人筹集350万美元，从而从石油富商利塔·查普曼（Leta Chapman）夫人处获得了350万美元的捐助，同时也期望公众能通过价值700万美元的债券发行。同时市长也注意到要赶上建造威廉姆斯中心的截止日期，债券发行投票最晚必须在1973年8月22日进行。

6月8日，城市委员会通过了有关成立塔尔萨市政剧院机构的法令。该机构由部长、金融和财务委员以及街道和公共财产委员组成，旨在资助、建造、拥有和维护“市政剧院、社区艺术中心设施和附属停车场”；为设施发行债券，并保证预期收入可赎回这些债券；获取私人捐助者捐款；与城市和其他方签署合约建造并运营艺术中心。1973年8月7日，举行了债券投票会，当时的海报宣传其为“塔尔萨市无法拒绝的选择”。结果该债券发行以19112票对12454票，6658票的优势通过。

塔尔萨综合计划就剧院的选址作了修订。由原来的公众制定的民用中心迁往威廉姆斯中心综合大楼，其所在街区被南波士顿大街，辛辛那提大街、第2街和第3街包围。虽然这是项目中最值钱的一块，威廉姆斯公司还是以35万美元的价格，将其卖给了塔尔萨市，而这刚好等值于威廉姆斯公司买地所花的价钱。

绿园，作为威廉姆斯中心的焦点的 1hm^2 公园

私人资金在 4 个月内就筹集起来，大多数是以保证金的形式，从 5~50 万美金不等，在 3~5 年内兑现。为确保该项目有足够的现金流通，捐款者需提供与捐献款额同值的信用证，并签署一份具有法律效力的表格，以其房产作保证。这样剧院就可以从保证金中借取资金支付建设成本。

规划

城市购买艺术中心

开发商提供便利设施

艺术中心场地较小，第 2 街和第 3 街在海拔上又存在较大差异，而为满足中心需要还要建造一个停车场，同时还需要 4 个拥有独立音响和用途的剧院。鉴于上述几个原因，建筑师山崎实必须准备超过 20 个不同的设计方案，以适应所有元素的需要。每个空间都必须精心设计，这样 4 个剧院同时举行活动时，才能真正实现隔声。

塔尔萨剧院是一个业余团体，其一直在考虑在市郊修建设施，它请求由 4 个成员组成的艺术中心指导委员会考虑将 3 个黑箱中的一个改造成一个小型的剧院。委员会因此建议将能坐纳 400 人的黑箱改造成一个拥有拱形幕台和固定舞台的能坐纳 450 人的剧院，并且取消成本为 100 万美元的拥有 200 个停车位的停车场，因为附近就是议案中提到的绿园，其下面将建停车场。因此，城市委员会通过了这一变动。

1974 年 3 月，艺术中心委员会和城市委员会通过了山崎实的第 22 个设计方案。预计建筑成本达 1220.275 万美元，工程和建筑设计费为 94.5 万美元。山崎实保证就算包括土地成本和内部装修在内，艺术中心的成本也不会超过 1400 万美元。同时博尔特，贝拉尼克暨纽曼公司的劳伦斯·柯克加德（Lawrence Kirkegaard）也以声学顾问的身份加入设计小组。罗恩·杰里特（Ron Jerit）也被任命为剧院设计顾问。

1974 年 10 月初招标开始，11 月中旬有 3 家公司参与竞标。竞标金额最低为 1954 万美元，最高为 2040 万美元，超出预算 5500 万美元。加上所有装修和设备这些非建设成本，整个剧院的成本超过 2200 万美元。经过建筑师和投标人为期两周的技术审核，艺术中心委员会得出结论。如果要大幅度地削减成本，除非作出大的设计改动或是削减各类公用面积，例如音乐厅的阳台、小剧院、一种或多种形式的空间或是整个美术馆的侧楼，否则不可能用现有的资金建成一座大楼。

然而，除了各种用途的损失外，还有其他不利因素，因此不能进行重新设计。重新设计加上重新投标，会造成延期 6 个月。再者，1975 年 1 月 1 日后，该项目将要面临新的环境影响审核程序。当时建设成本以每月 9% 的速度上窜，艺术中心委员会明白如果再不马上开始建造，中心又岌岌可危了。

塔尔萨是幸运的，约翰·威廉姆斯、查尔斯·诺曼和拉福蒂纳市长再次鼓起勇气，他们相信艺术中心必须建起来，公众想要一个艺术中心，而且威廉姆斯中心是一个很好的位置。威廉姆斯将此形容为“众多真理时刻中的一个——你必须好好抓住它。”

一个非赢利中介机构的诞生

12 月 5 日，艺术中心委员会向拉福蒂纳市长和委员会小组提交了新的提案。建议与竞标金额较低的 Flintco 公司亲密合作。这样无需设计上的大改动及主要用途的削减，也能节省 400 万美元的。将成本减少到 1550 万美元。虽然还是超过了可利用的资金（来自债券收益、私人捐助和赚取的利息），但差距已经减少到 300 万美元。

为能立即开始动工修建表演艺术中心，委员会建议：

1）……为建造表演艺术中心，组建一非赢利新公司，新公司严格按照城市委员会和城市复兴机构所通过的计划与规格建造设施（并与威廉姆斯房产公司签约，由后者提供建设管理服务）。如有必要，需缩减成本，使之与所获资金水平相符，可进行必要的改动。公司将命名为表演艺术中心公司，并任命现任委员会成员（威廉姆斯、阿伯克龙比、米勒、诺曼）为公司主管和董事。

2）公司将在之前的投标过程中与投标额较低者签署合约，合约中承包商、非赢利公司、建筑师和工程师将就为节省成本所作出的必要改动达成一致的意见，使得现有及将来所获资金可承担中心建造成本。

3）……塔尔萨市与塔尔萨市政剧院机构就向表演艺术中心签署合约。购买价格不超过支付给两方机构的资金总额（债券收益、当前和今后捐款、今后城市拨款和利息）。在工程按协议完工前，双方分期支付购买款项。

4）……城市委员会于1975年财政年度拨款100万美元，与1976年财政年度另拨款100万美元。

这一行动方案提供了一系列便利。最主要的就是可以立即动工。其次，非赢利建设管理实体，表演艺术中心公司，将竭力完成大楼建设，并且不超支——任何超支风险都将由非赢利实体而非塔尔萨市或剧院机构承担，再有这一模式可保证管理和监督的持续性。

提案中还包括了两封信。一封是约翰·H·威廉姆斯保证筹集更多的私人资金，实现塔尔萨市另筹200万美元的承诺。另一封是威廉姆斯中心公司表示将从塔尔萨地区各银行筹集临时资金。

塔尔萨市以少有的高效率于一周后也就是12月12日为中心颁发了建设许可。12月13日，它保证将从1975年和1976年两财政年度的总收入和销售税收基金中拨款200万美元。12月18日，城市委员会通过建设表演艺术中心和建成后市府购买该中心的决议。12月20日，中心破土动工了。

购物广场与威廉姆斯中心的结合

艺术中心开始建设时，威廉姆斯中心的其他部分已开发完毕。第一阶段工程已于1973年动工。各大楼将于1976～1978年间完成。虽然是由威廉姆斯公司和芝加哥哈尼特－肖开发公司联合规划，项目的实际领导者却是威廉姆斯房产公司。它是威廉姆斯集团公司购买哈尼特－肖公司的股份后于1974年成立的一家分公司，归集团公司完全所有。

威廉姆斯中心项目开始时，塔尔萨市正在旧金山劳伦斯·哈尔普林公司协助下，设计一个新的购物中心。其于1974年组织了三个参与小组，使得市民可以为设计工程献计献策。在购物中心概念通过后，威廉姆斯公司同意修改威廉姆斯广场宾馆与威廉姆斯中心的设计规格，使得购物中心可以向北沿宾馆穿过第3街进入综合用途大楼。

威廉姆斯中心初步开发情况

■ 初步开发状况

□ 总密度/总规划

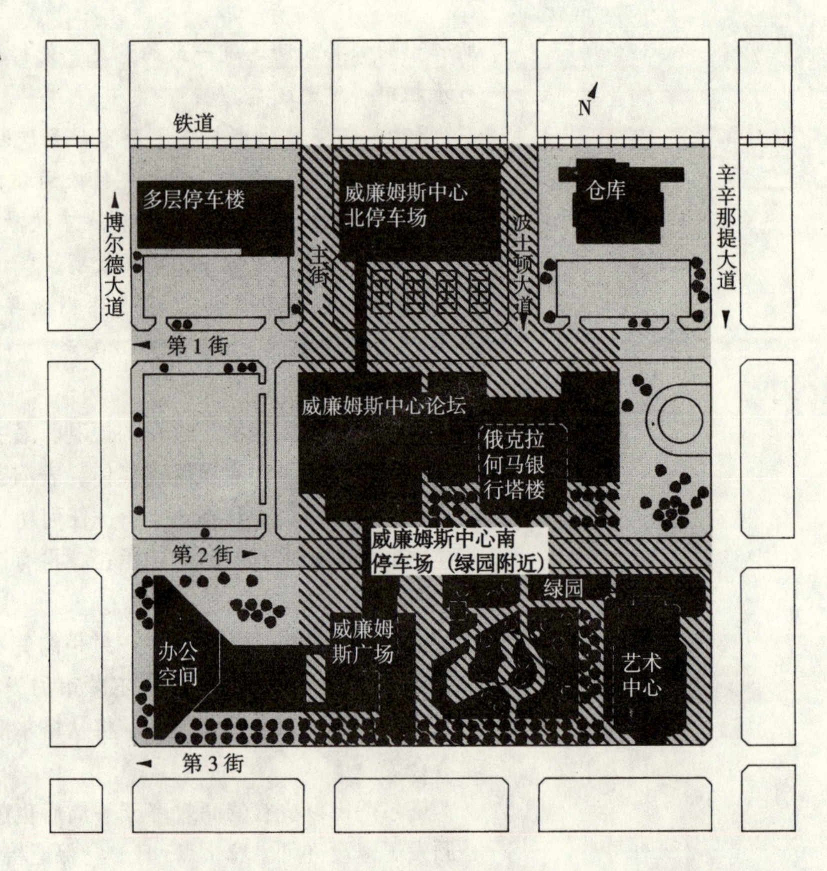

覆盖7个街区的塔尔萨中心步行系统计划增加很多新的元素：树木、灌木、长椅、人行道照明、饮水器、咨询亭、就餐区、时间和天气预报战、垃圾筒、扩音系统和一个自助式邮亭。梅因街和第5街的交叉口修建了一个巨大的喷泉，让人不禁想起俄克拉何马州东北部的乡村美景，仿佛能见到湍急的河水冲击着礁石，耳边传过水流和岩石撞击的声音。梅因街的3个街区禁止公共交通。第5街重新进行设计，在其中两个街区使用尽端路，另两个街区则使用7.32m宽的单向蜿蜒步行街，从而限制交通。威廉姆斯中心和购物中心在设计过程中经过了充分协调、讨论和比较，两者将实现良好的互补。

威廉姆斯中心一期工程主要由以下部分组成：

- 俄克拉何马银行塔楼，位于第1街和第2街的波士顿大道南，拥有52层的顶级办公空间。美国公平人寿保险协会向其提供了8600万美元的贷款。这在当时是该协会贷款额中最高的一笔。

- 威廉姆斯中心的威斯汀酒店是50多年来塔尔萨市区首次新建的酒店。该酒店由威廉姆斯房产公司的一家分公司所有，由威斯汀经营。

三层特色零售中心绿园，包括爱思溜冰场，俄克拉何马州唯一的全年开放的溜冰场

• 威廉姆斯中心论坛是一个3层高的封闭式特色零售中心，包括14162m^{2}的纯出租区，经天桥与俄克拉何马银行塔楼和威斯汀酒店相连。其特色之一为爱思溜冰场，俄克拉何马唯一全年开放的溜冰场。

• 两个多层停车库，可容纳车辆1684辆，由塔尔萨停车委员会（一公共信托）所有，并通过与威廉姆斯中心经营实体威廉姆斯房产公司签署管理协议来进行运作。威廉姆斯房产公司将车库所用土地卖给停车委员会，后者设计并建造了停车库。但即便是拥有52层的写字楼和400房间的酒店，也不能保证停车库能赚取足够的收入进行大的投资。因此威廉姆斯集团公司与俄克拉何马银行一起发行了年限为20年，总价为2040万美元的系列债券。为了增加该债券的市场吸引力，威廉姆斯公司的俄克拉何马银行在支付操作经费后保持按70/30的比例支付任何债务赤字。

俄克拉何马银行塔楼

• 绿园由一座两层的天桥与银行塔楼相连，归塔尔萨停车委员会所有，作为其底下的停车库一起组成一个投资对象。由于发行债券，车库总收入中只有5%用于维护。威廉姆斯集团公司和俄克拉何马银行同意支持绿园额外的支付成本。

为分离机动车和行人，威廉姆斯中心所有组成部分都由气候受控隧道和天桥相连，由塔尔萨停车委员会建造并归其所有。由于酒店、艺术中心、两个停车库和绿园分属三个不同的实体（塔尔萨市、停车委员会和威廉姆斯房产公司），必须有相应的一役权协议处理由停车库东部进入艺术中心大厅，经停车库西墙进入酒店以及从艺术中心西侧大厅进入绿园、停车库北面、论坛停车库南和朝南的写字楼的各类通道。

现状

威廉姆斯中心、艺术中心和购物广场引发重建热潮

1977 年，塔尔萨城市委员会正式从表演艺术中心公司接受艺术中心。大楼于 1977 年 3 月 19 日正式向公众开放，当天埃拉·菲茨杰拉德（Ella Fitzgerald）在查普曼音乐厅献唱，座无虚席。

现在的塔尔萨表演艺术中心拥有 4 个独立的表演区域，分别是含 2450 个座位的查普曼音乐厅，含 429 个座位的约翰·H·威廉姆斯剧院、演播室 I 和演播室 II。后两者是两个多形式黑匣子区域，根据活动的具体安排，可容纳 184～288 人。中心还包括一个视觉艺术展览馆，举办各种巡回展览。中心内的永久性展示品包括代表来自不同媒介的代表 44 位艺术家的 55 件艺术品。

艺术中心的管理和规划机制几年前就已到位。因此，大楼竣工后，中心就顺利投入使用。拥有该中心的塔尔萨市负责作为公众活动设施的中心的运营和管理。总经理悉尼·麦奎因（Sidney McQueen）是城市公共活动主管手下的一名公务员，后者同时需向街道和公共财产委员报告。1984～1985 年度的运营预算总计 1456862 万美元。其中 75% 来自市总基金、会议基金、短期销售税收基金和所得收入（积极有限的部分）。剩余的部分则由出租设施和设备及商务服务所得提供。塔尔萨市把出租成本维持在一个低水平，对赢利和非赢利团体采取不同的租率。

1983 年，共安排了 910 个活动日（在这些日子里，各场所会举行活动，但是不一定有公众参加）和 382 个公众日。1984 年，估计将有 1200 个活动日和 450 个公共日。出席 1984～1985 年度所有活动的人数将达到 25 万人。

艺术中心 75%～80% 的节目都是地方制作，参与演出单位包括塔尔萨芭蕾舞剧团、塔尔萨爱乐乐团、塔尔萨表演艺术中心信托公司、塔尔萨古典剧院联盟、美国印第安剧院公司、塔尔萨大专、塔尔萨公园和休闲中心、北方剧院、俄克拉何马交响乐和赞美诗乐团、音乐时光剧院、塔尔萨市政厅以及美国剧院公司。

塔尔萨表演艺术中心信托公司

随着艺术中心的竣工，塔尔萨市政剧院委员会已经完成了其主要目标，即筹集私人资金、安排设备建造和支付装修费用。一旦中心转让给塔尔萨市，那么按照决定，剧院委员会将继续有效推动私人资金的筹集以支付不断增加的规划和用人花费。信托契约因此作了修改，委员会也改名为塔尔萨表演艺术中心信托公司。其管理人由3人增加到15人，包括市长、街道和公共财产委员和金融财政委员。信托公司的用途也作了拓展：

> ……复原、修整、重建、改建、改善、扩大、改动、再造、经营、维护、管理、装备、装修和装饰塔尔萨表演艺术中心。
>
> ……对在塔尔萨表演艺术中心或其他相连的公共场合举行的文化艺术及其他娱乐活动提供金融帮助，指导和其他帮助。开展、赞助、制造、资助、安排、呈现、管理和再现各种管理人选出的不同自然景观。

表演艺术中心公司建造和装修设施所花费用比约定的节省了60万美元，这后用作捐款，并在1984年增至110万美元。信托公司将捐款所得利息用于以下三个方面：

1）塔尔萨也许无法承担的中心设备改建。

2）计划修建其他团体或以其他方式无法完成的景观。

3）向因经济原因无法在中心出现的小型团体提供资助。

市财政司长管理信托公司的资金与投资，市审计员在退款基础上执行会计职能。

自1977年以来，信托公司资助了地毯的更换和升级、女用洗手间的扩大、视觉艺术展览馆的改造和扩建、停车库能容纳30人的无障碍电梯扶手的安装、顶棚内外标记的改善和查普曼音乐厅扩音设备的添置。

塔尔萨表演艺术中心内，含2400座位的查普曼（Chapman）音乐厅

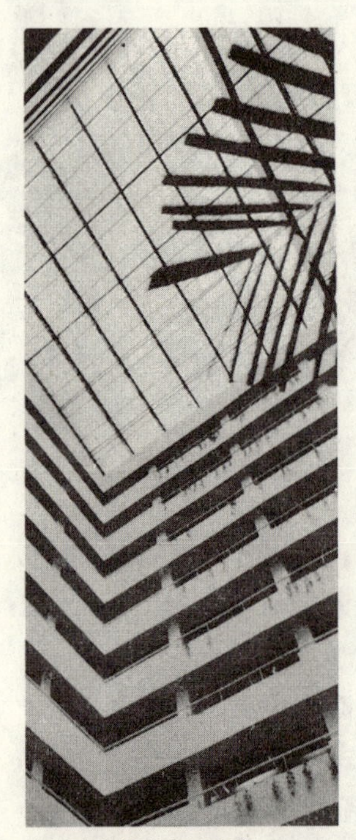

肯尼迪大楼的十层中庭

信托公司赞助了各种不同的项目，1984～1985年度赞助了11个不同的系列共93场活动，包括一个电影系列、几个吉它系列、爵士系列、现代舞、凯尔特音乐，像雷·查尔斯（Ray Charles）这类艺术家的演出，包括师生讨论的国家聋哑儿童剧团项目，与艺术家的互动使学生有机会见到访问艺术家并与之讨论职业发展道路和职业培训。还在午餐时间提供演出，主要是本地演员的独唱会，“人们带着便当观看演出”（“Brown Bag It”）。

信托公司同时也赞助本地组织的活动，向其提供数目有限的补助。1983～1984年度，它向本地区的表演团体提供20笔赞助，总额超过5万美元。

威廉姆斯中心稳步前进

俄克拉何马银行塔楼是威廉姆斯中心竣工的第一座大楼，于1976年10月开放。俄克拉何马银行占据了其中20%的面积，威廉姆斯公司占40%，剩下的40%面积自开放之日起全部出租。

绿园于1977年4月开放，在午餐时刻提供各种娱乐活动。第一年夏天，5个月内每天中午绿园都会开展某项活动。由于威廉姆斯中心前有美丽的草坪，还有音乐伴奏，原先“漂亮姑娘不去3街以北”的说法很快就不攻自破。二期工程的梅因街商业区的巴特利特广场和威廉姆斯中心塔楼商业区竣工后，绿园开始主要用于举办已成为社区传统的年度活动。例如历时三天的干辣椒蓝草节（结合了蓝草带活动和干辣椒烹饪大赛）、塔尔萨长跑（1984年参加者已达9万人）以及五月节这个历时四天的艺术品和工艺品节，可吸引游客40万人。

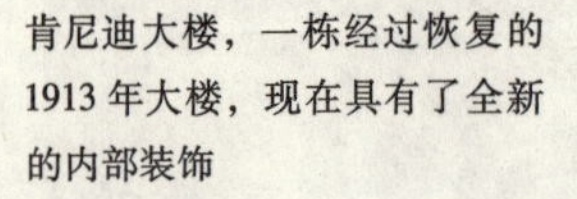

肯尼迪大楼，一栋经过恢复的1913年大楼，现在具有了全新的内部装饰

论坛内的商店、饭馆、溜冰场和影院于1978年秋天开放，刚好是宾馆竣工后。1980年又增加了两层高级套房，酒店房间由400个增加至450个。

塔楼广场位于这些大楼的西面，桌椅、树木围绕出0.4hm^2的公用面积。工人们常聚在此享用午餐，欣赏夏季每周一次的节目。广场与梅因街购物中心和论坛彼此相连。二期工程时修建的塔楼I和塔楼II由休斯敦3DI公司和H·C·王合作公司设计。塔楼I高17层，塔楼II高达23层。

重建与修缮

塔尔萨市中心保留了很大一部分建于1910~1930年飞速发展期间的艺术装饰和优雅艺术大楼。一期工程结束后，二期工程还未开始的那段时间，威廉姆斯公司修缮了这两座大楼。威廉姆斯房产公司的埃迪·亨森这样解释："那时保留它们是有经济价值的，投入使用后，带来了无限活力。"

年度艺术、工艺品、视觉艺术和表演艺术的节日——五月节期间，威廉姆斯中心两座塔楼前的广场上的景象

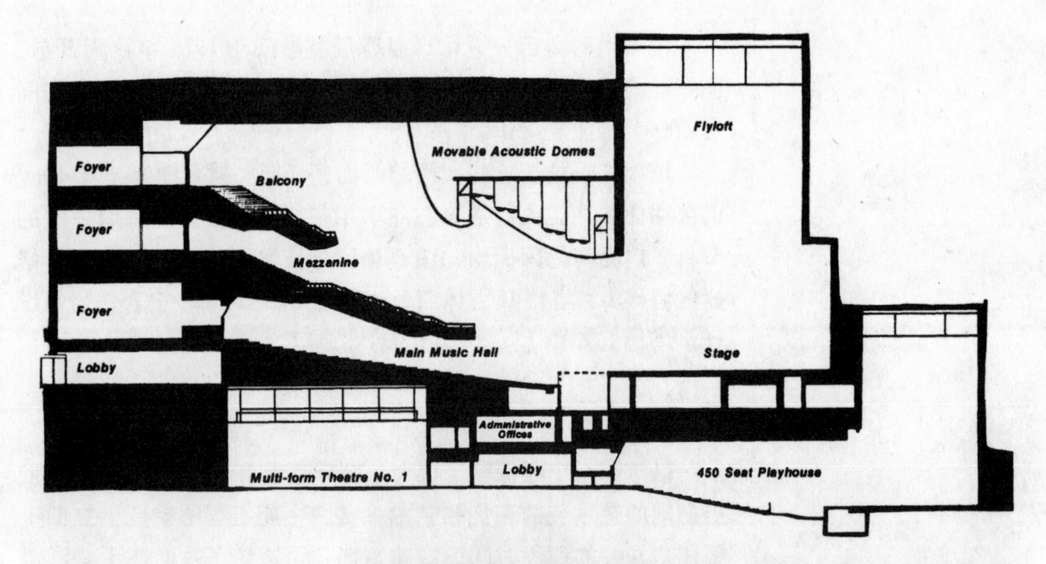

上图：塔尔萨表演艺术中心横截面，设备堆叠图：查普曼音乐厅、约翰·H·威廉姆斯剧院和多形式剧院（剧院2位于剧院1后）

下图：巴特利特广场，第五大道和梅因大街的交会部分
图片出处：塔尔萨市中心

320号南波士顿大楼过去一直是塔尔萨国家银行——现在的俄克拉何马银行的所在地，威廉姆斯的一些办公室也在此。俄克拉何马银行和威廉姆斯中心搬出后，它的占有率只剩30%。威廉姆斯房产公司花了180万美元对其进行了再造，于1978年向市中心市场再次引进了32090m^{2}的主办公区域。

街对面的肯尼迪大楼已在20世纪60年代中期被威廉姆斯公司买下，大概也是这个时候它买下美国五大湖石油输出业务。威廉姆斯房产公司花费650万美元翻新了这座用途过时的U形大楼。新建了外墙，10层的中庭上加了半透明的玻璃屋顶。中庭所有办公室都开放。外墙于1979年完成，仍还原了其1916年的风貌。19054m^{2}的内部空间也成为动感十足的戏剧空间。

联邦修复税抵免实施后，两座大楼才竣工。这时，历史建筑修复的资金已到位。几年前，对肯尼迪大楼的创造性再造和对老市政厅、中央高中的修缮，使得保留古迹在城区开发中成

塔尔萨联合车站内观

为一种趋势。1979~1981年的修复和修缮可为塔尔萨提供足够的办公空间，自修复肯尼迪大楼和320座南波士顿大楼后，塔尔萨城区只剩一家写字楼未经过修复和修缮，办公面积共达9290m^{2}以上。自1977年以来，各重建修复项目所花资金已逾7300万美元。

塔尔萨联合车站是最初的西北市区复兴计划的一部分，建于1931年，采取公共工程管理装饰派艺术的风格。作为全国最现代的客运站点之一，二战前其每天接待车辆36次。车站于1967年关闭，很多居民都认为其不会再开放。过往旅客把其当作夜宿之地，并把上好的木材和细工家具当柴火。但当城市复兴机构建议拆除该车站时，社区领导人表示反对并要求市政机关寻找别的选择。最终威廉姆斯房产公司做出了一个方案，塔尔萨市赞助32.7万美元。车站将被改建成一座写字楼。除此之外，城市复兴机构还将废弃的波士顿大道高架改建成经景观美化的人行天桥（横跨车站附近铁路轨道），从而把威廉姆斯中心、车站及其北部区域连接起来。大桥改建成本共计60万美元，分成三部分，由威廉姆斯房产公司和塔尔萨市各承担61250美元，其余则由联邦经济开放管委会提供的拨款支付。

大楼于1983年春完工，并为参与修复工程的建筑和工程公司使用。车站最初的优雅和特色被精心保存下来，所需的新石灰石片，皆来自印第安那的原始采石场；外观未进行喷砂，而是用水和洗涤剂进行了清洗。

激励和协同作用

虽然现存计划还包括另一座写字楼、一个停车库和一个百货商店。现有的威廉姆斯中心已给塔尔萨市带来了很大的积极影响。

约翰·威廉姆斯对此作了以下描述：

“塔尔萨市曾垂危在即，我的朋友后来曾告诉我，‘约翰，我真不敢想象居然会有这样的傻子跑到贫民窟去建这么一座没有一个租户的52层高楼，这是我所听到过的最疯狂的事。’

然而人们通常会形成一个想法。我们不可能总是正确，但是既然我们得出了一个想法，我们就要往前走实现这一想法。事后想来，当时并非是我得出了这么一个想法，它更像是一个自然而然的决定——也许这是一件勇气可嘉的事，使得我们可以大步向前，建成一幢大楼。但是事实上，我们自一开始就再也无法停止。

我们无法预计它将对塔尔萨产生怎样的影响，其他大楼的业主开始装扮其大楼，并意识到这些大楼的在市区的价值。

从公用设施来看，这座大楼拥有一个城市运转所需的一切能源，天然气和水。就这样让它废置，显然是疯了。毫无疑问，它确实起到了一个催化剂的作用。”

由于私有业主的领导能力和执着的态度，塔尔萨市区复兴机构只花了15年的时间，就完成了市民中心综合体的建设，在市区最萧条的区域建成了一座多用途的超级街区，并通过中心商业区将大楼与步行购物中心联系起来。最重要的是，威廉姆斯中心的完工带动了整个商业区的新建筑和旧建筑的改造。机构的执行总监保罗·查普曼这样说道：“在我看来，威廉姆斯集团公司做出了很大的贡献，发挥了很大的影响力，它是我们这个项目成功的关键所在。”

虽然塔尔萨已完成了很多工程，市区仍有很大一块区域依然是大片大片的停车场，这是20世纪60年代中期大批清理住房的结果。由于塔尔萨缺乏一个发达的公共交通系统，大多数塔尔萨人开车上班，因此20年前被清理的每一块地几乎都成了一个停车场。塔尔萨无限商业区称这些地块都蕴含着开发的商机。但是即使塔尔萨市区已获新生，它还需要更大的发展来弥补这些空白。幸运的是，未来的规划就包括了在市区开发新房产。

1984 年下半年，和许多城市一样，塔尔萨也遭遇了经济困难。当时它的失业率位居全州首位，石油业和其他相关服务也处于萧条之中。事实上塔尔萨市区已是建设过度。自 1970 年以来，已有 3.89 亿美元用于投资新私人建筑，8000 万美元用于私人修缮。今天，埃迪·亨森也提出了同样的看法："此时在塔尔萨启动一个大的多用途项目并不是一个好的时机，因为对此类产品并没有明显的需求。"

然而，在威廉姆斯中心和市区相关投资项目中采取的创造性手段，已经为威廉姆斯地产公司建立起了不小的声誉。威廉姆斯中心的每个元素的设计和营销都从满足特定的消费者需求出发以加强整个项目。写字楼中有商店和餐馆；酒店接待商务访客；艺术中心、电影院、溜冰场和棒球场向所有写字楼的上班族、游客和购物者开放。

以人为本的思想促成了这种协同作用，威廉姆斯中心的建筑师和总规划师山崎实这样说道："一个人生命中有 80% ~ 90% 的时间都在建筑物中度过的，这些建筑物对他而言必须是一种乐趣，一栋建筑应该是可以给人带来幸福的。"

约翰·威廉姆斯认为他及其合作者学到了以下经验：

"我认为……如果这是一个独立的工程，并且有那么一群足够有判断力的人，制造一种氛围，使得人们愿意参与到其中，那么我们成功的可能性就更大了。一栋建筑远远不够，我认为我们更多的是以运气而不是技术取胜。但是在这个项目中我们还是做对了很多事，可以说，我们采纳了和其他地方相同的理念。"

艺术已证明是一个非常重要的因素。塔尔萨表演艺术中心一直是西南部最好的表演设施之一，总经理悉尼·麦克奎因（Sidney McQueen）对中心的影响作了以下描述：

"表演艺术中心自开业 7 年来，很多表演机构获得了很大发展，成为实力强大的区域性公司，高质量的设施和服务，受过良好训练的专业人员，都提高了这些团体所能提供服务的质量和数量。新大厅已不再是过时的老古董，歌剧院、芭蕾舞团和爱乐乐团吸引了更多的观众。中心还具备了很高的美学价值，成为人们夜生活的好去处，新餐馆和俱乐部持续增加，更增添了人们对艺术的热情。

塔尔萨爱乐乐团职业音乐家的数量持续增加，现正在俄克拉何马州外巡回演出。塔尔萨芭蕾舞剧团正在得到全国的认可，正在准备西海岸的巡回演出。表演艺术中心每个主要团体的预算都显著增加，达到100万美元甚至以上，塔尔萨艺术蓬勃发展，其影响力扩展到俄克拉何马州以外。”

也许塔尔萨市区依然是以白天活动为主，但艺术爱好者们通常都会在晚上和周末聚集到中心。每年参与中心活动的人都超过25万人，可以说，几乎塔尔萨的每一个人都曾经来过中心一次。

埃迪·亨森着重指出，包含艺术中心的多用途建筑没有固定的建设公式，对每一个特定机会都应采取其“特定的创造性的方法”。约翰·威廉姆斯指出：“你要明白，你不能单凭一己之力，你需要优秀的人才，激励他们，领导他们。聪明的人很多，构思绝妙的人也很多——但是却很少有人能说‘好，我们这就开始做。’”

不过，塔尔萨真不乏领导人才，此乃大幸也。

圣迭戈　霍顿广场

个案研究4

项目简介

霍顿广场，地处圣迭戈商业区的心脏位置，由市非赢利中心城市开发委员会和私人开发商欧内斯特·W·哈恩（Ernest W. Hahn）合作开发。双方合力开发的这一大型多功能开发项目打破了传统购物中心的固有模式，在市区提供大的零售、餐饮、办公、娱乐和便利设施。

拥有11英亩的广场地处圣迭戈湾沿岸和中心商业区与市民中心之间，到1985年下半年广场开放为止，项目成本预计达1.4美元。广场包括一个多层区域性购物中心，其中包括商店、餐馆和娱乐中心，面积达38275m²。四大百货大楼——默文、鲁宾逊、百老汇和诺德斯托姆，也将坐落这一覆盖六个半街区的综合区域，围绕着欧式的露天街道，而之前这四家百货商店没有一家曾出现在圣迭戈市区。霍顿广场的目标并非是变成另一个美式的购物中心，而是想有意大利小山镇的风格——除了它将拥有3000个停车位，而且还将有一个娱乐区穿过霍顿广场连接东面的煤气灯街区（Gaslamp Quarter）和东面的第一大道，这将为市中心注入久违的活力。

霍顿广场早期并没有包括任何艺术机构，但是开发过程中还是存在着种种机会，最终促成了圣迭戈新艺术中心的设立，它位于附近一座修复后的影院内，将展出当代艺术、建筑和设计。圣迭戈市还将在霍顿广场剧院壳体下新建两座表演艺术剧院，哈恩资助了这一框架的修建。按照中心城市开发公司的设计方针和公众艺术的要求，广场边缘将有各种沿街零售、餐饮和娱乐服务，这将进一步增加行人流量，其中一个大的户外雕像就是由哈恩资助。

城市规划者与一位开发商合作，打破了千篇一律的商业区零售格局

霍顿广场附近 $0.6hm^2$ 的土地上还将建起一个拥有450个房间的全方位国际酒店，希望能得益于其中。规划好的二期工程还将在广场的上层设立 $27870m^2$ 的阶梯式办公区域。靠广场大道边上的霍顿广场历史公园多年来一直被忽视，现已修缮完毕。

零售业与餐饮业结合，更多的艺术元素，再加上富有想象力的建筑设计，这一切的整合将大大促进圣迭戈市发展市中心的长期战略的实施，那就是让市区不再只是过往旅客和上岸水手的天下。

城市文脉

郊区购物中心侵蚀市中心活力

圣迭戈是加利福尼亚州的第二大城市，在20世纪七八十年代起经济增长速度达到了40%，并且现在也没有显示任何减缓的迹象。标准都市统计区人口为190万人；平均家庭收入达28000美元。无论是市区的新写字楼还是城外的工业园区都显示了发展中的圣迭戈经济由以农业和军事为主向以金融、航空，批发和零售贸易、保健科学、政务以及服务业为主的转变。每年的会展和旅游花费超过10亿美元，而且圣迭戈市毗邻墨西哥，这大大促进了当地零售业的发展。

圣迭戈拥有美丽的自然风光和包括海滩、山丘和平顶山之内的各种地貌。这里气候宜人，交通便利，一年四季都有水上运动和其他娱乐项目，生活非常休闲。一本宣传小册子中这样写到“富有，愿意花钱，喜欢享受生活，这就是圣迭戈的年轻一代，”“而且大多数人的居住和工作地点离市区都只有30分钟不到的车程。”

但是这些特点也给圣迭戈市中心的发展带来了负面影响。在郊区居住，购物和工作远比驱车到日渐衰落的地区便利。郊区购物中心可以满足一典型家庭的所有消费需求。60年代，距离市中心北部11.2km处的“教会谷”（MissionValley）拥有两个大的购物中心，总面积达209025m²。而在市区尚在营业的零售店面积只剩几万平方英尺。

霍顿广场的开发商欧内斯特·W·哈恩，在“教会谷”建造了名为时尚之谷的购物商场，并开发了绿茵广场。其公司还参与了大学城中心和埃斯孔迪多（Escondido）的北部集市。今天哈恩以自嘲的语气坦诚时尚之谷“在六七十年代确实是摧毁市区零售业的罪魁祸首之一。

由于中产阶级居民离开城市选择搬到郊区，市区各大楼迅速衰退。以至于该地区的税收锐减，甚至低于所需公众服务的成本。显然。圣迭戈市区需要采取策略拉回转向郊区的人们，重建其税收基础。60年代中期，城市规划委与非赢利倡议团体圣迭戈公司一起合作，制定了复兴市区的五大目标：

1）加强现有零售业并促进新的零售业的开发；

2）新零售业和旧零售业及办公区相连；

3）扩大金融与政治服务；

4）在市区建造住宅；

5）建造一个会议中心。

规划师明白单靠其中任何一个计划，城市改造是无法实现的。相反，必须有一连串经过仔细划分的阶段式计划。虽然起初并没有计划开发综合用途项目，但是建立各种补充性用途设施的基本原则依然存在。例如现有办公面积已不能满足逐渐壮大的公共部门的需求，对艺术剧院和会议中心的需求也非常迫切。1963 年为支付这些项目的土地收购和建设成本而进行的债券发行失败后，圣迭戈选择收购必要的土地建设一座多用途中心，并且督促市政府调用部分职工福利基金。当地公司的出资填补了160 万美元的空缺。1965 年，市区查尔斯·C· 戴尔社区中央广场落成。它包括一个新市政厅，一个民用事务大楼和一个能容纳3000 人的市民剧院，一个 7432m^2 的展示区域和一个停车库。

中央广场落成了，但又将面临新的问题。最主要的就是这一世界上最美丽的城市海滨及其周围的繁华地带正在消失。

艺术环境

两座老剧院刺激了“艺术展示”

学会剧院和巴尔博厄这两家老剧院的历史是圣迭戈市区对艺术生活由原先的享受，到忽视再到逐渐恢复的历程的极好说明。两家剧院以迥然不同的方式促成了表演和视觉艺术与霍顿广场开发项目的融合。

在对开放巴拿马运河的期待中，圣迭戈为准备 1915 年举行的巴拿马－加利福尼亚博览会开始在市区纷纷建立大楼。1913年 5 月 5 日，Lyceum 剧院开业，在第三大道和 F 大街交接处，能容纳 430 人的正统剧院开业。在同一幢大楼的还有罗伯特·E·李酒店。1913～1932年间，学会剧院上演了包括轻歌舞剧、滑稽剧、音乐剧、戏剧和电影的多种剧种。1932～1970 年作为一家好莱坞剧院，这了上映的都是轻歌舞剧。

1971 年初，学会剧院作为一家非百老汇剧院重新开幕，并上映了有好莱坞明星出演的影片，例如《你是一个好人》、《查理·布朗》、《女人四十一枝花》和《最后一个情圣》。但是 1975 年剧院并入普斯卡特连锁影院，连续四年都上映列为 X 级的电影《深喉》(Deep Throat)。1979 年，唐顿纳公司租下该剧院，并马上开始修复工作为学会剧院的讽刺剧作准备，于 1979 年 10 月开演，一直演至 1981 年。讽刺剧讲述了一家即将被拆除的老剧院的历史。演出的某一时刻，司仪会向观众呼吁“拯救这个美丽的剧院”，并要求他们在大厅拿取明信片寄给市议会代表。

这次公众给予了学会剧院极大的支持，不光是因为它是圣迭戈唯一的一座剧院/酒店建筑，而且它还是市区最古老的话剧剧院和唯一一个拥有完整舞台和布景长廊的小型设施。然而1981 年中心城市开发委员会买下了这座大楼并将其拆除，因为其所处的位置正是霍顿广场要修建停车库的地方。

乔恩·杰德（Jon Jerde）于1977年所绘的霍顿广场规划图

公司接手后不久，圣迭戈常备剧目的剧团艺术总监，萨姆·伍德豪斯（Sam Woodhouse）写信请求允许其剧团以每年1美元的价格按月租学会剧院大楼，直到它被拆除为止。常备剧目剧团于1976年成立，演出地点设在一翻修后的大楼，之前是一个殡仪馆。剧团每年演出超过200场，因此其想要一个更大的演出场馆。协议签署后，公司于1981年5月开演“工作”，该剧在学会剧院一直演到1981年10月，是圣迭戈历史上演出时间最长的正统剧目。之后还演出了《象人》、《锡版照相法》（Tintypes）、《推销员之死》和年度制作《圣诞赞歌》（Christmas Carol）。1982年10月，剧院被最后拆除前，公司一直在此安排演出。

常备剧目剧团在学会剧院的经验证明虽然这座大楼过去曾是腐朽之区内的色情屋子，但是制作精良的现场演出仍然能够吸引大批市区的观众。常备剧目剧团曾在学会剧院行将拆除之时献上的高质量的演出和学会剧院的拆除都为霍顿广场内新建的剧院设施带来了压力。

巴尔博厄剧院与圣迭戈艺术中心

与之不同的是，坐落于第四大道和邻近霍顿广场的E大街交接处的巴尔博厄（Balboa）酒店已成为了地标性的建筑。极具西班牙文艺复兴风格的华丽墙面使其被认为是霍顿广场一个主要的色彩基调。入口处用陶瓷锦砖铺地，以此纪念1513年巴尔博厄（Balboa）发现太平洋。内景装修精致，舞台前端两侧各立一两英尺高的瀑布，一个由多彩瓷砖砌成的圆形屋顶高耸于顶层之上。

巴尔博厄剧院建于1924年，最初只是作为一个影院，但还是具备了现场演出的设施。剧院早期曾上演戏剧、讽刺剧和马戏表演。1930年，巴尔博厄转而成为华丽的西班牙语剧院，但是到了1932年后期，又开始上映好莱坞电影。剧院所在大楼还有34个办公室和6家商店。

20世纪70年代，曾几度尝试鼓励市政府买下巴尔博厄对其进行改建。当时有两个选择，一是将其改建成为老环球莎士比亚公司的第三座剧院，作为市民剧院的延伸，上演小制作作品；二是将其改建成为市轻歌剧协会的一个会堂。但是修建成本预计将达到190万美元，导致城市的兴趣骤减。巴尔博厄仍然作为一家二轮影院营业。

之后对于巴尔博厄的规划不再和表演艺术相关，而是走视觉艺术道路。该地区拥有两座大的艺术博物馆－圣迭戈博物馆和拉荷亚当代艺术博物馆。圣迭戈艺术博物馆位于市中心北部的巴尔博厄公园内，公元于1915年为巴拿马－加利福尼亚州博览会而建，现内有多家科学、艺术、自然历史、人类学、运动和摄影博物馆，另有运动设施、剧院、植物园和一家著名的动物园。圣迭戈博物馆的永久收藏包括亚洲、文艺复兴、巴洛克、新古典主义、19～20世纪荷兰、英格兰和美国现代艺术。拉荷亚当代艺术博物馆距离圣迭戈市区约19km。位置较为偏僻，在此展出的20世纪建筑和当代产品设计展为其赢得了美誉。同时这还要归功于曾在1973～1983年间担任博物馆馆长的“老左”（Lefty）塞巴斯蒂安·阿德勒。

艺术赞助人达纳赫·费曼（Danah Fayman）在拉荷亚博物馆做了15年的董事，数年来他一直向董事会要求将博物馆改名为圣迭戈当代艺术博物馆，并在圣迭戈市区设立分馆，从而为其精品展出吸引更多的观众。但是两个建议都没有被董事会采纳。当城市复兴计划已是蓄势待发，而阿德勒也于1983年离开了拉荷亚博物馆，达纳赫·费曼把建立新的圣迭戈当代艺术博物馆的想法告诉了中心城市发展公司执行副总裁杰拉尔德·特林布尔（Gerald Trimble）。后者相信在市区建立一个艺术中心将会大大地增强市区的活力。她带着达纳赫·费曼和阿德勒一起为博物馆寻找一个可能的新场址，并且特别指出了巴尔博厄的优势所在——独特的建筑风格并且毗邻即将落成的霍顿综合广场和正在发展中的煤气灯区西部边缘。

1983 年的巴尔博厄剧院，背景是正在建造中的霍顿广场

巴尔博厄的魅力、地理位置和保存价值让阿德勒和达纳赫·费曼深受触动，他们马上聘请了纽约市的建筑师理查德·S·温斯坦（Richard S. Weinstein），让其研究将巴尔博厄剧院改建成为博物馆的可行性。理查德·S·温斯坦建议说剧院最上面两层楼可用作博物馆，下面的楼层则可用于零售设计品。

1983 年 8 月 28 日，圣迭戈艺术中心组成公司。阿德勒任董事，并将其定位为一个以设计为中心的当代艺术博物馆。馆长约翰·劳埃德·泰勒（John Lloyd Taylor），前密尔沃基市威斯康星大学艺术美术馆馆长于 1984 年 9 月上任。艺术中心的目标是着重推出国际和美国建筑及其设计，特别是当代加利福尼亚艺术：

> ……从家具的设计到城市的设计，从我们所穿的衣服到我们居住的大楼，画像、雕塑、书籍还有我们观看的电影和电视以及我们对它们的想法。

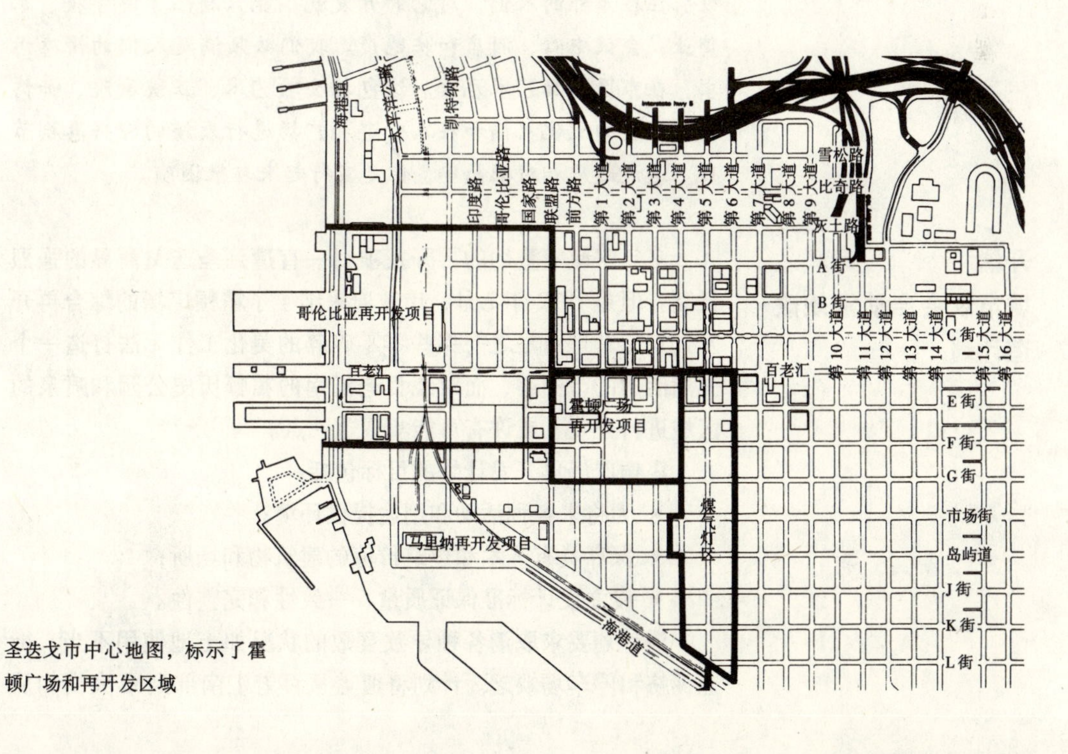

圣迭戈市中心地图，标示了霍顿广场和再开发区域

左图：霍顿广场模型

右图：霍顿广场内的欧姆尼国际酒店

和洛杉矶和达拉斯不同，圣迭戈没有来自艺术爱好者的初始压力，即建造的新大楼必须有助于增加市中心的活力。相反，对艺术的需求则是来自于公共领域负责圣迭戈中心城市复兴的领导层。对此中心城市开发委员会的杰拉尔德·特林布尔这样解释道：

几年前我意识到要想把圣迭戈市区打造成一个魅力之都，吸引住在市郊的人们，对它的开发就不能只局限于写字楼、零售业，会议中心、酒店和房地产。我们必须满足人们的情感诉求，在市区增加艺术元素。这包括公共艺术、正统剧院、如博物馆这类的文化机构和在人行道和广场进行表演的即兴喜剧节目。这说起来相对很简单，但是实行起来却很困难。

开端
城市议会启动常规改造计划

多年来政府赞助的再开发项目一直遭到圣迭戈商界的强烈抵制。但是1972年7月，市政府采纳了了霍顿广场的综合再开发计划。其理由是之前那些零零碎碎的美化工作无法打造一个充满活力的市中心，而对绕百老汇南的霍顿历史公园和喷泉的区域进行开发，或许有可能实现这一点。

霍顿广场再开发计划的目标包括：

- 为将来各种活动和用途提供环境；
- 保存具有艺术和建筑价值的建筑物和场所；
- 设立设计标准保证质量、一致性和完整性。

该计划要求取消各种导致衰败的状况如土地使用不当、街道拥挤和停车场缺乏。计划将覆盖从百老汇南部到G大街和从工会到第四大道的16个街区——面积之大，足以吸引各著名开发商和投资者。

按照传统再开发程序，市再开发机构在项目区域内购买私人土地要付费。该项目的特点是包含了各种用途：办公、酒店、零售、服务、娱乐、教育和相关辅助用途。将建立“景观美化标准”、“艺术品标准”和“街道和外部装备标准”。将修复和修缮旧大楼；将重修，改进并且如果有可能还将扩大霍顿广场。

为获取该项目资金，授权再开发机构采用包括增收财产税、债券、利息收益和出租或出售再开发机构拥有财产在内的各种方法。该项目建立的目标就公共再开发项目而言很平常，但是在圣迭戈这样一个有史以来一直都很保守的城市进行，必须仔细考量其实施方法。

构想

区内步行街连接百货公司

1973年，再开发机构在罗克赖斯、奥德马特、芒侨伊暨埃米斯公司（Rockrise、Odermat、Mountjoy&Amis）（ROMA）、规划顾问们和凯泽·马斯顿联合公司和金融顾问们的协助下，为霍顿广场区域研拟了城市设计计划。所拟定的计划（后成为ROMA计划）建议组成一个拥有包括零售、办公和酒店各类用途的超级街区，在此过程中应保留一些具有建筑价值的建筑物和场地。计划强调了在私人开发计划中加入艺术和便利设施，推荐将1%的建筑成本用于购买公共艺术。顾问小组之所以青睐综合用途开发形式，是因为他们相信这是把由社区广场和市府各办公室带动起来的经济复苏势头继续往南推进的大好机会，这样市中心在晚上和周末将会变得更具活力。

ROMA计划需要的办公大楼、一流的酒店客房、零售和娱乐区域面积达到185800m^2。顾问们认为在霍顿广场完全建成之前，该区域的高中收入房产不会看好。他们敦促将至少185800m^{2}的特定零售和餐饮区域高度集中起来，不仅要吸引平时的上班族，还要吸引晚上和周末的客人。他们的报告特别注意了公共开放区域质量和低层的零售、餐饮和娱乐区与高层的办公和酒店区相结合的问题。计划还要求改造和修复霍顿广场区域内的两座剧院，学会剧院和斯普雷克尔剧院，同时还要重新装修附近的非百老汇剧院巴尔博厄剧院。

顾问们同样也建议对附近煤气灯区进行新的开发，增加写字楼、零售店、娱乐设施、饭店和酒吧，并且实施严格的分区制和设计控制以保持这一历史区域的建筑完整性。他们建议关闭E大街该项目所在区域，把其改建成为步行街，并在周围建娱乐中心，大商场、小商店和饭店。他们认为集中并紧密连接霍顿广场的内部积极区域可以营造一种安全感及商业和娱乐氛围。该内部区域被构想成为一多层次步行街，两边都有商铺，但并非全封闭。内设各用途设施，后有大型停车库。

报告对该项目的开放空间、环境美化、街道小品、标识、照明、艺术性和鲜花、票务及报刊亭等问题。这多少算是70年代早期顾问报告的一典型特点，那就是十分重视“人文关怀，特别是对行人的关怀”。

ROMA计划提议向项目开发商提供机会，使其能够以现金而非艺术品的形式提供预估的1%的艺术开发资金。这样的做法使艺术开发得以进行，特别是对选址进行的艺术开发。计划同时要求市府采取以下一系列行动：为综合用途开发准备足够大的地块、保存具有建筑价值的剧院并且把附近的煤气灯区新建成为低层零售和娱乐区域。项目将分阶段实施，在此期间，再开发机构将为私人零售开发汇集足够大面积的街区，建设由税金增额债券资助的公共停车库。再开发机构在该区域尚未拥有房产，因此它需要先选定开发商，决定购买性质和范围后，再行购买。预计的税金增额被提议用于补贴土地收购和改良。

合作

城市各开发机构与开发商二次合作

1974年2月，再开发机构邀请对霍顿广场感兴趣的开发商上交正式议案，并向其提供再开发计划、ROMA城市设计计划副本及参与协议草案帮助其准备议案。

4月分别由国际六、M·H·戈尔登公司、阿肯公司和欧内斯特·W·哈恩公司提交的四个议案中，以哈恩公司的规模最大。其议案建议的综合用途开发符合再开发机构的要求，但其中也提出一系列公众要求。哈恩公司一开始提议在扩充后的项目区域建造23225m² 的零售、酒店、办公和住宅区，扩充后的项目区包括位于霍顿广场和圣迭戈湾之间的80hm² 土地。议案还进一步建议了为充分实现霍顿广场潜力而应在周围采取的行动或进行的开发活动。

哈恩的开发构想需要建立高质量的零售和商业区，并且要求全城的综合努力从整体上改变和清理市区。协调如此复杂的一系列开发活动，已经不是再开发机构可以独立胜任的，因此市府采纳了圣迭戈公司的提议，即建立一个由商业职业经理组成的非赢利公司联合各合资企业并监控开发城市中心地带的各种需要。到1975年初，已采纳哈恩公司关于霍顿广场的议案并

霍顿广场由封闭式转向开放式购物中心，由 ROMA 计划到 HOPE 计划再到乔恩·杰德的设计的基本进化过程

1973

1 联邦大楼
2 办公楼
3 斯普雷克尔大楼
4 联邦中心
5 霍顿广场公园
6 巴尔博厄剧院
7 西金色酒店
8 停车库
9 停车库
D. S. —百货商场活动连接

1975

1 联邦大楼
2 办公楼
3 斯普雷克尔大楼
4 联邦中心
5 霍顿广场公园
6 巴尔博厄剧院
7 西金色酒店
8 停车库
9 停车库
D. S. —百货商场活动连接

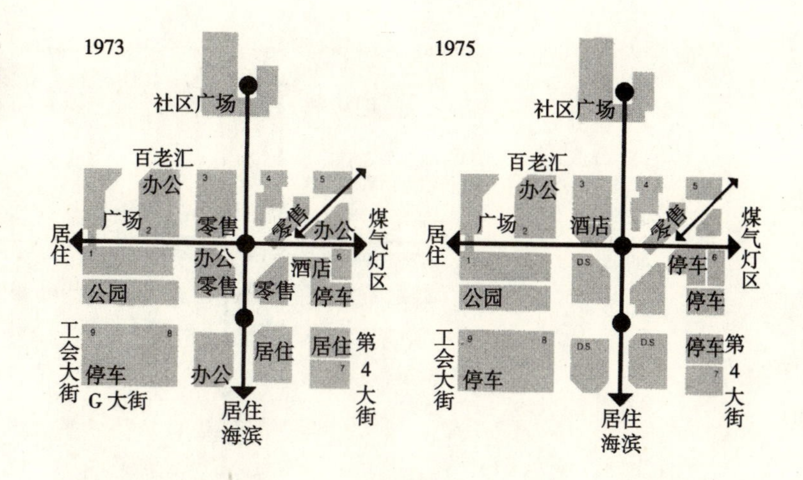

开始对其进行界定，而以巴尔的摩的查尔斯中心内港管理委员会为模型的城市开发公司也已建立。

城市各开发机构的合作

中心城市开发委员会作为一个公共非赢利机构由市长彼得·威尔森（Peter Wilson）和市府成立，其职责是管理开发圣迭戈市区的所有活动，而非仅限于霍顿广场。其由七个商业和房地产专家组成的委员会领导。按其执行副主任杰拉尔德·特林布尔的描述，其目的如下：

从一开始，中心城市开发委员会的主要作用就是简化再开发过程。其职员和顾问们一起代表中心城市开发委员会与市府和市再开发机构签订契约，代表后者处理一切与业主、企业和开发商的谈判。中心城市开发委员会同时也负责市区再开发区域的财产收购、拆迁、清除、公共资助和所有私人改善工作的设计复审。

中心城市开发委员会发挥着广泛的作用。前提是虽然巩固与开放商的业务往来及保证公共资金非常重要，但是这些并不能凌驾于其他问题上：城市设计、便利设施、公共艺术和以人为本的用途。再怎么渴望做成生意，也不能不顾这些问题。

因此，虽然发起开发商选择和霍顿广场评估的是圣迭戈再开发机构，但是处理与哈恩公司谈判的职责已经转到了中心城市开发委员会上。委员会对公共和私人开发计划的评估在基于以下目标的技术上按一套设计审核方法进行：

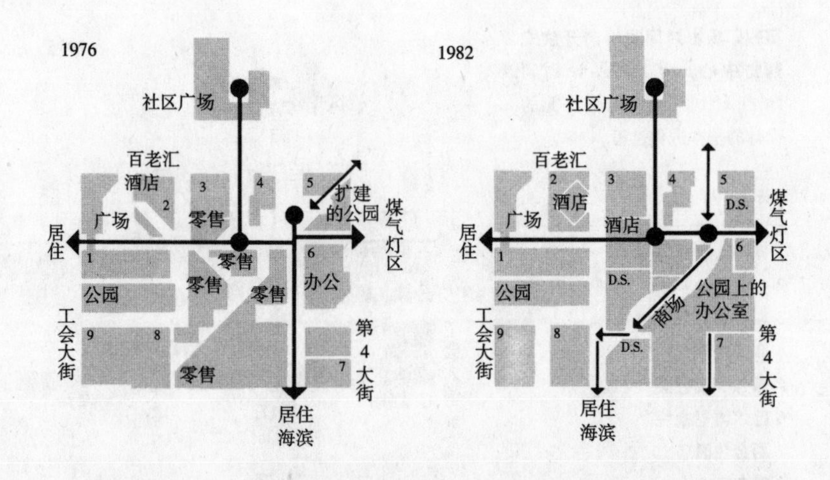

1976

1 联邦大楼
2 酒店
3 斯普雷克尔大楼
4 联邦中心
5 霍顿广场公园
6 办公
7 西金酒店
8 停车库
9 停车库
D. S. —百货商场活动连接

1982

1 联邦大楼
2 富国银行银行大楼
3 斯普雷克尔大楼
4 联邦中心
5 霍顿广场公园
6 巴尔博厄剧院
7 西金酒店
8 零售区
9 居住区
D. S. —百货商场活动连接

- 通过主要街道、步行街、小公园和广场连接市中心核心地带和水滨；
- 强调例如人行道保养、路标和支持行人活动的装备的便利设施；
- 通过保存多样化的有趣古建筑保留历史建筑；
- 鼓励艺术设施的建造、文化项目的开展和户外活动的举行以增加中心城市人流量。

委员会对霍顿广场的具体设计和规划目标是：

> 在百老汇设立一个窗口，鼓励市区向南推进，支持和带动煤气灯区的发展……保护精选的土地利用和建筑并且通过连接霍顿广场公园和联邦大楼广场与公园组织现存和建议公开区域的开发。

1975～1977年间，委员会的大部分时间都用于与哈恩公司就部署和开发协议的谈判。项目设计的变化也显示出开发商要保证该项目与圣迭戈市区其他区域整合的意愿的增长和市区对私人开发的欢迎和支持程度的增加。

经过两年的周密谈判，哈恩公司于1977年10月21日签署首个开发协议（在1982年9月项目最终协议达成之前还将经历8次修订）。

首个协议规定了双方的职责并大概列出了整个计划的时间表。开放商需要招商四家百货商场（加上其他特别零售店和饭店，总租赁面积将达52303m^2），还需为项目安排私人资助并设计和建造所有私人改进工程。圣迭戈市需汇集场地、保证公共资金并提供公共改进和公共停车库。1977年，公共土地成本估计达1740万美元，建造公共设施成本达1110万美元。资金来源有发行税款分摊债券；用于公共改进项目和停车库设计和建设发行的租赁收入债券；投资债券收益；哈恩购买土地所支付的420万美元；圣迭戈市提供的400万美元贷款。

最开始几年，合作者的注意力主要都放在吸引大的百货商场和解决规划与资金问题上，对设计问题关注较少。到1977年秋天，哈恩已经得到鲁宾逊（Robinson）公司（8361m^2）、巴法姆（Buffum）公司（5574m^2）和默文（Mervyn）公司（7432m^2）的承诺，尽管这些大百货公司并不喜欢在旧城区投资。开发协议要求市府改善霍顿广场周围环境消除租户的疑虑。为此，煤气灯区将作为一个再开发区；在霍顿广场附近施行马里纳和哥伦比亚项目，选择开发商在29.2hm^2的土地上建立3000个住房单元（包括公寓大楼和针对低收入到中低收入家庭的住宅）；马里纳的占地11.2hm^2英亩的海军娱乐设施将移往中心城市南部，被酒店，特产商店和游艇停泊点替换；还将建立一个市会议中心。

13号议案

中心城市开发委员会代表再开发机构行使征用权以征用和议价出售的方式为各项目汇集土地。其用于土地收购和停车库建设的收入一半以上来自于增加的财产税。但是1978年6月出台的加利福尼亚13号议案突然对财产税设置了市场价值1%的最高限额，这样收入几乎减少了一半。更糟糕的是，到1978年夏天，霍顿广场地价（包括汇集花费）已经上涨到2920万美元。停车库建造成本也从1110万美元上涨到1930万美元，这样公共承担费用就上涨到了4850万美元。两年内，成本已飙升至5390万美元。

1979～1980年间的计划利息事实上远高于最初的计算。最初发行的800万美元税款分摊债券已经不够支付项目成本，因此市府考虑出售更多的债券。但是新债券必须提高利率来增强其市场竞争力，而圣迭戈恰恰缺少赎回债券和支付利息的现金。

有人可能会认为这种局面将阻碍霍顿广场项目的进行。并非如此。中心城市开发委员会的房地产顾问凯泽·马斯顿公司和哈恩公司找到了绕过障碍的方法。

增加项目税收收入的一个方法就是增加密度。因此1978年零售与停车面积由6.4hm^2减少到4.4hm^2，留出0.6hm^2给另一个开发商在斯普雷克尔大楼后的E大街建造拥有400房间的酒店。这样项目总面积减少了，但是规模和内容不变。

霍顿广场以东的煤气灯区一览

招商的百货大楼在13号议案颁布后，享受了更低的税收，哈恩进一步劝说它们向再开发机构支付30年的代税收金，以此保证再开发机构赎回租赁收入债券。代税收金是房产市值的2%。哈恩表示各百货大楼似乎“很乐意支付代税收金，因为它们在圣迭戈的生意很好”。但是随着项目的逐步向前推进和本地经济的发展，这一策略也作了修改并最后被放弃。

1979年8月1日签署的一份开发协议修订书确立了上述代税收金。修订书同时规定，中心城市开发委员会负责征地，但地价款由开发商支付，总价480万美元（如果开发委员会出资购买要花费高得多）。哈恩将建设约6039m^2的零售区，与最初的方案相比有所增长。

建得多、付得少、合作成功

经过哈恩与中心城市开发委员会一年半的进一步谈判，1981年11月2日签署了修订后的协议，作出了以下重大改动：

- 基本地价从480万美元降到100万美元（毋庸置疑，这明显是对私人公司的大馈送，许多圣迭戈纳税人非常愤怒。但是中心城市开发委员会确信整个霍顿广场计划将造福整个城市。比起项目给市区带来的长期收益，为哈恩公司减少的费用就不算什么了)。

- 哈恩同意每年向圣迭戈市支付10%的出租百货大楼以外零售区所得收入和25%停车收入，为期50年。

- 哈恩同意设计、资助、建造和经营所有停车库，并在所有停车库上的路面建造临街的零售商店，从而帮助取缔封闭外墙，开发区与行人生活紧密联系。

中心城市开发委员会非常高兴把建造和运营停车库的巨大风险转嫁给哈恩公司。而哈恩公司方面预期建造的停车设施将比市府估计的少25%。因为建设霍顿零售中心将减少很多路面停车空间，由于市府不能在附近提供别的停车空间，因此对哈恩公司建造的停车库的需求将会很大。进一步说，哈恩公司如果继续控制停车库，那么它也可以控制车库使用时间和为商户老主顾保留的车位数量。

- 产权转让之前，哈恩公司向中心城市开发委员会免息贷款500万美元。转让之后，将收取10%的利息；贷款24年到期。

- 哈恩将拨出100万美元用于霍顿广场的公共艺术和大楼的装饰，他也同意考虑在新大楼结构中结合旧大楼的具体细节(铸造品、檐口等等)。

- 可出租零售区总面积增至72462m²，还将额外增加32525m²的办公面积。这将补偿哈恩的一些损失并且促进税收增额。

开发商个人贷款

1982年夏天，一切似乎都已走上正轨——开发商资金已经全部到位；地皮已清理干净准备转让。但是这时又一个问题出现了，哈恩公司被特里泽克公司所收购，而特里泽克公司董事会因为财务原因否决了霍顿广场计划。董事会指示哈恩告诉中心城市开发委员会除非哈恩公司的24年期贷款于转让时付清，否则公司将无法继续建设。但是在这么短的时间内，中心城市开发委员会到哪里去找那么多钱呢？最后的解决方式很有趣也很体面。开发委员会发行了500万美元的次级税款分摊债券，由欧内斯特·W·哈恩个人购买。1982年8月，哈恩公司的贷款付清，为10月的动工扫清了道路。

开发协议作出了新的修改，开发委员会可得的停车收入由原先的25%增加至31%。二期工程将在停车库上面建造$27870m^2$的办公区，其所得净现金流量的10%将交给圣迭戈市。

1982年春，由科尔公司和因特利尔建造的$39018m^2$的办公塔楼和富国银行银行大楼竣工。作为霍顿广场的邻居，其所在街区紧接百老汇、第一大道、E大街和Front大街。新大楼承诺吸引大批行人到零售中心，但是也为圣迭戈市提供了一个谈判机会。虽然办公塔楼在自己所在街区已有385个停车位，科尔公司还是要求更多的车位。因此为了抚慰那些责备市府为了100万美元，把霍顿广场"送给"哈恩公司的居民，中心城市开发委员会提议以130万美元的价格出售科尔公司的上空开发权，在霍顿广场零售中心下再建450个停车位。后与欧内斯特·W·哈恩公司谈判达成长期租赁新增停车位的协议，以满足霍顿广场的停车需求。

一开始，哈恩公司是抵制这一计划的，但最终还是默许了，因为此举将有助于市区开发，同时又不会伤害霍顿广场的形象。科尔停车库将有效增高零售区停车的位置，从而使购物者能更快地通往上层零售区。通常，二层以上的商铺吸引的人流较少，但是随着霍顿广场零售区停车位置的增高，即使是去最上层的零售区也方便多了。

规划

零售"街道"吸引行人驻步，公共艺术设施和剧院招揽消费者光顾

1976年，最初的开发协议进行谈判，哈恩先后聘请了第一个原系统公司和希望咨询集团设计霍顿广场的概念。哈恩首肯了希望集团的方案，但是该方案在交给城市开发委员会后，却遭到了后者的批评，认为它密度太低以及没有提供足够的街面活动。也许更大的缺点是其设计以郊区购物中心为模型，大楼都各自独立，与周围城市环境脱节，感觉像是一个个堡垒。

面对这些批评，哈恩聘请了洛杉矶建筑师乔恩·杰德，其商业经验比希望集团丰富得多。1977年12月，杰德拿出了新的设计方案，这个方案大大增加了零售中心面积，8个街区作为整个巨型结构。因为哈恩公司曾通过在大学城中心（University Towne Centre）建立溜冰场成功增加了周末和晚上的活动，因此杰德提议在封闭式的气候控制的商业中心内设一溜冰场。保留煤气灯区和联邦大楼间的通道，但是没有提议建立由其他几个面直接通往广场的通道。

1978年春，凯泽·马斯顿公司所作的零售市场分析提出了霍顿广场的3个主要市场客源：（1）购买平价零售商品的顾客，这类顾客购物并不计路远（到1987年将达到31万人）；

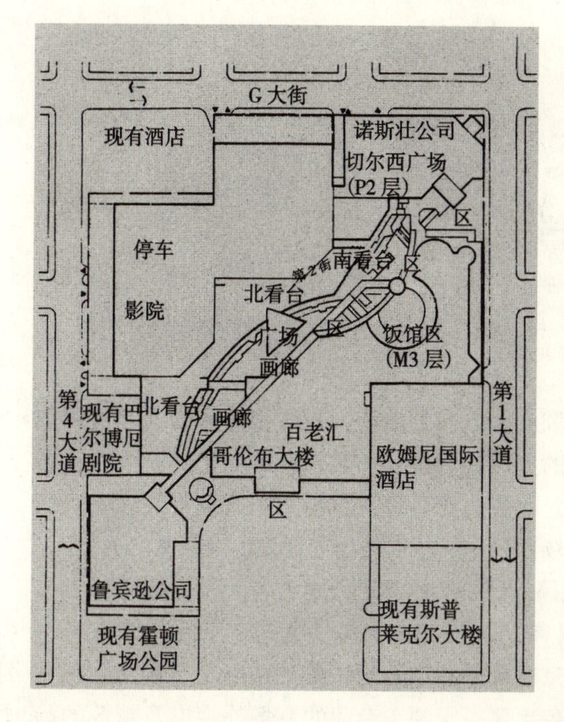

霍顿广场综合设施图

（2）购买高价时尚用品的顾客，这类顾客更不计较去远的地方购物（将达到6万人）；（3）市区写字楼的上班族（将达到6～10万人）、新搬入居民和同时购买平价和时尚商品的游客。

哈恩花了好几年的时间研究合适的商场组合以吸引这三类客源。终于在1981年，他找到了一个诱人的组合：两家时尚商场（Robinson 和 Nordstrom），一家平价商场（Mervyn）和一家综合商场（百老汇），共计39018m²。虽然圣迭戈市区已经进行了大量的再开发，但是这些顶级的百货公司还是犹豫是否要进驻这里，因此造成了很多延误。事实上，哈恩不得不借助其位于市郊的拥有巨大销售潜力的购物广场来支持霍顿广场。他告诉这些百货公司如果它们想要在他的市郊购物广场内开设分店，它们也必须进驻市区。

1978年13号议案通过后，用于土地收购的收入减少，因此项目区面积也减小了。对项目进行重新配置的同时，项目周边区域的改进工程也在缓慢进行中，这样就有可能通过别的途径消除百货公司经营者们对安全问题的担忧，而无须把广场迁址到远离闹市区的地方。

1981年，建筑成本继续上升，于是哈恩请杰德再准备一个设计计划，作为建造配备昂贵空调设施的封闭式中心区之外的又一选择。移除广场顶盖后，广场内部就可以利用圣迭戈的自然光线，提议建立的连接广场各头百货大楼的斜线通道也因此变得更像城市街道。

随着项目设计方案的变化，各百货大楼未来的经营者又有了新的担心。他们想知道为什么消费者会愿意开车到市区购物，而不是去更受其青睐，被其熟悉、离家又近的购物广场。霍顿广场将采用多层设计，进行成本监管。综合大楼不会在单层设多个商场入口，也不会采用传统的主力店模式。它将吸引更加多元化的顾客群。

在中心城市开发委员会和凯泽·马斯顿公司的积极支持下，杰德工作室和哈恩公司逐步开发出了一个新设计方案，在这个方案中，差异不再是缺陷，而是资产，是打造一个真正有竞争力的购物环境的基础。新方案也不再限制从街面进入广场，而

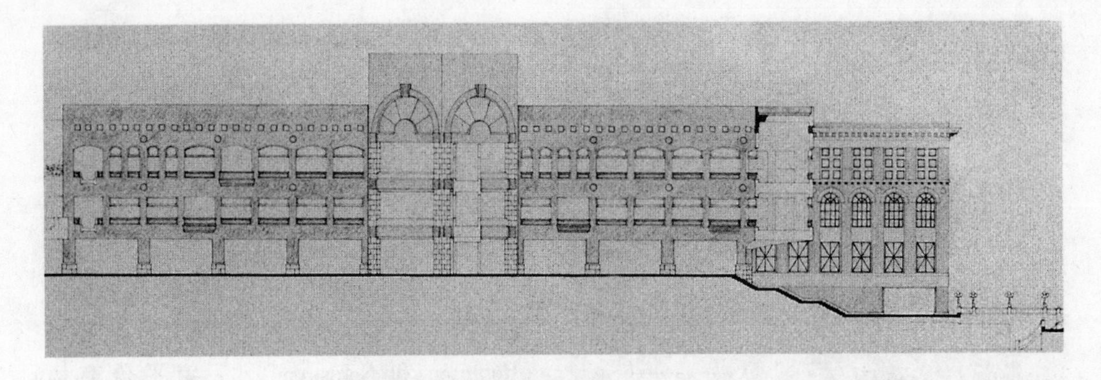

从北看台往西北方看

是将利用橱窗秀和四个方向的商店入口吸引更多的人。这将把广场和6万市区的上班族和游客们紧密联系起来，而他们正是商场的主要客源。而且这也将进一步推进圣迭戈市的目标，那就是利用霍顿广场项目进一步促进市区开发，增强其活力。

1982年，杰德伙伴设计的最后方案将各大楼安排在与E大街交叉的活力斜街，这儿后来被称为百老汇圈子（Broadway Circle）。项目的完整模型特意再现了欧洲山村小镇的活力——多层次街道、彩色雨篷、横幅、专业的商场外观以及精致的标志和符号。这一设计表达了杰德的理念，那就是一个发展的、动感的和以人为本的环境才能成功地把顾客从其他平常的地区购物中心吸引过来。

新的设计超越了百货公司经营者们偏好的熟悉模式，其设计构想是沿着层层马路和广场把所有的商铺和饭店组成一系列“街道”，这将鼓励进一步的开发，吸引更多的车流。每一层有特定的用途，最高层设有露天餐厅，地下一楼和一楼都设有零售区。“楼梯下、桥上、车库旁以及分布在项目区的各个推车和小亭内”都设有商铺。单独的大楼则都有各自的设计特色，而不是套用同一个视觉公式。

这一设计的另一目标则是实现圣迭戈市的三大目标：衔接广场边缘与现有街道景观，使霍顿广场成为整个市中心的组成部分；鼓励建设步行通道；在新商业开发项目中增加重要的艺术作品。

中心城市委员会设计了把百老汇圈子作为一个穿过广场北端的中心城市走廊，并且无论白天晚上都是“社会活动的好去处，人们在此交谈、结交朋友、购物、享受夜生活或是徜徉在活跃的城市气氛中”。为此哈恩沿百老汇圈子规划了一系列的饭店、娱乐中心和商店。为了吸引更多的行人，他建议两家提议修建的剧院把入口设在百老汇圈子和霍顿广场斜向主通道交叉的地方。此举可以在底层建立一个娱乐焦点，与上层的电影院相平衡，该电影院有7个放映厅，面积达3252m²。

哈恩向邻近街道开放霍顿广场的意愿使得公司开始考虑提供其他大型便利设施。哈恩公司的项目经理戴尔·尼尔森（Dale Nelson）如此描述市中心与霍顿广场的联系：

随着市区计划中其他元素的改善（提供住房和翻新煤气灯区），很明显我们需要进一步加强我们的工作。开发一个衰败的地区，并不是建几座雕塑，而是移除那些令人讨厌的东西。

霍顿广场的美术规划

1982年，哈恩公司聘请了洛杉矶的美术顾问塔玛拉·托马斯（Tamara Thomas）对如何把艺术与霍顿广场项目相结合给出建议。开发协议要求哈恩拨出大约35万美元用于购置项目所需艺术品。

塔玛拉·托马斯和建筑师乔恩·杰德一起合作研究该项目，确定一个方向，并且找出适合艺术开发的场地。他们一开始就达成了协议，那就是艺术将是整个项目不可缺少的部分，甚至于影响部分的建筑设计，而且艺术家应该尽早被确认并参与到项目中。

塔玛拉·托马斯随后审核了有可能入选的过去大约100位艺术家的作品，选出了其中约15位。同时艺术咨询公司也会送交一些作品。最终有三位艺术家入选，并要求他们针对具体地块完成计划书。这三位艺术家分别是洛伦·马德森（Loren Madsen）、彼得·亚历山大（Peter Alexander）和朱迪·普法夫（Judy Pfaff）。他们可以参观地块，研究其工作的大致区域并收取设计研究费。几位艺术家面对的是一个比平常更不确定的局面。只是划分了大致的工作区域，大小和材料都由其决定，还将会有很多结构和设计上的变动。

通过参观地段，理解整个项目环境和城市结构，每位艺术家都获益良多。每个人都有机会熟悉建筑和整个计划的设计依据。塔玛拉·托马斯相信及早而又仔细地选择将把霍顿广场项目打造成拥有大型雕塑作品的综合用途项目中的杰出典范：

要想建造成功的公共雕塑，互相作用和影响（艺术家、选址和建筑师之间的）是非常重要的。不管是放在博物馆和美术馆内展出的雕塑，还是位于公共区域但却与建设中的广场环境不搭调的雕塑都不能称之为艺术或公共。成功的秘诀在于一个

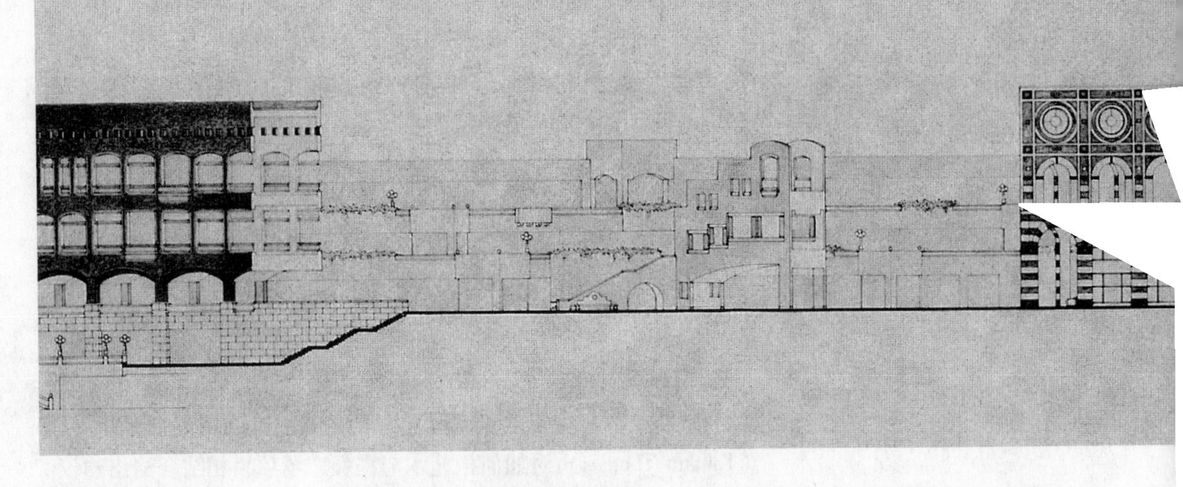

从西南方看北面的看台

早的开始，顾问的知识面、建筑师愿意合作的精神和艺术家的视野及对环境的敏感度。

哈恩为学会剧院换上现场演出剧院外壳

为了弥补学会剧院的损失，哈恩在霍顿广场提供了能建造容纳450人的的剧院的空间。此空间将以每年1美元的价格租给非赢利剧院公司，该公司将负责剧院的建造和经营。

中心城市开发委员会开始寻找一家能资助、设计、建造和经营霍顿广场内剧院的本地剧院公司。但是显然资助这样的一家剧院对圣迭戈任何一个小剧院团体而言都是不可能完成的任务。

1982年，开发委员会聘请了来自于明尼阿波利斯的格思里剧院的阿瑟·H·巴利特（Arthur H. Ballet）提供客观的外埠指导，他同时也是明尼苏达大学的剧院艺术教授。其7月份的报告指出：

- 圣迭戈需要并且将支持“多样性的剧院收入，从过去的经典剧目到当代商业表演，从非赢利职业剧院到先锋剧作家和制片单位。”把这些综合起来非常重要，因为这将从总体上支持并培养戏剧艺术，同时也针对具体的戏院。
- 这些剧院都应有鲜明的特色，从而可以规划一个统一的公共形象。
- 艺术项目的资金筹集，前景渺茫。
- 霍顿广场项目提供了“一个理想的时机，在全国领导让艺术和艺术家回归城市中心的运动”。
- 严重缺乏能容纳200～500人的中型剧院。要实现戏剧多元化，必须有一系列剧院来容纳实验和新兴剧院公司。

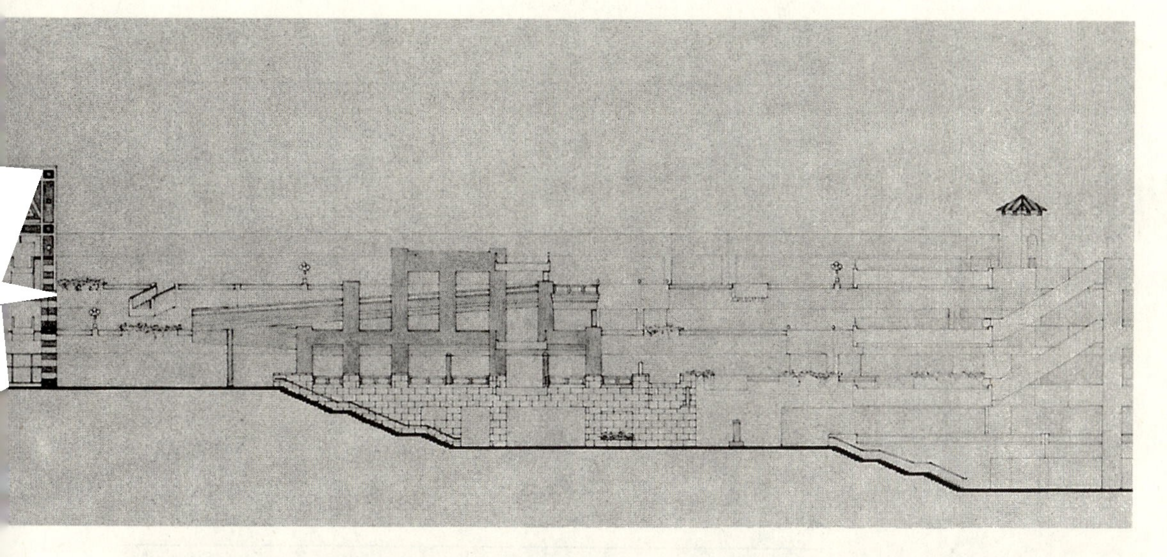

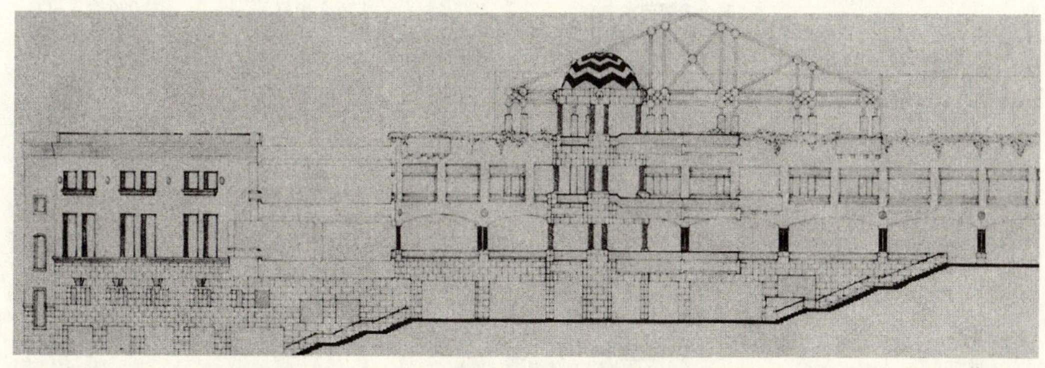

上图为饭馆区到南看台的西南面景观

下图为从南面平台看西北面景观

巴利特建议把霍顿广场的剧院空间改建成为“黑匣子”，有各种不同的布置、座椅安排和容量，“可以是前置舞台、伸出式舞台、环绕式舞台和任何其他舞台设置。”事实上，他估计该空间可以建造两家剧院，分别含500个和100个座位，而不应该是用于建设任何单独一家制作公司。

他建议成立一个非赢利结构管理和经营霍顿广场剧院，机构1/3的董事来自市各艺术机构。

他的结论是：

这样的“组合”，套用莎士比亚的一句话，“就是全部”。我引用莎士比亚的话，因为我认为圣迭戈得到一个在全国舞台上大放异彩的机会，一个实现梦想的机会。毕竟，“我们是梦想的组成部分”，当我们离开这个世界，我们所有人热忱地希望，能为我们的后代留下些回忆……一些可以被记住的足迹。留在沙滩上的印记是建筑，但是艺术家创造的是回忆和历史。

霍顿广场

项目数据

具体配备		扩建
组成部分—收入来源	竣工面积	简介
零售—百货大楼		
默文公司	7711m^2	7711m^2
鲁宾逊公司	11798m^2	11798m^2
百老汇	12820m^2	12820m^2
诺德斯特罗姆	13192m^2	13192m^2
零售—商店/饭馆	37439m^2	37439m^2
办公		
酒店—欧姆尼国际 (由独立开发商开发)	450 个房间	450 个房间
组成部分—艺术/文化 开放空间		
两个表演艺术中心	796 个座位	796 个座位
圣迭戈艺术中心的 巴尔博厄剧院改建		9325m^2
露天购物广场		
其他		
停车位	2800 个	2800 个
占地	4.4hm^2	4.4hm^2
位置	圣迭戈市中心	
开发时间	1982~1985	
估计总开发成本	2.2 亿美元	2.5 亿美元
总开发商	欧内斯特·W·哈恩公司 (不包括巴尔博厄剧院和欧姆尼酒店)	
总规划师/建筑师	杰德伙伴公司	
包括包含 7 个放映厅，面积达 3159m^2 的联合艺术剧院以及两家表演艺术剧院，总面积也达 3159m^2		

出处：中心城市开发委员会
　　　欧内斯特·W·哈恩公司

1982 年夏季，S·伦纳德·奥尔巴克合作公司（S. Leonard Auerbach & Associates）和旧金山的剧院设计顾问们拿出了一个含 500 个座位的变形剧院的图式设计方案和成本估算。在旧金山与剧院团体们多次会晤后，他们决定与其建一个大型变形黑匣子剧院——没有受到一个潜在用户的欢迎，还不如建两个剧院：一个含 500 个座位，另一个含 200 个座位，两家剧院都有可变化的座位和表演区。利布哈特·韦斯顿合作公司（Liebhart Weston & Associates），巴尔博厄公园内新古老环球剧院的建筑师后被选择与奥尔巴克（Auerbach）合作进行设计。

霍顿广场

开发成本总结

	私人	公共
零售和停车	1.36 亿美元	
酒店	4500 万美元	
办公	3000 万美元	
场地		2550 万美元
场地改善	100 万美元	400 万美元
	2.12 亿美元	3700 万美元

出处：中心城市开发委员会

1982 年 9 月 21 日，再开发机构通过了与欧内斯特·W·哈恩的开发协议的第三次修订案，修订后的协议在第 3 街和 E 大街的广场地下层腾出 $2787m^2$ 的剧院空间。建设基本外壳成本为 75 万美元，如果再开发署同意资助，那么开发商将进行建造。1986 年 7 月 1 日，开发商开始建造一剧院设施。两家剧院、支持区、剧院设备、建筑设计和管理的成本估计将达 435 万美元。1982 年 10 月 26 日，市议会理论上同意支付这笔 435 万美元的费用以及成立一家非赢利公司以每年 1 美元的价格向哈恩租赁几家剧院，并自主经营，租期为 30 年。

中心城市开发委员会建议了资助剧院的三种选择：发行租赁收入债券；再开发机构向市府贷款，以霍顿广场税收增额还款；利用附近的哥伦比亚再开发项目的税金分摊债券。

1982 年末，霍顿广场设计顾问委员会成立，协助再开发机构和设计顾问们的工作。经过对“可变动”座椅和“固定座椅”的完整比较，委员会选择在主剧院设立固定座椅，在较小的黑匣子剧院设立可变动座椅。

1983 年 10 月，市议会采用了合并条例和成立霍顿广场剧院的基金会的细则。基金会向中心城市开发委员会提出剧院设计和开发的建议，但是没有权力选择剧目或作出其他艺术或文学决定。但是它将选择使用剧院的戏剧公司。

1984 年 2 月，开发委员会通过了支付剧院外壳的首期资本花费的资助计划。资金来自于委员会下属霍顿广场的零售收入（75 万美元）和由哥伦比亚再开发项目的税收赠额支持的税金分摊债券销售所得（360 万美元）。此外，委员会还批下 20 万美元以解决基金会头几年的潜在经营赤字。接下来几年霍顿广场酒店开发所得之临时占用税的一部分也将用于解决经营赤字。

项目数据：圣迭戈艺术中心

位置	巴尔博厄剧院、霍顿广场
计划开放	1986 年秋
建筑师	理查德·温斯坦
开发商	巴尔博厄建筑伙伴公司（林肯地产投资公司和圣迭戈艺术中心）
顾问	珀伽索斯建筑和设计公司 杰德伙伴公司
建造成本	估计 150 万美元 650 万美元用于巴尔博厄改建 200 万美元用于新侧厅建设
总面积	9325m^2 仅艺术中心为 6853m^2

内部分区（m^2）		巴尔博厄	扩建区	总计
	艺术中心			
	美术馆	1867	480	
	管理	106		
	传播	928	613	
	服务/仓储	604	668	
	餐饮/接待		391	
	看台		227	
	书店	151	49	
	涂层	11		
	控制/信息	49		
	大厅/美术馆		159	
	礼堂		268	
	总计	3995	2858	6853
	零售区			
	零售	1394	281	
	传播	648	110	
	服务/仓储	10	27	
	总计	2053	419	2472
	总计			9325

项目数据：霍顿广场各剧院

位置	圣迭戈市霍顿广场
计划开放	1985 年 10 月
建筑师	利布哈特·韦斯顿合作公司
顾问	剧院设计：S·伦纳德·奥尔巴克合作公司
建筑成本	外壳建设：75 万美元 内部设置：43.5 万美元
总面积	3159m^2
内部分区	主剧院：546 个固定座位 黑箱剧院：250 个座位（可变动）

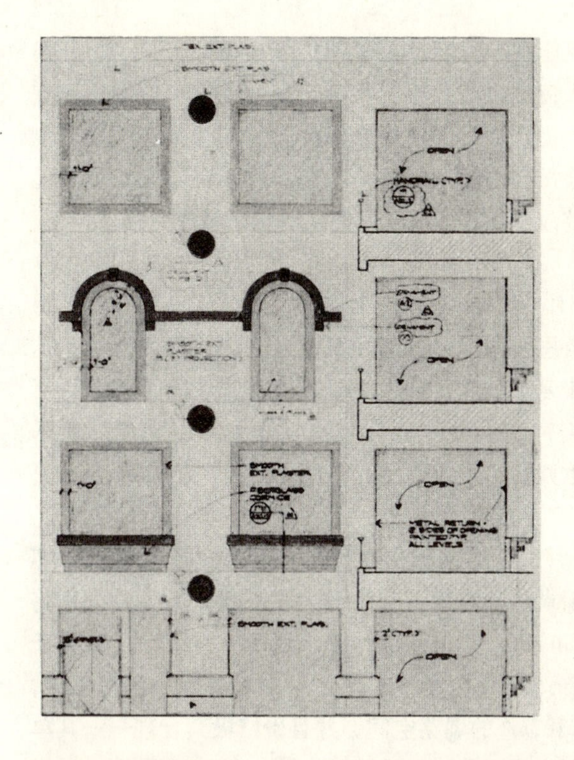

修复后的皮西厄斯骑士大楼，
之前称为哥伦布大楼

1984年初，霍顿广场剧院基金会与艺术委员会成员进行会晤，帮助后者决定剧院的管理。委员会建议其不要开始预定和演出业务，而是应该马上找一个一年内大部分时间都表演的常驻租户，剩下来的时间则可以留给其他团体。

1984年2月，基金会向南加利福尼亚的90个团体发出了提案请求，征求霍顿广场剧院的使用规划。有7个团体作出了回应。其中一个就是圣迭戈轮演剧院。这之后不久，轮演剧院就进入了和基金会的独家谈判阶段，并且达成了一项协议。根据协议，轮演剧院委员会将会是剧院的主要租户，每年的租期为9个月，并还将在剩下的3个月内负责剧院管理和预定。到1984年，谈判还在继续，租期长度和资金问题仍是悬而未决。

圣迭戈艺术中心开发巴尔博厄剧院

哈恩的霍顿广场计划并未包括巴尔博厄剧院改建计划。它一直是广场旁的一单独地块，面积达1394m^2。凯泽·马斯顿公司的杰里·凯泽这样解释道：“最初保存巴尔博厄剧院的设想是将其直接并入霍顿广场，但是由于建筑和经济方面的原因，并未能实现。于是决定把其当作独立的大楼并寻找单独的赞助商对其进行保存和修复工作。”

因此，中心城市开发委员会向达纳赫·费曼和塞巴斯蒂安·阿德勒概述了开发巴尔博厄剧院的可能性并推进了圣迭戈艺术中心的建成后，委员会便与博物馆委员会合作确立林肯土地投资公司为开发商，它能将老剧院的一楼改建成为与霍顿公司相连的零售空间，楼上两层则建成博物馆和一个美术馆。

费曼试图安排博物馆购买大楼，但是大楼业主认为160万美元的估价太低。因此，中心城市发展委员会安排再开发机构征用巴尔博厄剧院，然后把土地和大楼卖给由林肯投资公司和圣迭戈艺术中心组成的有限伙伴公司——巴尔博厄建造公司。林肯公司为一般合伙人，博物馆是有限合伙人。

艺术中心同样在第四大道3270m^{2}的扩建区确定扩建空间、仓库、一家剧院和多家餐馆。利用广场商店上空的空中权，扩建区从巴尔博厄剧院一直延伸到霍顿广场的车库入口。再开发机构用租赁收入债券进行扩建，霍顿广场的税收增额则用于支付每年的负债。理查德·温斯坦合作公司和同在圣迭戈德珀伽索斯建筑设计公司与杰德伙伴公司一起合作设计了6.5亿美元的巴尔博厄剧院改建工程和200万美元的侧厅新建工程。

当前状态

零售商志在实现市区零售业复苏

1982年10月18日，为了庆祝霍顿大厦破土动工举行了重型设备游行。哈恩公司极力推销开发区各空间，称其为"圣迭戈市中心进一步复苏的主旋律"。到1984年末，除了四家百货大楼之外，已交付55%的零售区和90%的饭店、快餐和娱乐区。而且哈恩也开始了雕像作品的交付。商店将在1985年8月开业。

1984年10月，圣迭戈历史遗址委员会通过了拆除巴尔博厄内部设施的请求。剧院建设和第四大道扩建区的建设分别将于1985年8月和1985年末开始，按计划两座大楼完工后将于1986年中组成新圣迭戈艺术中心。艺术中心这两块都完工后，博物馆将拥有2787m^{2}的展览空间，并且价格极其合理——其单位面积成本只有达拉斯和洛杉矶新博物馆的1/3。

中心收集了来自全世界的绘画、雕塑、设计和建筑，特别强调了加利福尼亚艺术家和构成——减少主意风格的作品。其永久收藏中至少有25%是关于建筑和设计，一年中至少有一半的展览是展示当代艺术的这两个方面。

圣迭戈轮演剧院在等待1986年新剧院开业的同时，与中心城市开发委员会就协助偿还负债进行谈判，新剧院的负债预计将达到每年约20万美元。轮演剧院的萨姆·伍德豪斯指出剧院为购物中心带来的收入应该得到补偿。他坚持认为人们之所以来到霍顿广场，不仅是因为这里的几家百货大楼。他相信，人们之所以跑到市中心来，是因为这儿是除了巴尔博厄公园内的古老环球剧院之外唯一一个可以看到现场演出的地方。

霍顿广场的长期意义在于，它创造性地重新把百货零售业引入市中心。它率先在美国把以百货大楼为基础的购物中心模式与节日零售、公共艺术和现场戏剧表演结合起来。它具备吸引郊区居民潜力，因为它和他们附近的购物中心有着很大的不同。

十年来，中心城市开发委员会和哈恩公司一直携手合作，以制定出一个巧妙的财务计划。按照这一计划，公共机构和开发商共同承担较为传统项目的成本（如土地汇集和停车设施建造），双方都为文化设施的修建提供资金和经营支持。

这一项目同样也是基于这样一种共识，那就是霍顿广场参与改变圣迭戈市中心性质的长期计划，是成功的最好方式。本着这一想法，市区核心地带建立了新的住宅区、公共交通系统、酒店、写字楼和一个会议中心。这一综合开发策略将有助于壮大使用市中心设施的上班族、居民和游客群，从而实现霍顿广场零售和艺术业的发展与繁荣。

中心城市开发委员会一直积极参与开发过程，而不是光靠开发商或艺术团体提供想法和资金。虽然这次合作范围很广，牵涉到大量人员，中心城市开发委员会和哈恩公司方面也需要大量资金。但是面对高质量的规划和设计、城市收入的增加以及普及艺术将为城市注入的活力，这一切就都变得合情合理了。按常驻剧目公司的萨姆·伍德豪斯的说法，那就是霍顿广场的"有见识的再开发，它不仅开发了城市的现实环境，而且开拓了其精神层面——这是一种灵魂的而不仅仅是物质的开发。"

艺术中心的开发总监弗雷德·科尔比（Fred Colby）期望霍顿广场竣工时，"圣迭戈由内到外都将会是座名副其实的大城市。"

洛杉矶　邦克山上的加利福尼亚广场

案例5

项目简介

加利福尼亚广场是洛杉矶和开发商共同努力打造的邦克山（Bunker Hill）的磁石——一个以重要的艺术场所和观赏、散步、购物等场所吸引游客的多用途项目。在中心商业区东北边缘4.4hm^{2}的山顶上，将设置当代艺术馆和贝拉·卢威斯基（Bella lewitzky）舞蹈学院新址，以使这些视觉和表演艺术能通过尖端设备展示给人们。该项目预计将耗资国有和私有资金12亿美元。

该项目的另外一个特别之处，就是位于横跨奥利弗大街主要桥梁上的一个艺术表演广场。这个表演广场是周围店铺和饭店的焦点，同时也显示了洛杉矶娱乐业的重要地位，各种表演——从午间音乐会到主要的晚间音乐会——都将在这里上演。

加利福尼亚广场是分期完成的合作项目，有洛杉矶社区再开发机构和邦克山合作公司共同完成，后者包括都市结构，凯迪拉克·费尔维、萨丕尔（Cadillac Fairview, Shapell）工业集团和戈德里奇暨凯斯特联合公司（Goldrich & Kest.）第一个写字楼和新当代艺术馆的建造开始于1983年9月，预计花费2.05亿美元，将于1985~1986年之间对外开放。

该项目将把城市的市民中心、音乐中心（位于邦克山的西一个街区）和洛杉矶新的商业中心连为一体。贯穿于加利福尼亚广场的人行道被一些假日场所点缀得活泼生动，吸引上班族、居民，以及夜晚和周末游客前来。在新修整过的“飞翔天使”（曾位于希尔街和邦克山高地之间的单行索道，往返于山顶和山脚之间）旁边将建造一个新的历史博物馆。

再开发机构
把艺术和舞蹈
融入市区建筑群

加利福尼亚广场与邦克山的写字楼相毗邻，却远离城市商业区的中心位置。相关艺术团体和再开发机构在与开发商投标和谈判的过程中通力合作，强调委员会对于一个文化区域的重视，以弥补该广场离城市商业区相对较远的不足。

然而，主要的公司、银行、旅馆、零售商和雇主从博物馆都可以步行到达。博物馆在筹款阶段就从那些相信博物馆的文化魅力的公司那里得到了资助。项目坐落于岛屿上，再加上开发商的参与，以及社区公共、公司以及个人慈善捐助，加利福尼亚广场会成为洛杉矶艺术事业的一个主要部分。与此同时，这里的艺术营造氛围和情调将会吸引游客和居民，而缺少了这种气氛，他们可能不会来游玩。

城市文脉

南国无"心脏"

洛杉矶标准大都市统计区是美国第二大人口、雇用、收入、商业、工业以及金融集中地。1984年，洛杉矶的五个县（洛杉矶、奥兰治、里弗塞德、圣伯纳丁诺和文图拉县）人均收入达14442美元，超出国家平均水平17%。尽管二战以后城市及其郊区都在稳步发展，而直到最近，其市区——与好莱坞、圣莫尼卡和港口高速公路临近，以及阿拉米达街旁边——则没有得到发展。这个被称之为南国的地区（指南加州）缺少使自身成为真正大都市的重心。

1959年3月，洛杉矶社区再开发机构颁布了管理邦克山项目的条例，此后在25年的时间里，洛杉矶再开发机构精心规划了各种发展计划，以激励市区复兴。城市官员们认识到，这里盛极一时的维多利亚时代房屋建筑正在逐渐衰败，而山上的高度限制也使新的建筑无法进行。同时，在第1街，当时计划的音乐中心工程（开始于1964年，现在包括多萝西·钱德勒大厅(Dorothy Chandler Pavilion)、马克·泰帕论坛（Mark Taper Fo-

"飞翔天使"，约1904年
出处：加利福尼亚历史社会/泰克尔产权保险公司（洛杉矶）

rum）和阿曼森剧院（Ahmanson Theater）使山上蹩脚的住房显得更加简陋了。再开发机构因此将该地区进行了清理，并且分成30小块，分别卖给开发商以建造大楼、共管公寓以及高层公寓大楼。

在邦克山伺机发展的时候，紧挨该地区南面的地区逐渐发展成了城市的新商业中心。阿科（ARCO）广场与1969年由大西洋富田公司和美国银行建成，耗资1.9亿美元，这两个公司的全国和南加州的总部便设在这里。其他写字楼也相继建成。自1964年以来在市区建成的大楼消费数额达到11亿美元。

洛杉矶市区似乎做好了准备成为20世纪80年代商业发展的地区中心。然而，它还需要一个特别的发展，只有这样，它才能在高楼大厦中创造出一个“心脏”，一种环境，使人们能够在工作日、下班后，甚至是周末走出他们的房子和车子，来参与这里的商业和文化活动。

当1969年再开发机构拆除但保留了有历史意义的“飞翔天使”的时候，它是向人们做了一个重要而又有象征意义的声明。“飞翔天使”作为旅游景点，从19世纪80年代开始就承担着把洛杉矶人和游客从市区送到邦克山东坡的工作。对于剩下的地皮的任何开发计划都要包括索道及其在新的高楼大厦之间的空间，因为它是连接邦克山高地和百老汇商业表演、希尔街、山下的珀欣广场之间的纽带。“飞翔天使”每次只能运送30个人，所以电梯和自动扶梯将是主要的乘客输送工具，但是规划者还是希望它能够成为洛杉矶繁荣历史和井井有条的现代都市生活的纽带。

艺术环境

现代艺术无家可归

洛杉矶似乎从20世纪50年代中期就越来越接近世界主要艺术中心的地位了，它拥有一个极大的当代艺术家社团、许多富裕的收藏家，以及大量有创意又有影响力的画廊。从60年代初开始，洛杉矶的艺术家开大会吸引外界的注意，除了绘画之外他们尝试各种媒介——陶瓷，雕塑，装配艺术，光和反射平面，空间，以及流行形象。这种艺术不仅吸引了博物馆的注意，还吸引了摄影工作室和私人收藏。

但是，洛杉矶缺少一个完整的当代艺术博物馆来支持这个运动。在完成了当代艺术的重要展览之后，洛杉矶县艺术馆和帕萨迪纳艺术馆都对此不再感兴趣了。60年代洛杉矶县艺术馆当代艺术委员会曾提供奖金鼓励洛杉矶的艺术家，支持现代艺术展，为博物馆寻找重要的当代作品作为馆藏。举行了彼得·

沃克斯（Peter Voulkos）、爱德华·基霍尔茨（Edward Keinholz）、莫里斯·路易斯（Morris Louis）、杰克逊·波洛克（Jackson Pollock）和其他主要画家的作品展。但是1968年以后，受托人开始把重点放在艺术发展的早期作品和他们的馆藏的其他作品上，甚至是特殊的旅行展出。随着1978年13号提案的通过，建造新的当代艺术设施计划，被修改成主要是“古典现代”艺术。

其他的洛杉矶艺术活动都以帕萨迪纳艺术馆为中心，该中心建立于20年代，最初坐落在帕萨迪纳肯梅利塔公园一个寒碜的建筑里。1951年，世界著名的加尔卡·沙耶尔（Galka Scheyer）系列的600幅著名的画作、素描和文献被赠与该艺术馆，包括了瓦西里·康丁斯基（Vasily Kandinsky）、保罗·克勒（Paul Klee）和莱昂内尔·查尔斯·阿德里安·费宁格（Lyonel Charles Adrian Feininger）的作品。这份礼物和这次重要的美国当代艺术展，使帕萨迪纳艺术馆一跃成为全国重要的艺术馆。

更大的设施建造计划被启动，但是在1969年新的大楼开放之前，帕萨迪纳艺术馆就为资金问题而病人膏肓，随后就因为日益升高的经营成本、过去的债务及无法支付的建造花费而不得不关闭了。1974年，诺顿·西蒙艺术博物馆收购这幢大楼及馆藏、以扩充它本人的历史和20世纪艺术收藏的时候，双方达成协议，重视古老大师的、印象主义的及其他非当代的艺术作品。

当代艺术博物馆模型

诺顿·西蒙的姐姐马西娅·韦斯曼（Marcia Weisman）和她的丈夫弗雷德里克（Frederick）收集了大量的二战以后的艺术作品，他们付出了巨大的努力为帕萨迪纳艺术馆做出贡献马西娅·韦斯曼夫人为洛杉矶当代艺术学院找到了免费的场所，学院由罗伯特·史密斯为实验艺术家们成立，开放于1974年，至今还在经营，但是跟博物馆相比，它更像一个学院。由马西娅·韦斯曼资助的另外两个博物馆也没有成功地生存下来。

在马西娅·韦斯曼的督促下，洛杉矶检察官威廉·A·诺里斯（William A. Norris）于1979年成立了一个由六个当代艺术大收藏家组成的小组，他们签订了一项协议，表示“要拿出自己个人收藏的一部分，实现总价值达6亿美元的总收藏量，从而建立一个能够站稳脚跟的体面的博物馆”。市长汤姆·布拉德利（Tom Bradley）还专门成立了一个博物馆顾问委员会，调查建立一个完善的当代艺术博物馆所需要做的准备和可能的地点。

洛杉矶孕育了现代舞蹈却并没有成就它

无独有偶，洛杉矶也忘记了展示当地舞蹈艺术家们的作品。大多数美国当代舞蹈都是在加利福尼亚成型——由玛莎·格雷厄姆（Martha Graham）、阿尔文·艾利（Alvin Ailey）、特怀拉·撒普（Twyla Tharp）、莱斯特·霍顿（Lester Horton）、贝拉·卢威斯基和露丝·圣丹尼斯（Ruth St. Denis）以及其他艺术家发起——到20世纪80年代早期，洛杉矶大概有100多家舞蹈公司。但是在洛杉矶音乐中心安家落户的最优秀舞蹈团，却是乔弗瑞·巴利特这个来自纽约的公司。

也许是因为洛杉矶人对他们自己的表演艺术家们的兴趣被占主导地位的电影业排挤了，所以只要当电影业开始在洛杉矶以外地方落后的时候，人们对当地表演艺术的兴趣才又重新被找回。

在这些主要现代舞蹈组织者中，只有贝拉·卢威斯基成功地在南加州逐步确立了自己的声名。她早期的训练是同莱斯特·霍顿合作进行的，他们还共同成立了一个既包含有学校、又包含有一舞蹈表演剧院的学院，这在当时尚属凤毛麟角。1951年，她创办了一个包括学校和表演音乐团的舞蹈协会。1966年她又成立了全国闻名的公司——由12个人组成的贝拉·卢威斯基舞蹈公司。1968年，卢威斯基舞蹈基金会成立，这是一个非赢利性组织，旨在促进公司和现代舞蹈音乐会的发展。

开端

博物馆梦想贴上“文化”标签的开发模块

1979 年初，洛杉矶社区再开发机构主席爱德华·海菲尔德（Edward Helfeld）和副主席唐纳德·科斯格罗夫（Donald Cosgrove）为委员会在邦克山上尚存的地产、总面积达 3.5hm^2 的 4 块相连的地皮（R，S，T 和 U）提出了一个计划，这 4 块地皮坐落在奥利弗大街安杰勒斯广场对面，主要是供老年人居住。第五块地皮——Y－1 也在早些时候的委托协议失败后于 1979 年 11 月被加入进来。最后的地块总面积为 4.48hm^2。

这块地皮的名字不断变化，最后被定为加利福尼亚广场，再开发委员会也离原来为邦克山上其他地皮定制的规定越来越远。他们不再把地皮分别卖给没有任何利益关系的开发商，而是把这 5 块地皮作为一个整体同时转让。工作人员一开始对此没有多少信心，因为他们最初要把邦克山作为一个整体出售的尝试以失败告终。但是委员会房地产顾问凯泽·马斯顿合作集团认为，当时的房地产形势为他们的整体性转让提供了有利的机会，是他们实现广场的多种用途并且创造一个“人文场所”的最好时机。委员会当时的政策规定，加利福尼亚广场开发商的建设资金中必须有 1% 用于艺术作品。

委员会在 1979 年 3 月发布的招商邀请中称，邦克山拥有巨大的潜力，是中心商业区和居民中心附近的最后一块还没有签署协议的地皮。规划者估计这里会有大众运输系统，所以不需要内部停车设施。

邦克山加利福尼亚广场总体规划

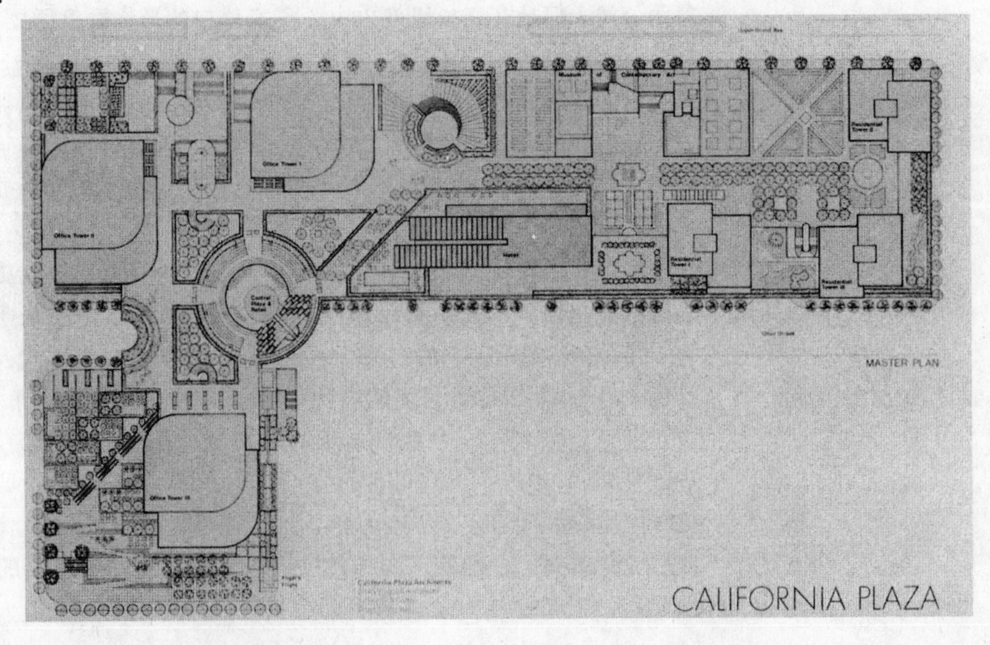

1979年6月，唐纳德·科斯格罗夫从《洛杉矶时报》上读到了一篇关于市长的博物馆顾问委员会在为当代艺术博物馆选择地址时遇到困难的报道，他写信给该委员会主席威廉·A·诺里斯，提出让再开发机构来帮助他们，在信中他还提到了市中心再开发机构能控制的几个可能的地方，这些地方只需做一些修改而不用重新建造。唐纳德·科斯格罗夫还提出了“再开发机构能够为完成这个极其重要的工程提供帮助的其他途径”。

诺里斯急切地回了信，没过几天，顾问委员会就来到再开发机构办公室，就可能的选址进行了讨论。再开发机构向他们介绍了斯普林街上的几个闲置楼房和位于日美社区中心的小东京里面的不伦瑞克大楼，会议快结束的时候，他们决定把在邦克山上新建一个大楼作为备用方案。

再开发机构已经考虑过在邦克山上利用至少0.6hm^2的地皮建造博物馆，与商业行为不同，这里将建造一个公园，作为行人及文化活动中心，而非商业活动中心。但是再开发机构没有人真正考虑过这些文化用途具体为哪些，当时，他们仅仅是在规划草图中加入了一个标上“文化”标签的模块。

邦克山给了博物馆委员会灵感，当该项目的初步设计图展现的时候，发展规划中确实存在“文化”模块，它正在等待变成一座博物馆。

构想

1%为艺术可定义为作为一座博物馆而不是作为艺术品

把一个逐渐成型的文化机构与创造一种活泼的行人环境融为一体的想法是可取的，但却不在计划之中。博物馆委员会本来计划用不超过1100万美元的资金重新装修一座大楼，他们没有足够的资金在市区新建一幢大楼。

再开发机构提出的对艺术作品1%的资金贡献，可能被包括进了加利福尼亚广场开发商要建造一个博物馆所要一次付清的款项中了。再开发机构知道大开发商都会对这个项目感兴趣，所以认为他们完全可以把这个要求提高到1.5%。

同时，凯泽·马斯顿合作公司对再开发机构建议，加利福尼亚广场的公共策略观察家们把该项目的开发风险大幅度地提高了，这个风险应该在开发商的选择过程中和商业谈判中体现出来。再开发机构决定他们将继续负责选定开发商，而博物馆委员会将参与整个项目的评估——不仅仅是博物馆的建造，还要包括整个地皮。换句话说，双方都要参与前期程序：开发商的选择，一个包括艺术在内的MXD的第三方。

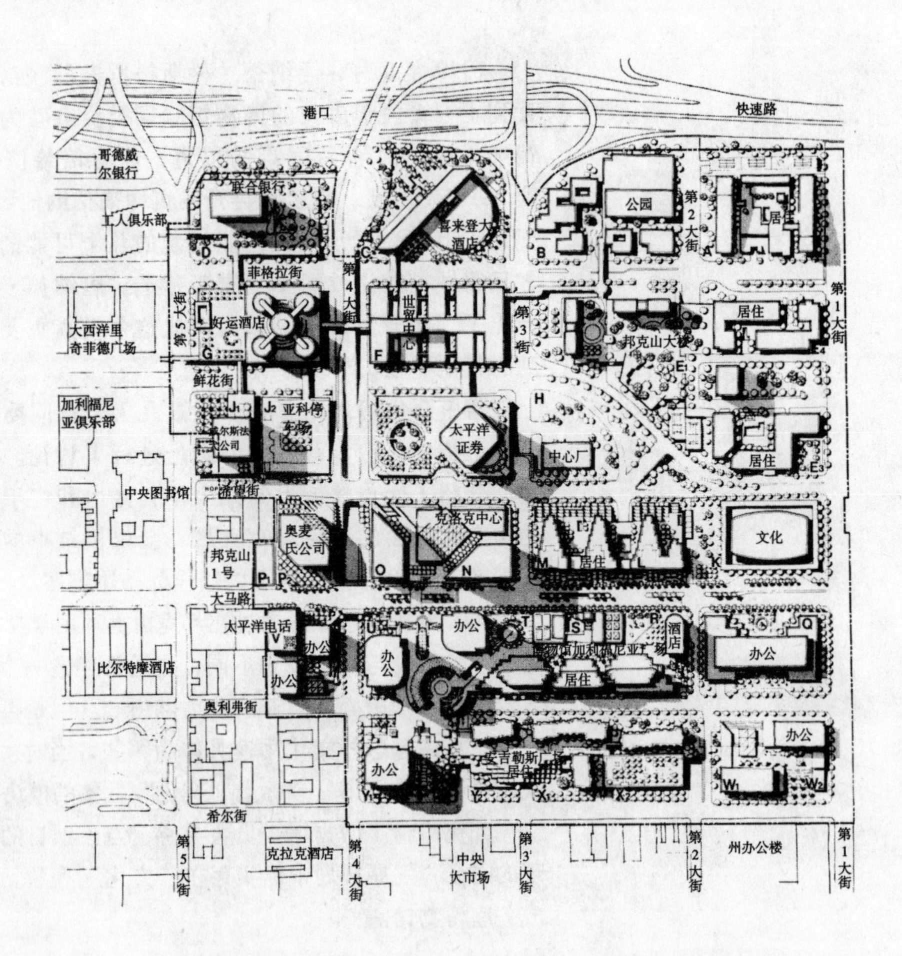

邦克山再开发项目中的 R，S，T，U 和 Y－1 场地规划图，日期为 1982 年 5 月

在建议申请书（Request for Proposals）的执行摘要中，再开发机构勾勒出了建设结构：“325150～390180m² 的办公、零售和住宅大楼；9290m² 的博物馆，陈列世界著名的现代艺术作品；一个公园……通过统一的绿带或流线型的隆起的地面把整个地方联成一体……由开发商拥有并维护【但要】保证行人行走方便……提供各种活动和娱乐事宜。”再开发机构还要求开发商把重新改造过的“飞翔天使”索道也列入考虑之中。

再开发机构知道整个建设是分期进行的，建议申请书中还是要求在项目的开始建造中央公园和博物馆，以营造一个最初的展示品。开发商有 180 天的谈判专有权，委员会预见，开发商对这块土地的租期是 99 年，租赁费是确定的费用的 9%（即市场总价值减去开发商康乐设施的成本，加上这些设施为开发商带来的价值）。他们还给出了一个公式，反应了未来房地产业和货币市场的变化，和项目早期作为对一个有利时期的回报，上层机构对于开发商利润的参与。

博物馆委员会还起草了一封信，作为建议申请书的附件，信中阐明了他们对共同参与博物馆建设的兴趣，对其目的进行了如下陈述：

……博物馆有11个非赢利性的团体，有一个代表城市民族和经济变化的理事会；理事会由艺术家组成；博物馆是私人融资的，所以需获得1亿美元的捐款；博物馆开放时将会有至少价值2500万美元的收藏，主要通过私人收藏家捐赠获得；至少要有9290m^{2}的面积作为博物馆展览、展示、储存以及其他的用途。

强调该项目的文化元素的可能性有多种；艺术家的工作室也应该被包括在设计中，而办公和居住租户也会从博物馆获得特殊的收益。

1979年10月4日，在再开发机构发布了建议申请书后，接受项目建议书的期限一开始被定在1980年1月31日，当Y－1号地皮1979年11月7日被加进来以后，最后期限被改在了1980年2月29日。博物馆委员会开始同可能的开发商会面，与开发商直接谈判，尽可能把最好的效果图列入项目建议书中。

与此同时，还有另外一个人从1979年6月的《洛杉矶时报》上读到了关于市长的博物馆顾问委员会的报道，她就是贝拉·卢威斯基，两年来她一直在为她的舞蹈公司寻找合适的去处。这个报道使她想到，这个当代艺术博物馆也许能容纳她的公司。她找到再开发机构的成员谢里·盖尔丁（Sheri Geldin），盖尔丁建议她直接去和再开发机构会谈。然而，卢威斯基公司经理和产品设计师直到10月份才去和再开发机构会谈——这时再开发机构已经公布建议申请书两天了——这个舞蹈公司因此失去了加入项目的机会。

再开发机构告诉他们，他们很乐意邦克山上能有一个舞蹈设施，一旦他们确定了开发商的人选，卢威斯基基金会就可以参与加利福尼亚广场计划。然而，卢威斯基从博物馆委员会那里学到了技巧，她直接找到开发商，阐述建造一个“舞蹈馆”（dance gauery）的重要性，提出他们的要求：一幢独立的大楼，配有专供舞蹈用的剧院、上课用的工作室、一个图书馆和办公室。

合作
再开发机构，开发商，艺术收藏家和舞蹈公司

洛杉矶社区再开发机构在项目规划中扮演的是司法部门的角色，是美国最敢作敢为的开发规划机构之一。他对那些要在项目进行建设的开发商提出种种公益要求，除了使用津贴和密度豁免政策之外，再开发机构还允许开发商超出密度分区要求，以使他们保证街区公园的面积。

20世纪70年代初，再开发机构会曾启用了一项政策，规定开发商的建筑成本里面要有1%是用在公共艺术品上的。同时，它还鼓励帮助市区1000多个艺术家解决居住和工作问题，帮他们建立了25个画廊，甚至为住房和不分隔的楼面空间提供资金。再开发机构还用他们自己的资金购买市区艺术家的作品，建造公共公园——如位于小东京的野口勇广场和雕塑——他对艺术表示了特别的关爱。

由于该项目的巨大（按照1983年的货币计算要花费12亿美元），以及两个艺术机构在规划过程中的参与，再开发机构对加利福尼亚广场的艺术追求超过了他们的其他项目。

在加利福尼亚州获取开发许可的代价日益昂贵的情况下，再开发机构能够在市区提供这样一块4.4hm² 的地皮，多用途开发的项目已经得到批准，这种合作是有可能的。洛杉矶大部分类似的地皮已经被开发出来了，同时由于这块地皮已经闲置很

邦克山合作公司的项目建议书中有一个室外表演广场

多年，没有必要进行广泛的公众支持活动。再开发机构最关心的是设计的质量，艺术和康乐设施的实质，以及开发商的经验和融资能力。对开发商来说，增加艺术设备所需要的高额成本，已经被在一块地皮上投资12亿美元所带来的利润抵消了。

再开发机构知道，这块地皮的租金不能按照土地的市场价格——即不能根据其最高的经济用途——而还应该把能够满足再开发机构社会和经济目标的项目和开放空间的使用也考虑在内。委员会还同意在建设期间实施有利于开发商的地基租金率和“租金持有”政策。这些经济手段能促使开发商在第一阶段进行艺术博物馆的修建，也有利于开发商按照再开发机构的要求对开放空间、艺术、娱乐、少数民族企业和节能等实施其他特殊任务。

1980年1月，再开发机构理事会主席安德鲁·W·沃尔(Andrew W. Wall)任命三名理事会成员组成邦克山任务推动小组和再开发机构工作人员一起工作，对开发商的任务意见书进行评估。这个小组的成员包括：玛丽莲·赫德森（Marilyn Hudson）（主席），艾伦·戈尔茨坦（Alan Goldstein）和埃弗里特·韦尔默斯（Everett Welmers）。

邦克山合作公司以其形象和持久的耐力取胜

尽管这个项目对金融上的成功做出了承诺，它依然具有很大的风险。虽然它近期已经取得了一定的商业成果，洛杉矶市区的多用途开发在很大程度上还是前所未有的尝试。邦克山是以出租形式而不是出售形式转让给开发商，建议申请书中也指出，再开发机构在项目的设计和发展过程中仍然是合作伙伴之一。即使是在开发商确定以后，与一个公共机构就设计和建设问题上合作也必定是非常复杂的。然而，到1980年2月29日，共有5家开发商提交了项目建议书，其中有两个最具有竞争力。

邦克山合作公司提出7亿美元建造加利福尼亚州中心：3栋壮观的办公大楼，3栋高层住宅楼，其中包括博物馆，一个豪华酒店和一个有4个街区长的公园。项目建议书包括当代艺术博物馆，有12个剧场的“剧院群”，为贝拉·卢威斯基舞蹈公司开辟的独立地段及一个室外表演广场，为当地艺术表演团体提供舞台。

马奎尔合作公司项目建议书的特点在于大胆的几何设计——博物馆悬立于格兰德大街上，一幢楔形的酒店，一幢住宅大楼和两幢高层写字楼。马奎尔合作公司为卢威斯基舞蹈公司提供了一个能够和其他表演公司共用的多用途场地。马奎尔合作公司最值得注意的特点就是“天使公寓”——400套针对中等收入家庭的公寓，补贴主要来自市区的雇主而不是政府。为了实施一个包含各种建筑风格的项目，马奎尔合作公司计划设立一个由10位建筑师组成的小组，他们分别负责一处建筑，共同创造一种风格独特的复杂和丰富的风格。

在收到项目建议书之后的四个半月中，再开发机构任务组和房地产顾问组对每一个建议书进行了评估，他们还打破先例地把这些建议书在提交的当天，也给博物馆委员会递交了一份。

7月14日，任务组把他们的推荐材料交给了再开发机构理事会，艾伦·戈尔茨坦和埃弗里特·韦尔默斯倾向于邦克山合作公司，玛丽莲·赫德森和再开发机构官员爱德华·海菲尔德则倾向于推荐马奎尔。理事会的7个成员经过投票决定，把180天的谈判专有权交给邦克山合作公司。

艾伦·戈尔茨坦和埃弗里特·韦尔默斯在他们的报告中，称赞邦克山合作公司建议书中三栋办公楼的营销灵活性、对大众问题上的处理和开放场所的多样性。他们还特别指出，建议书中将博物馆置于娱乐中心——该开发项目的用途中心——的创意。艾伦·戈尔茨坦和埃弗里特·韦尔默斯对邦克山合作公司的第一建筑师阿瑟·埃里克森（Arthur Erickson），对合作公司分部早些时候的一些有创意的作品，对邦克山合作公司有足够的融资能力完成这项不能带来收入的……非同寻常的任务，无一不印象深刻。只有资源雄厚的开发商才能在第一阶段完成他们的承诺，奠定基石，创造形象和市场，同时又具有持久的耐力坚持到后来利润更高的阶段。

艺术合作者达成一致

在漫长的评估过程中，马奎尔合作公司和邦克山合作公司都非常小心地讨好博物馆委员会。他们有理由这样做，不仅是因为博物馆委员会是需求建议书中的一个重要组成部分，还因为被选中的一方将会和博物馆委员会非常紧密地合作。

7月14日最后结果出来前四天，五个委员会与邦克山合作公司和马奎尔合作公司签署了协议，阐明成本和需要提供的总面积等，同时指明了博物馆委员会对地点和设计等事宜上的决定权。再开发机构派一名代表参加了会议，但是博物馆委员会却在再开发机构做出最后决定之前就完成了这些协议。

到此时，再开发机构逐步展示出当代艺术博物馆的迅速成型，经过两次大型当代艺术家会议之后，一个艺术家顾问理事会在1979年春天成立，就设计、管理和融资相关事项事宜进行研究，向市长顾问委员会推荐开发商人选。艺术家顾问理事会和市长顾问委员会一直认为应该有两名博物馆主管，当时巴黎蓬皮杜国家艺术和文化中心（比埃堡）主管庞特斯·赫尔腾（Pontus Hulten）和纽约城外哈德逊河博物馆的主管理查德·科沙莱克（Richard Koshalek）。两人会面后决定将在今后合作，博物馆理事会于7月投票，选举赫尔腾为主管，科沙莱克为副主管总监理。

也是在7月，理事会决定将博物馆的名字从洛杉矶现代艺术博物馆改为当代艺术博物馆，强调博物馆重视从国际而非地区的角度展示艺术，而且其展览计划（包含演出及媒体）将致力于近期内的过去及当前（从1940年往后），而不是致力于整个20世纪。

凭借两位闻名于整个博物馆界的新主管，以及来自市长汤姆·布拉德利的个人支持，由威廉·诺里斯及商人伊莱·布罗德（Eli Broad）领导的极其成功的融资活动，博物馆很快筹集了1000万美元的资金，此资金是其和邦克山合作公司的协议中要求的，而且它从一开始就被并入了加利福尼亚广场项目。

马奎尔合作公司和邦克山合作公司已经请求卢威斯基舞蹈公司，将他们的设计方案推荐给再开发机构。卢威斯基尤其倾向于将埃里克森的设计方案用于邦克山合作公司，并将其意向告知了再开发机构，并且在最后一次听证会上和其机构的其他人一起公开为他说话。然而，邦克山合作公司和卢威斯基之间的共识很少记录在案，因为当时两位合作者间没有合适的法律关系。舞蹈馆的建造并没有并入便民设施整体，以至于影响整个加利福尼亚广场地区集市重新利用的价值。然而，卢威斯基要求邦克山合作公司在其工艺计划中加入附录，指明开发商将此馆纳入项目的兴趣。

在开始阶段耽误了很长时间之后，由于双方在向卢威斯基许诺的非附属地点及照明、景观和安全的承诺上无法达成一致，邦克山合作公司最终被提供了可利用的土地，建筑计划终于向前推进了。后来，在关于舞蹈馆预算、建筑成本和资金筹集潜力等问题上又出现挑剔的争论。1981年1月，邦克山合作公司宣布，卢威斯基必须在3月31日前筹集资金400万美元——也就是只有不到三个月的时间了——以继续确保他在项目中的地位。卢威斯基董事会在晚些时候准备了350万美元，并将最后期限推迟。

同时，邦克山合作公司在为项目一期工程获取资金方面遇到了困难。住房市场大幅度疲软，所以，该公司和再开发机构达成协议，推迟建造将容纳舞蹈馆的独立产权公寓，取而代之的是，建造原计划于二期工程中建造的一座酒店。此决定意味着，舞蹈馆不得不重新选址，以避免被分配到更迟的建造阶段。邦克山合作公司实际上希望将安排在三期，但是卢威斯基此时已经组建了高效的委员会，并且获得了强大的社区支持，坚持将其保留在一期工程。各方都可接受的重新选址方案是，将卢威斯基移到第四大道和格兰德大道的街角，在那儿，项目以自己的速度推进，而不会影响其他部分的建设。

开始的时候，卢威斯基有的仅仅是梦想和全国性声誉，但缺乏融资和政治经验，但是，卢威斯基还是成功地组建了有影响力的指导委员会，获得市长的支持，获取大量的捐助：每年从大西洋里奇菲尔德基金会和国家艺术基金会的30万美元，从安德鲁·诺曼慈善信托的200万美元。

规划

公共利益一揽子计划资助艺术组成部分

邦克山合作公司中发展起来的合作关系，有别于传统的地产开发，也有别于艺术机构在两个重要方面建造设施的方式：

1）该区的项目在开发商被选定前，就由公共事务局和其艺术合作伙伴予以定义。

2）公共利益一揽子计划从传统利益（增加的税收、工作、少数商业参与防止种族与性别歧视的积极行动），到纳入艺术设施和项目分支建设。

邦克山多用途项目的独特之处、其累计成本（当前计划12亿美元）、建筑贷款的高昂代价以及不同房产错综复杂的租赁细节，都迫使和邦克山合作公司的谈判延期。再开发机构和开发商于1981年9月前签订了意向和开发协议，它需要一个分成三期的建筑计划。当代艺术博物馆还包含在一期工程之中。

为决定开发商租赁条款（它们的基础将是集市再利用价值原则），再开发机构和其经济顾问集合了一系列用途，此举虽然不是协议要求的，即使邦克山合作公司从私人方成功收购地皮的话。这些“特别开发商义务和开发特征”包括如下数字：

2250万美元——当代艺术博物馆，将由开发商支付，后者花费2300万美元（1400万美元的建筑成本，加上900万美元的额外花费）。开发商将部分资助9290m^{2}博物馆的运作，资助数目将建立在和参观人数相联系的方案基础上（应该注意到，在此事件中，博物馆并没有提议，而是开发商同意在一期工程开始时，就以现金形式支付给再开发机构2亿美元）。贝拉·卢威斯基舞蹈馆的费用将由一家非赢利公司支付费用，而此公司建立的目的正是为了建造、拥有和运作这些设施，花费为1亿美元。开发商有义务为设施提供位置和设计方案。

230万美元——中心表演广场，由开发商支付，面积为0.6hm^{2}地皮。室外公园/剧院需要支持性的光学和声音科技的基础设施。该广场将为节日、音乐会、舞蹈、剧院和电视演出提供一座公共会场。

100万美元——安琪儿飞行文化博物馆，由开发商支付费用，将是该地区东侧山腰剧院不可或缺的组成部分。

80万美元——重建安琪儿飞行文化博物馆缆索铁路，将由再开发机构支付费用，它将造就一条有历史意义的铁路，作为主要内部流通特征。开发商必须提供一处地方和创造背景的环境特征，它还必须运作和维护此设施。

1040万美元——开放空间，将由开发商支付费用，占地2.2hm^2，提供大型景观、地区改造和开放空间休闲区域。该区域将容纳花园、剧院、雕塑园、广场和水因素体系。

2800万美元——奥利弗街桥的施工。

680万美元——少数民族企事业和女性企事业项目。

100万美元——时间和可移动性要求和限制。

于是，开发商的贡献估计为5060万美元（以1981年货币计算）。在此所有负担中，估计开发商将从博物馆、其他文化和开放空间用途中获得一些利益，因为是他们更快地吸纳了收入用途，因而收取了更高租金。经过调整，分配了一笔3080万美元的费用负担。在分配这些费用负担前，土地总价值估计为8910万美元；除去上述负担，剩余的土地价值被定为5830万美元。

再开发机构以如下方式为此项交易举行了谈判：

• 一些开发商费用将被当作土地替代款项。

• 由于大部分费用在多阶段开发的前期（一期）发生，再开发机构将放弃土地预付款项，为的是提升项目对开发商和贷方的吸引力。

• 作为对土地的补充，以及对再开发机构的现金流转形势和作为开发商实际合作伙伴地位的深入思考，再开发机构将以产生相对适度现金流的方式出租该地皮的商业部分，但它对改造局有着重要的未来赢利潜力。

加利福尼亚广场

项目数据

自然结构（m²）				
构成部分——收入生成	一期	二期	三期	总计
办公总面积	94129	139350	102190	149869
(净面积)	(87035)	(120770)	(88534)	(296339)
居住				750 单元
零售/其他				
商业	3344	7432	5574	16350
酒店		450 房间		450 房间
多重电影院		2322		12 剧院
构成部分——艺术/文化/开放空间				
当代艺术博物馆	9290			9290
舞蹈馆		6715		6715
公园和开放空间	0.84hm²	0.8hm²	0.56hm²	2.2hm²
演出广场				
安琪儿缆索铁路				
安琪儿飞行文化博物馆				
其他				
停车位	1170 个			4650 个
地铁车站				
面积				11.5
总建筑面积	113059			436630
容积率（FAR）	10.2			8.2
开发期限	1983~1985 年			1990 年早期
总开发商	邦克山合作公司，总合作伙伴，包含了都市建筑及凯迪拉克、费尔维公司/加利福尼亚公司。限制性合作伙伴为萨丕尔工业公司和戈德里奇·凯斯特联合公司。都市结构公司是管理合作伙伴			
估计总开发费用(1984 年货币)	2.05 亿美元			10.2 亿美元

加利福尼亚广场
重要开发花费概述一览表
(1984 年货币)

开发成本——收入生成用途	总计
办公	7.2 亿美元
居住	1.1 亿美元
零售/其他商业	1000 万美元
酒店	5000 万美元
停车	9000 万美元
小计	9.8 亿美元

续表

开发成本—— 艺术/文化/开放空间	
当代艺术博物馆	2300 万美元
中心演出广场	500 万美元
安琪儿飞行文化博物馆	200 万美元
城市公园/开放空间	1000 万美元
小计	4000 万美元
开发商支付的开发成本	10.2 亿美元
贝拉·卢威斯基舞蹈馆	1200 万美元
总开发成本	10.32 亿美元

来源：凯泽·马斯顿合作公司（Keyser Marston Associates）
邦克山合作公司

• 再开发机构将空间权利打包出售给邦克山合作公司用作居住用途；对于交易任何一方，很少能通过居住权土地出租实现任何利益。

在所有谈判中，邦克山合作公司低估了博物馆对于项目营销成功的重要性——尤其是其297280m² 办公场所。但是"在我们合同签订和建筑开始之后，"再开发机构管理人海菲尔德（Helfeld）汇报道，"他们编辑了一本营销手册，此手册以极大的热情强调了办公楼近邻的博物馆和其他文化机构。"

土地租赁交易

文化及开放空间用途以三种方式在最终交易中得到了反映。首先，土地价值因为开发商提供公共利益一揽子计划的义务而降低，土地价值降低还反映在经过商议的基本租金中。第二，由于包含公共利益，减低了如下应该向再开发机构支付的参与租金：开发商将接受股权上20%的优先回报，它将于支付参与租金前从资金流转中扣除。那些没有产生净利润的博物馆和其他用途，不会增加贷方提供的资金数量；然而，包含它们将导致增加股权的结果，而后者会接受优先回报。第三，开发商用于维护开放空间和资助博物馆运作成本的费用，将从资金流转中扣除，同时降低了参与租金数量。

改造局将在项目的所有商业阶段接受如下土地租金款项：

• 每阶段50万美元的持有租金，将于三个商业办公阶段中的每个阶段内支付。此租金开始于每次租赁头42个月的订约之日，将于开放阶段被支付。

• 每一商业开发阶段的每年从40万美元到150万美元不

等的基础租金，将于持有租金阶段后开始，和租赁条款保持一致。它不从属于借款服务。

• 递增租金将是一种机制，通过它，基础租金将于一段时间后得到调整。它将反映项目的资金流转表现，并通过比较两个平均年净运作收入的增加值和每十年租金重新调整量加以计算，第一次将从第一期开始后不迟于20年时间内进行。递增租金从属于借款服务，除了在此资金筹集之后。

• 参与租金将是再开发机构在该项目净资金流转所占的份额（于借款服务后），以及20%的股权优先受益之后。（股权被

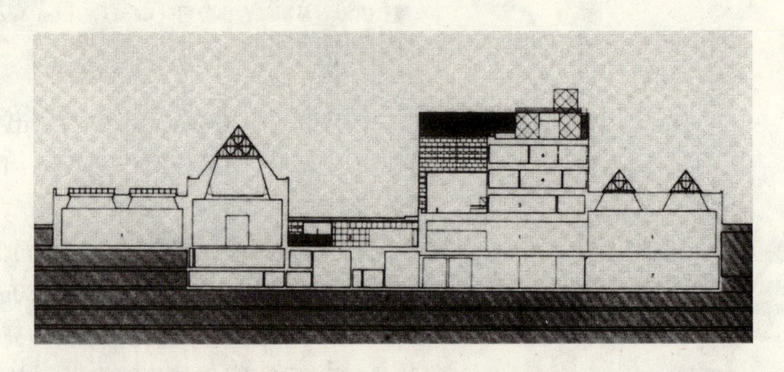

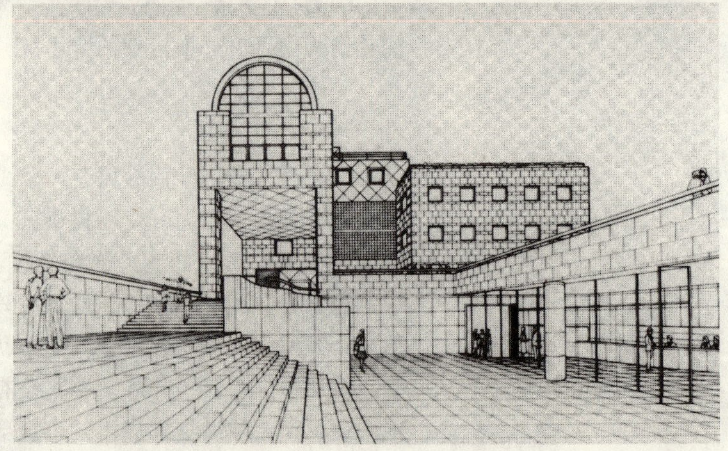

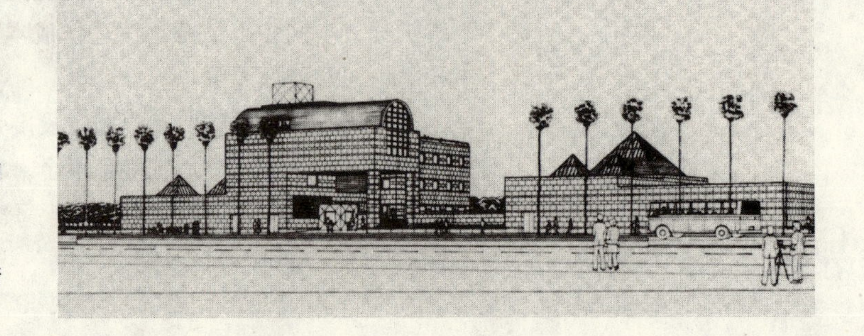

上图：当代艺术博物馆剖面

中图：当代艺术博物馆，博物馆庭院

下图：当代艺术博物馆，矶崎新（Arata Isozaki），建筑师

定义为总开发成本和抵押之间的区别，适用于开发商和贷方的股权）直到每项商业租赁大约20年里，再开发机构的净资金流转份额为10%，此后为15%。

加利福尼亚广场租赁条款暨销售协议具体指定，邦克山合作公司必须向博物馆每年支付体现经济效益的款项，假如有任何经济效益的话，这些效益应该来自开发项目博物馆地理位置。最后，开发商在1982年7月1日前有义务提供证明经济支出的证据（如第一期20500万美元），以在9月1日前利用融资，于9月30日前开始建造。

洛杉矶城市委员会于1982年1月21日批准了该开发协议。同年2月5日，再开发机构执行了该协议，整个地区的规划草图也于4月获得初步通过。额外给邦克山合作公司90天时间，以交付完美的规划图。

邦克山合作公司寻求资金，寻找合伙人

尽管发生了上述诸多正面的事情，邦克山合作公司还是证明无法在7月1日的最后期限之前确保所需建设资金的要求。借贷市场正经历严重的动乱，几乎任何时期都没有可利用的期货支付。项目规模和公共利益花费，进一步减少了项目对于疲软房地产市场的吸引力。

在该合约下，他们还设立了额外的一年时间，用于获得资金，以及吸纳合作伙伴以增加固定资金。同年7月6日，再开发机构批准了邦克山合作公司的改建计划，其目的是给项目吸引新的资金来源。

大都市建筑公司的哈罗德·简森（Harold Jensen），同时也是都市人寿保险（该项目最初人选）合资企业的合作人，很快接触了凯迪拉克·费尔维尤公司（Cadileac Fairview）（邦克山合作公司主要合作伙伴之一），以调查总合作伙伴关系存在的潜在可能性。考虑到步履维艰的金融市场，凯迪拉克·费尔维尤公司决定欢迎都市建筑公司作为总合作伙伴，视情形决定其获取满足一期建设所需资金款项的数额。1982年12月，大都市人寿保险董事会投票决定，在加利福尼亚广场投资1.9亿美元，作为大都市建筑公司被任命为邦克山合作公司总合作伙伴的回报，此笔款项仅仅是用于初始商业周期。到1983年4月，再开发机构和邦克山合作公司之间的谈判，得出了开发协议修正案，增加了都市建筑公司的所有权及管理责任。分阶段计划被改变，以允许更大弹性，整个项目被分成8个阶段，每个阶

项目数据：当代艺术博物馆

地理位置	第2街和第3街间格兰德大道东侧 洛杉矶邦克山加利福尼亚广场
计划开工	1986年早期
建筑师	矶崎新，东京，日本，与洛杉矶格伦联合公司合作
顾问	约翰·A·马丁合作公司，结构；西斯卡·赫内希集团，机械/电气；盖奇·班科克合作公司，防火；朱尔斯·费舍尔及保罗·马兰斯合作公司，照明；博尔特，贝拉尼克和纽曼，声学和视听；G·E·埃文斯，图书馆； ABM安全顾问公司，安全； 希玛耶夫及格斯玛合作公司，制图
承包商	HCB承包商
建筑成本	2300万美元
总面积	9104m²，7层，包括画廊、礼堂、书店、雕塑园、职员办公室和图书馆，资助服务，和永久收藏仓库。建筑高度从最高处的4层到街道水平线上5.49m左右，到低于地面的庭院区域

内部区域分解			
	画廊及流通	3902m²	
	礼堂	650m²	
	书店	232m²	
	公共面积小计		4784m²
	办公室和图书馆	1068m²	
	服务区域	3252m²	
	总面积		9104m²

外部特征	印第安红砂石墙，自然和打磨的画廊外观；红铜包层，圆柱拱形图书馆屋顶；红铜包层，画廊金字塔天窗基部；办公外墙为铝嵌板和玻璃砖墙；入口大厅为花岗石铺砌和结晶状玻璃墙
内部特征	1）3902m² 画廊和流通空间 两座为678m²，5.5~6.1m顶棚及屋顶天窗 一座为186m²，7m顶棚和屋顶天窗（基部天窗为地面上13.7m） 3座面积为139~390m²，顶棚高度在3~4.6m。 557m² 入口庭院和大厅，包含大楼梯、咖啡厅、问讯处、会员处和销售台 2）240个座位的礼堂，装配有电影及幻灯片投影、闭路电视，讲座及表演 3）232m² 书店位于广场层，为博物馆参观者和大众服务 4）两层职员办公室，由开放楼梯连接，俯瞰画廊和其他公共场所 图书馆包含用于15000册书、30000幻灯片和300物料项目平面资料 5）圆柱拱形顶棚和屋顶露台的会议室 6）资助服务包括有遮蔽、不靠街面的装载平台，图片工作室，永久收藏仓库，工场，管登记者控制出入艺术品装运设施，机械、电力、生命安全和保安系统

段可独立筹集资金，尽管再开发机构保留了批准开发商准备完毕的总体规划和整个项目的设计方案。

5月18日，城市委员会批准了协议修正案。博物馆的破土动工和一期工程开始于1983年10月12日——时间距离邦克山合作公司赢得开发商挑选程序已经过了3年。

博物馆/邦克山合作公司协议

1980年7月10日，当代艺术博物馆和邦克山合作公司签署了一份合约，该合约概述了每一方的期望，假设条件为邦克山合作公司被改造局选中。该协议条款后来被并入到了再开发机构和邦克山合作公司之间的开发协议之中。该合约规定：

1）博物馆公司对博物馆经营场所拥有收费权利，或以每年1美元的租金分租这些场所，条件是该场所必须被用作博物馆。

2）在建设的一期工程中，开发商将完成建造一座博物馆，在配备完备的基础上移交给博物馆公司（包含所有固定装置、固定设备及地面和墙面覆盖物）。

3）该建筑将是独立式的，包含至少9290m² 内部地面面积。

4）博物馆可以选取和雇佣建筑师，后者将对博物馆设计负责。此选取工作将在咨询阿瑟·埃里克森（Arthur Erickson）、从属开发商和再开发机构同意的情况下进行。

5）博物馆总成本将为以1984年货币计算的2250万美元。开发商同意了此建筑设计，据开发商和博物馆共同估计，此设计给邦克山合作公司带来的经济负担不会超过1932.4万美元，这其中还包括了140万美元的意外事件基金。在此意义上说，邦克山合作公司拥有的资金少于1932.4万美元，成本储蓄金应该由开发商向博物馆支付。

6）、7）按成本给博物馆提供供水、供热、冷却设施，以及免费的电子安全系统。

8）开发商将就设计方案、建设和内部场所管理等事项咨询博物馆公司，将在非专门性、不给博物馆添加成本的基础上，使得上述场所可以用于雕塑展览和其他合适用途。

9）开发商建设大楼和改造外观的义务，从属于博物馆公司在1981年7月前将基金提高到至少1000万美元的条件。

到1980年12月，他们在格兰德大道上为博物馆确定了一处场地；1981年1月，博物馆设计和建筑委员会选取了日本建筑师矶崎新。到1982年7月，矶崎新的第二个建造一栋粉红色印第安砂石建筑的设计方案，获得艺术家顾问委员会和博物馆信托人双方通过。在1986年早期在此开业时，博物馆将包含9104m²，其中4645m²用于画廊场所。它将包括一座礼堂、图书馆、咖啡厅、书店、职员办公室、仓库设施和一座与项目广场成为一体的雕塑园。

项目数据：舞蹈画廊

位置	第四大道和格兰德大道，邦克山				
项目开业	1987年				
建筑师	阿瑟·埃里克森建筑师公司 纽厄尔·泰勒·雷诺（Newell Taylor Reynolds），合作建筑师，在埃里克森和舞蹈馆之间充当联系纽带				
顾问	纽厄尔·泰勒·雷诺				
建筑成本	土地				200万美元
	建筑				970万美元
	设备				100万美元
	总体设计，许可证，等等				100万美元
	资金筹集/管理				100万美元
总面积	6715m²				
内部面积分解（以m²为单位）		会馆	剧院	分享	总地面面积
	下层舞台	347	569		916
	舞台/创立者 *（图书馆，会议，舞蹈指导）		1282	234*	1516
	乐队（不包括飞塔区，415）				
	下层看台	417	651		1068
	上层看台	381	767		1148
	舞池 *（包括大厅，入口之下，机械）	71*	477		548
	总计	1656	4824	234	6716
外部特征	支架结构		334m²		
	学院屋顶		373m²		
	飞塔屋顶		459m²		
	舞池和入口		453m²		
	机械上屋顶		226m²		
	天窗和大厅上屋顶		250m²		
	装载月台车道		111m²		
内部特征	1000个座位的舞蹈剧院（650个座位在乐队席层，350个座位在看台），弹力舞台和完全的舞台上空，带有倾斜度座位的前舞台 图书馆 四个工作室 风景及服装商店 休息/展览区域				

博物馆董事会还批准了临时性画廊的概念，为的是能够在加利福尼亚广场开业前，其计划能够开始。以这种方式，信托管理人计划，博物馆将成为一家逐渐发挥用途的文化机构，而且提供了展览和运作花费融资的明确侧重点。

最初的博物馆场馆是从城市租赁而来，代价为每年1美元，是临近小东京的两座单层的仓库，它们曾经被用作警察车辆维修车间。弗兰克·O·盖里（Frank O. Gehry）设计了一座5110m²的“暂时性当代”，这是大家对它的称谓，该建筑花费了100万美元，资金来自个人、公司和基金会。它于1983年11月开业，其第一次展览名称为“第一次表演：来自1940~1980年间8个收藏的绘画和雕塑”。

卢威斯基为舞厅综合体作保

卢威斯基基金会听说了律师弗雷德·尼古拉斯作为和邦克山合作公司及再开发机构的交涉者为博物馆工作取得的成就后，询问他是否同样愿意帮助舞蹈公司。尼古拉斯同意了，他帮助和开发商缔结了谈判。邦克山合作公司同意捐助一处200万美元的地皮，假如卢威斯基董事会能够筹集到1200万美元的话——1000万美元用于建筑，另外的200万美元用于其基金（此相对低的基金目标，是建立在此种期望的基础上的，即在过去，70%的舞蹈公司运作花费能够用收入来满足）。到1984年6月，舞蹈馆筹集了690万美元。它预期在1986年春季破土动工，随后于18个月内完成。埃里克森工作室充当了设施建筑师的角色。纽厄尔·泰勒·雷诺，卢威斯基的丈夫，以及一位和舞蹈建筑长期有联系的洛杉矶建筑师，成为了合作建筑师，为建筑的内部负责，并且充当埃里克森和舞蹈馆之间的联系纽带。

完成之后，6503m²的舞蹈馆将是美国第一座特别并且专门为舞蹈的需要而建的表演场所。在此设施内，安德鲁·诺曼舞蹈剧院（乐队层的650个座位，看台的350个座位）将有一个弹力舞台及完全的舞台上空。作为一座前舞台剧院，它将提供将近100%能见度和看台，后者可以关闭从而形成一个更加私秘的场所。

因为舞蹈馆不仅仅是一座剧院，大家希望它可以将积极的白天参与者吸引到加利福尼亚广场来。其会馆将提供专业的舞蹈和编舞、舞蹈和健身课程，以及舞蹈管理、教育和化装、灯光、背景设计等研讨班。一座图书馆，“未被文件记录的西方舞蹈传统”，将储藏广泛的图书、期刊、文献、评论，书信、服装草图、电影和图片收藏。项目还将纳入景观及服装商店，休闲及展览区，以及四个乐队及学生演出工作室。

该剧场在下午 5:05 计划了简短、价格合理的舞蹈演出，以吸引闹市区的员工，以及每年大约六星期的室外场地非正式舞蹈演出。该剧场在 1987 ~ 1988 年，便安排了 75 个当地和巡回演出公司的超过 200 场演出。一旦加利福尼亚广场完工，居住密度、工作人口以及附近的大众运输都将保证舞蹈馆未来的稳定性。

由经营者管理

到 1983 年早期，博物馆和舞蹈馆在加利福尼亚广场规划中占据了牢固的地位。大都市建筑公司参与了开发小组，施工计划在 1983 年 9 月开工。现在，邦克山合作公司和再开发机构将注意力转向了确保公园、花园和广场将被完好使用及维护。

在 1983 年 8 月 23 日，在再开发机构和邦克山合作公司之间签署了一项建设、运作及互惠协议。除了为一些日常事务如共同面积维护、维修及共用事业优惠等做好准备之外，该协议还创建了一家非赢利性公司称之为“经营者”（Operator）。从租户可分配份额中获取资金，经营者将负责安琪儿飞行缆索铁路，安琪儿飞行博物馆以及演出广场。

经营者将负责确保零售品质和饭店租户，其服务将面向该地区的工作人员、居民和游客。它还将努力工作，以确保博物馆以“世界级方式经营，其食物、饮料和购物不会和项目区域其他类似用途相冲突”。经营者协议的其他条款则规定公式，通过它基于参观人数的资助将由邦克山合作公司支付给博物馆。资助的基础是每年资助数量乘以每位资助人的资助数量，在早年，一旦参与租金付给改造局，1% 参与租用现金流中的 3/5 ~ 3/4 将支付，取决于赞助数量。在那时，运作资助将被任何一年的博物馆赤字所超过。因此，在 1985 到 1990 年间，开发商的经济负担为每年 50 万 ~ 100 万美元，20 世纪中期到晚期为每年 100 万 ~ 200 万美元。

作为资助的交换——也是为了实现将博物馆整合入多用途项目的目的——每年，博物馆都将得到机会，可以将艺术品放置到项目的公共区域。其展出时间被要求和购物及用餐高峰期一致——即从上午 11 点到晚上 9 点。该协议还提出组建了审查小组的可能性，该小组可以组建起来，以评估博物馆项目、藏

上图：改建前的“临时性当代”设施内部，1983年5月

下图：“临时性当代”外观夜景

品和必需品，假如博物馆没能获得国际声望和地位的话。

经营者将计划和管理室外演出广场，该广场横跨奥利弗大街，包含了观众坐席和可以上演各种演出的舞台。为了确保该设施的生机和活力，邦克山合作公司雇用了规划和技术顾问的服务设施。他们计划控制入场人数的大型演出活动，这些活动为不是非常著名的艺术家和业余人士、临时性展览，以及从时装表演到室外银屏电影放映的社区用途。广场将是三家

室外/室内餐馆的焦点，可用于自带午餐上班者用餐、私人会面以及在阳光灿烂的日子里坐在遮蔽物下观看人群。演出广场的经营费用将被视作公共区成本的一部分，将由所有租户共同分担。

由于演出广场的存在，会提升加利福尼亚广场成为城市中心区的焦点，作为一个整体，项目将通过附加的网络将广场和剧院与城市联系在一起。这些行人中心将使商店和饭店处于城市街景、而非购物中心的环境之中。

当前状态

施工开始

加利福尼亚广场一期工程办公大楼和艺术博物馆施工进展良好，大楼估计将于1985年秋季完工，而博物馆将于1986年早期完工。酒店、舞蹈馆、首批三栋公寓楼以及零售开发项目将于1985年秋季开工，但是第二栋办公楼计划依旧悬而未决。在开发协议条款之下，在市场可以支撑它们且开发商获得永久资金保证之后，随后的商业工期将开工。最终的居住工期（250单元）将于不迟于1987年8月26日开工。安琪儿飞行缆索铁路和博物馆和第三栋办公塔楼将于第三期建造。一座地铁站（洛杉矶地铁系统市中心三座车站之一）将于项目最终阶段建造。

过分发达的地产因素使得这种合作关系成为可能，也是该地皮长期发展的潜力所在；向开发商传达批准通过分期建设计划，而在这样的管理环境中，此类批准已经变得越来越难以保

舞蹈馆内部模型

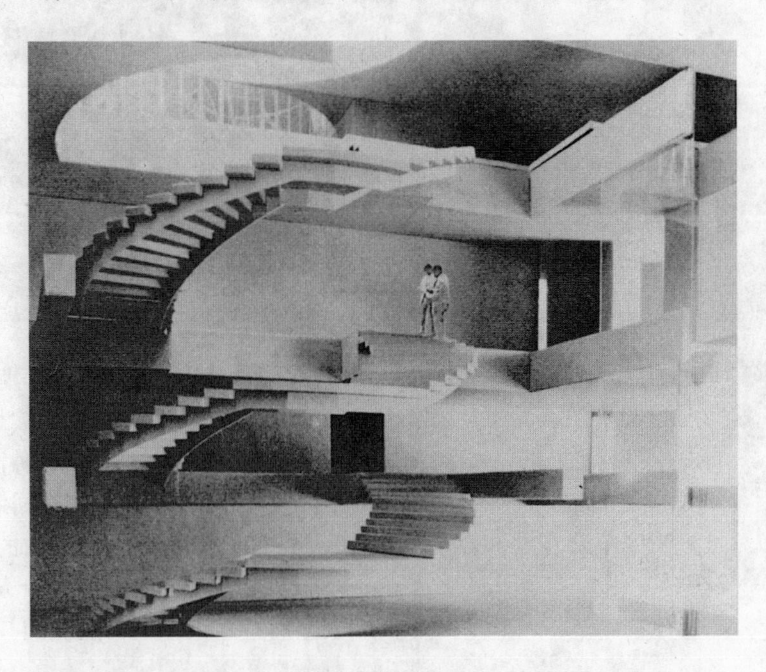

证；以及弹性的、现实的租赁结构也是如此。这些因素克服了该地皮不是处于完全得到承认的商业地段的事实，以及弥补开发商建造公共利益一揽子计划所导致的繁重的前期负担。

再开发机构对于洛杉矶市中心的目标一直是重要组成部分：它提倡建造的不仅仅是办公楼、酒店、商店和饭店，还有一系列的创造真正大众中心的艺术和便民设施。再开发机构因此将其艺术合作者当作开发商选取和谈判阶段完全平等的参与者。这种完全参与使得第一座博物馆成为可能，然后又使得卢威斯基基金会从公司和个人捐助者处获得足够的捐助，满足了自身项目的资金需求。当代艺术博物馆管理人谢里·盖尔丁（Sheri Geldin），强调了邦克山合作公司地位对于公司捐助的重要性：

> ARCO、太平洋保险、“镜报”和许多其他市中心公司，都向当时还不存在的机构慷慨捐助。许多公司甚至对当代艺术没有特别的兴趣；然而他们将博物馆看作能吸引人的文化因素，而在城市的此区域，除了音乐中心之外，还没有其他的此类吸引人之处。他们或许从未在劳森伯格那里了解过罗斯科的作品，但是他们对此机会作出了反映，以提升和丰富该社区。尽管最初态度冷淡，大多数人采取了谨慎的观望态度，但是因为第一批慷慨的捐助者起到了带头作用，许多公司被说服并且加入了我们的行列。

洛杉矶的公司和慈善家为博物馆和舞蹈馆捐助的金额，完全超过了2500万美元，此外还有持续的创造性领导和董事会支

左图：舞蹈馆推荐入口模型

右图：舞蹈馆的大厅及门厅，其特征为一座用于非正式展示和景观的非传统表演场所

持。这种支持行为证明是必不可少的，它使得再开发机构和开发商确信，文化构成部分可以是加利福尼亚广场成功的真正的合作伙伴。

该项目为谈判和规划提供了经验和教训。刚开始时，参与者不得不作出让步并以达成双边协议，作为一个单位去获得单个合作方根本没希望单独获得的成就。尽管此过程比更有限规模 MXDs 项目的谈判过程更长，也更复杂，再开发机构还是为其他机构树立了榜样，即如何在开发商选取之后，继续在项目中扮演至关重要的角色。通过将土地出租、而不是完全出售，再开发机构确保了其在项目所有规划和设计方面扮演的监督角色，以及它在增加的财产价值中获得的收入份额。

在加利福尼亚广场，再开发机构也将应对其他城市需优先考虑的事情。加利福尼亚广场将创造新工作岗位，还将产生额外的地产税收入。税金的一部分将用于帮助解决社会关注之事，如附近贫民区的需要。另外部分将用于在全市建造低收入和中等收入住房。将来的租赁收入将提供额外资金，以帮助恢复其他地区的活力。

在长期的谈判过程中，再开发机构在和开发商间培养了一种关系，此关系允许它支撑项目第一期的建设，项目其他部分的设计和最终运作则依然不是很具体。这种公共机构和开发商

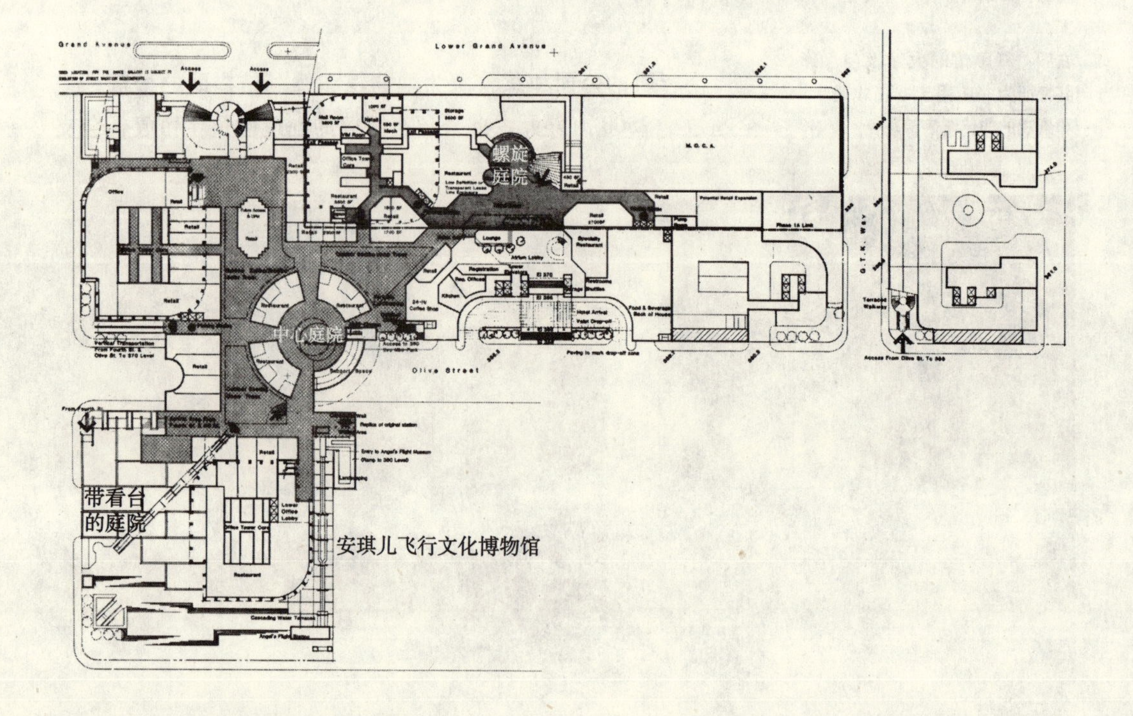

加利福尼亚广场，第 370 号平面，显示演出广场和零售用途

间信任、合作关系的出现，是值得关注的。没有这种关系，一系列的项目目标都无法实现。

最重要的是，设计博物馆、舞蹈剧院、室外演出广场、购物街和开放空间，都是为了让行人蜂拥而至。加利福尼亚广场实际上可以创造洛杉矶市长久以来企盼的、洛克菲勒中心风格的城市心脏。

科斯塔梅萨　南海岸广场和市中心

案例研究6

项目简介

20年前，南海岸广场是邻接加利福尼亚科斯塔梅萨的农田。今天，它是拥有225万人口的大都市区的中心，也是奥兰治县一个正在出现的中心。这一刚刚超过80hm^2的多用途开放项目，包含了204380m^2的商业办公空间，一家有400间客房的威斯汀酒店，一座157930m^2的零售中心，南海岸轮演剧院，即将完工的奥兰治县表演艺术中心、公园、影院和饭店。它还包括受到高度赞扬的野口勇雕塑园。项目从1967～1984年间的开发费用总计超过4亿美元，不包括土地成本。

由C·J·西格斯托姆及桑斯公司和其合资合作伙伴开发，南海岸广场和城市中心现在位于两条主要的高速公路的汇合处，洛杉矶在北面64km，圣迭戈在南面128km，纽波特海滩和太平洋在8km外，而迪斯尼乐园仅仅在北面16km之外。

该广场正逐步成为奥兰治县赢利最多、档次最高的零售中心。当其中加入新的百货公司和零售业时，广场会提供将近278700m^2的总建筑面积。遍及广场的艺术和娱乐吸引了附近工作和生活的人们。

南海岸广场也位于一个更大地理区域的中心地带，后者被一个大开发商联盟称之为“南海岸地铁”，这些开发商从事着促进该地区发展和其他各种各样的工作：交通管理、高速公路出入口重新设计等。该联盟的目标是提供此类协调一致的城市规划，使得地区具有更强的个性特征。

一位有见识的开发商使用艺术和便民设施来创造城市焦点

"认识到这点是很重要的，在南加利福尼亚，奥兰治县还不具备可识别的焦点，"亨利·T·西格斯托姆（Henry T. Segerstrom）解释道，他是C·J·西格斯托姆及桑斯公司的管理合伙人。他很自信，南海岸地铁将成为那样的焦点。在此意义上，南海岸广场正和通常的多用途开放过程反其道而行：不是坐落于以及现有中心焦点的城市中心，西格斯托姆和其他开发商们在他们MXD项目周围创造着城市焦点。

南海岸广场代表了私人开发商深思熟虑的努力，以提供艺术和文化设施，作为多用途环境和大都市区域中心的大型构成部分。随着该县从城郊住宅区发展成一体的城市区域，工作和居住都结为一体，越来越多的富有、受过高等教育的家庭欢迎艺术和其他城市设施。

城市文脉

奥兰治县在 30 年里从农村变成市郊，然后是城市

1950 年，奥兰治县的人口为 20 万。到 1980 年，该地区人口已经达到将近 200 万，而且还在持续增长。它坐落于洛杉矶县的南部，占地 2012km²，今天有 26 个法人县、自己的机场、接近 4 万美元的中等家庭收入、总产值达 550 亿美元地区经济、航天及电子公司总部、大型联赛棒球和和足球队，以及几座博物馆。

在过去的 15 年中，奥兰治县南部经济增长的一个至关重要的因素就是圣迭戈高速公路，后者于 1968 年完工，延续长度达到整个县，将洛杉矶和圣迭戈连在一起。在人口为 8.6 万的科斯塔梅萨，圣迭戈高速公路横穿科斯塔梅萨高速公路，后者从南部海港的纽波特海滩延续到了奥兰治县和该县北部的其他社区。在此，在科斯塔梅萨的北部边界，西格斯托姆家族于世纪之交开始了青豆种植。

他们的命运以及科斯塔梅萨的命运，在 1962 年 12 月有了突然的转变，西尔斯及罗巴克公司（Sears，Roebuck & Company）来到了西格斯托姆家族，讨论收购土地事宜，并在这些土地上建造邻近圣迭戈高速公路的西尔斯商店。在洛杉矶建筑师的建议下，西尔斯接触了亨利·西格斯托姆，他是最初定居者的孙子，将其家族对该片土地的喜爱和斯坦福 MBA 敏锐的商业头脑结合在了一起。不久之后，梅公司加入了谈判，并且提议建造一座购物中心。西格斯托姆家族谋求了格伦合作公司（Gruen Associates）的建筑师维克多·格伦（Victor Gruen）的帮助，征求了房地产顾问公司拉里·史密斯公司（Larry Smith & Company）和威玛地产公司（Wimar Realty Development

南海岸区域，北向洛杉矶。最突出位置的主要交叉点连接了圣迭戈高速公路（南北走向）和科斯塔梅萨高速公路（东西走向）。南海岸广场和城市中心在最突出位置

南海岸广场的“珠宝园”位于这座195090m^2零售中心的顶楼

Company）的意见，设计一座111480m^2的购物中心，梅公司在一侧，而西尔斯在另一侧。因此，C·J·西格斯托姆及桑斯公司，作为曾经全国最大的青豆生产商，开始了作为购物中心开发商的新事业，到1968年圣迭戈高速公路投入运行时，南海岸广场已经运作了一年。

该广场立刻获得了成功，原因有三点：其地理位置是一流的；它是该地区第一家封闭式购物中心；它于大规模的、长达一年的促销活动后开业。然而，它不是奥兰治县唯一的以前未开发的农村地区。在纽波特海滩，欧文公司正在规划和建造纽波特中心，后者将容纳时尚岛购物中心和办公楼，它们将位于占地总计达34400hm^2的欧文·兰切地产的部分区域。纽波特中心被强有力地开发成奥兰治县的新金融中心。但是，纽波特海滩增长速度有限的社区观点及受限制的市场区域，阻挠了欧文公司创建该县第一流的办公和零售中心的梦想。罗伯特·E·威瑟斯庞（Robert E. Witherspoon）和其同事在《多用途开发：土地利用新途径》一书中发现，纽波特中心缺少物质上的整合。其办公楼延伸达9个街区，围住了开放式购物中心。它的距离是巨大的，在大部分建筑间必须使用汽车。

纽波特海滩市拖延了欧文公司进一步扩展的计划，纽波特中心办公区失去了动力。根据《洛杉矶时报》报道，正当西格斯托姆加速时，欧文公司的计划开始减速：

在市中心破土动工5个月之后，纽波特海滩城市委员会拒绝了保诚保险公司（Prudential）从纽波特中心购置土地、在其上建造一座酒店和一座16层办公楼的计划。此行动使得几乎所有纽波特中心开放项目趋于停顿——西格斯托姆最大障碍之一消失了。

艺术环境

艺术走出旅行车及中学礼堂

20世纪60年代早期，南海岸广场还处于早期规划阶段时，南海岸轮演剧院就已经是奥兰治县的一家艺术机构了。然而，这个12人组成的巡回演出团体没有多少资金来源。在两位理想主义而又富有才华的主管——戴维·埃姆斯（David Emmes）和马丁·本森（Martin Benson）——的领导下，它将运作范围扩展到了旅行车之外。一年之后，该团体找到了其第一个常驻场所——由纽波特海滩滨水区罐头工厂中的一家店铺改变而来。化妆间位于一个有75座位的剧院上面的一处公寓里，演员通过室外楼梯到达舞台——在下雨的夜晚，这会很麻烦。观众似乎不介意。《洛杉矶时报》剧院评论家塞西尔·史密斯（Cecil Smith）写道：

> 几个星期之前，我走出纽波特海滩一家摇摇晃晃的小剧院，空气中弥漫着新鲜的、鱼腥的气味，鱼具堆放在腐烂的码头上，一些小渔船停泊在码头之外，星星格外明亮。我的妻子向我轻轻吹着长长的口哨。"我在想，"她说，"我们在六天里在纽约看的7部百老汇戏剧——没有一部可与这部相比。"

史密斯夫人所说的"这部"指的是哈罗德·品特（Harold Pinter）的《生日聚会》（The Birthday Party），是南海岸轮演剧院那季上演的剧目之一。

查尔斯·派里雕塑《公羊》，矗立于城市中心公园和帝国银行大厦之间

到1967年，该公司取得了很大发展，75个座位不再能够满足需要，所以便迁到了科斯塔梅萨，距内陆3.2km。其新场馆是一座190座的前杂货店。在此处，南海岸轮演剧院于1971年得到了洛杉矶戏剧评论界第一个奖项，洛克菲勒基金会和国家艺术基金开始为该公司部分演出花费认捐。

到1975年其10周年纪念时，南海岸轮演剧院拥有了25万美元运作预算，4000位捐款者，以及平均92%的上座率。它开发了一个"实践戏剧工程"，邀请奥兰治县的学生来实践演出，它还为成人保留了一个不间断的戏场。同样重要的是，南海岸轮演剧院召集了一个包括奥兰治县社区领导的信托管理人委员会，他们开始筹集资金，以帮助填补其收入和运作花费之间的空白。但是同样地，在其第一座剧院开业十年之后，南海岸轮演剧院知道该是再次搬迁的时候了。

奥兰治县表演艺术中心

在1973年，建立了一个全县性的组织，以规划、建造、运作和为地区性表演艺术中心获取资助。该表演艺术中心可以供世界级的专业公司和艺术家，以及当地的演出团体演出。该县有19个场所被予以考虑。福乐顿，奥兰治市，圣安娜，纽波特海岸，以及位于欧文的加利福尼亚大学，都作为可能性加以讨论，又因为不同原因被否决。

在20世纪70年代中期前，奥兰治县没有任何文化机构能筹集到数百万美元资金。成立于1954年的奥兰治县爱乐乐团，在圣安娜中学礼堂或者加利福尼亚大学欧文校区的多功能体育馆演出。太平洋芭蕾舞团在中学礼堂和大学剧院演出《胡桃夹子》(The Nutcracker)。奥兰治县大师合唱团则使用教堂、酒店和购物中心以举行音乐会。

然而奥兰治县需要一处大型文化及娱乐设施。一次《洛杉矶时报》民意调查发现，由于缺少足够的设施，仅有16%的该县居民参观博物馆，只仅28%出席现场演出。《洛杉矶时报》于是总结道：

> 总的来说……该调查显示，假如奥兰治县居民认为当地日常生活缺乏的话，那就是娱乐，尤其是现场娱乐。

开端

开发商增加办公大楼，酒店和公园以完善零售业

一旦南海岸广场中的零售部分完工并运行成功，西格斯托姆家族便要求他们的建筑师——格伦合作公司——为他们与购物中心相邻的剩余地产准备一个总体规划。“该提议极具想象力，但是当时市场还没有强大到支撑该计划，所以我们无法实施它，”亨利·西格斯托姆说道：

> 与其说它是一个实用的开放计划，到不如说它是一种梦想或者预言。但是我们接受了计划，它指引我们和其他几个机构履行租赁事宜：银行，储蓄与贷款，一家影剧院。那些建筑在2~3年内随着南海岸广场的出现而建造，并且成为南海岸广场城市中心的开端。

在1968年，C·J·西格斯托姆及桑斯公司开始为建造一座酒店谈判。5年之后，威斯汀酒店同意在零售综合设施的城市中心侧面建造一座400间客房的酒店，该零售综合设施是和康涅狄格州杰纳勒尔人寿保险公司以合资企业的形式开发的。

SOM 建筑师事务所被选中。17 层的酒店于 1975 年开业，位置远离大街，目的是为了创造僻静感和“到达感”。

为了调集酒店场地，西格斯托姆有必要为洪水控制渠修建一条 300 万美元的地下涵洞，该洪水控制渠将他的地产一分为二。有盖的水渠影响了西格斯托姆选择在酒店前建造的一座公园的整体布局，因为涵洞表面仅仅能够承受有限的负荷。最终，一条公路，称之为公园中心车道，被部分建造在涵洞上方，网球场被建造在其他部分之上，公园在剩余涵洞部分之上。彼得·沃克随后和 SWA 景观设计公司一起，规划了一座占地 1.2hm^2 的公园。引入填充的泥土建造一系列的 3.66m 小山丘，有草坪、树木和小径。在某些区域，用聚苯乙烯塑料建造景观山丘，而不是用泥土，以减轻地下载荷区的重量。根据西格斯托姆的意见：

现在发生了一件有趣的事情。在建造公园的过程中，我们想要建造小山丘……为的是从酒店入口便可以远眺。但是我们必须限制我们堆放于洪水控制渠之上的泥土的数量。所以，我们作出的决定就是，在渠道的另一边规划一些分量较大的小山丘，以造就我们期望的视觉焦点。公园的建设开始了，我们（C·J·西格斯托姆及桑斯公司）中的一位负责这些小山丘的建造。这时我去度假了，当我回来的时候，我们发现，填方的重量大大超过了洪水控制渠的承受能力，这是我们没有预料到的。建造还占据了一些我们原本没有打算纳入公园的土地。存放填方泥土，便创造了洪水控制渠之外孤立的一片土地。

这个地段如用于再建造一座办公楼的话，则显得太小了，然而在公园中重建小山丘又代价昂贵。现在西格斯托姆的土地以平方英尺而非英亩估价，那么便产生了一个令人困惑的问题。

尽管 C·J·西格斯托姆及桑斯公司对其不断发展壮大的多用途开发中的其他机遇反应积极，这个孤立地皮问题却一直悬而未决。在参观国外城市时，亨利·西格斯托姆发现，成功的城市中心特征的关键因素是文化活动。他于是决定，南海岸广场只有纳入了公共艺术和便民设施，才会成为大型城市开发项目。

因此威斯汀酒店、办公大楼和公园成为南海岸广场艺术收藏的开端。西格斯托姆亲自选定艺术家和作品，从 20 世纪 70 年代晚期查尔斯·派里的雕塑《公羊》（The Ram）开始，它是

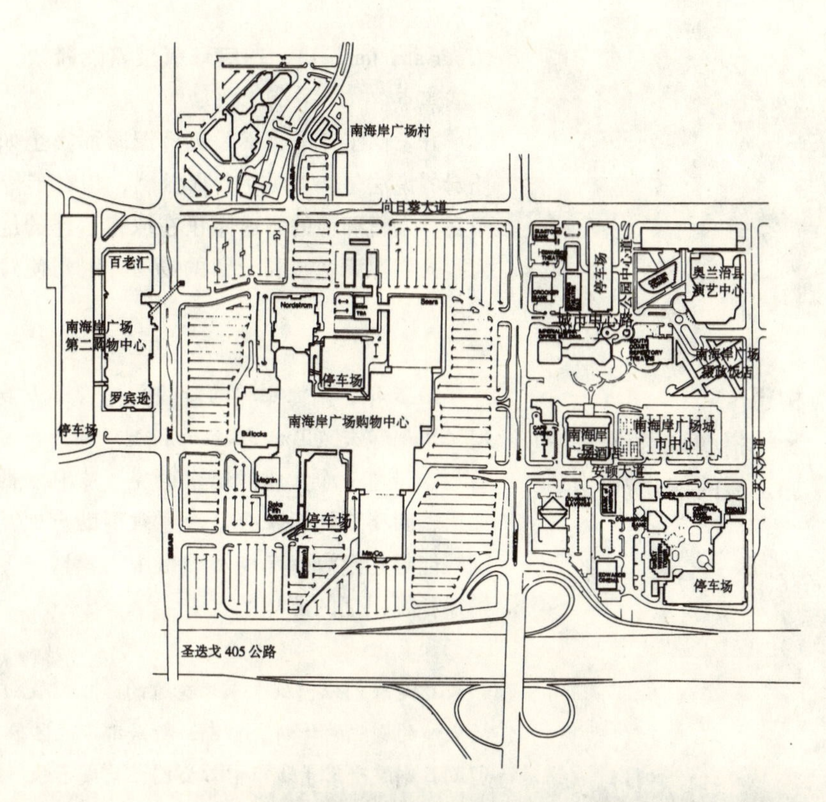

上图：南海岸广场和城市中心场地规划

下图：南海岸地铁邻接圣迭戈、科斯塔梅萨和加登格罗夫高速公路。科斯塔梅萨市位于南海岸区的东方

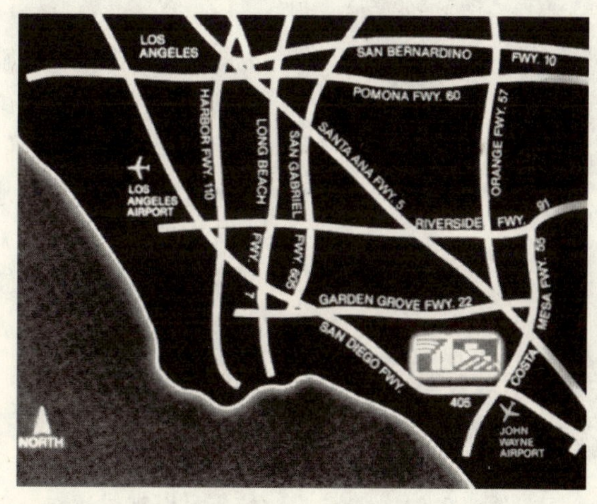

一座 6.1m 高、7 吨重的雕塑，刷上了明亮的黄色。《公羊》(The Ram) 被放置于城市中心公园和帝国银行大厦之间。第二件大型艺术作品是吉姆·杭丁顿的《夜班》(Night Shift)，一座尺寸为 3.05m×2.74m 的雕塑，以马鲛白花岗石用不锈钢板切开制成，安放在帝国银行大厦和威斯汀酒店之间。一件亚历山大·考尔德的活动雕塑《北京》(Pekin)，在城市中心的办公楼中安了家，让·杜布菲（(Jean Dubuffet) 的《双腿之旅》

(Tour aux Jambes)，一座环氧聚氨酯雕塑，成为另一栋建筑大厅的焦点。

开发商工作的目标是创建温暖而宾至如归的环境。西格斯托姆的说法是，“现在，很显然，相对于传统的汽车统治地位而言，人行环境的舒适感正在取得这样的优先权。城市中心成为了人们愿意散步和逗留的场所。雕塑使建筑有着教化人性的作用。”

构想

土地捐赠成为艺术设施发展的催化剂

1975年，南海岸轮演剧院受托管理人委员会的两位成员汤姆·培根包夫（Tom Peckenpaugh）和赫布·肯德尔（Herb Kendall），带着一个大胆的请求会见了亨利·西格斯托姆。他们想知道，西格斯托姆家族是否愿意捐助土地，为的是南海岸轮演剧院能够在南海岸广场和城市中心建造一座新的剧院？正如西格斯托姆回忆的那样：

> 这是我们以前从来未考虑过的，我们最初也不曾有在此建造现场表演的剧院的计划。首先，新兴都市地区很少有现场剧院，将保留剧目剧院坐落于城市中心公园，就成了独一无二的良机。

因为南海岸轮演剧院很成功，而且具备广泛的社区支持的基础，西格斯托姆将该请求带回了家族，在家族中他们将集体来作出此类决定。他们投票决定，将城市中心公园里那片因为堆土过多被孤立的土地，捐献给南海岸轮演剧院。西格斯托姆家族还提供了停车设施，而且许诺资助现金5万美元——启动新建筑的规划。该家族的捐助成为了新剧院建筑活动的催化剂。资金筹集可行性研究表明，或许可以筹集到150万美元来建造剧院。

在第一个概念中，南海岸轮演剧院计划建一个350个座位的剧院，耗费资金约100万美元。进一步的规划认为，350座位不足以支付运作剧院的花费。剧院听从了国家艺术基金会的一项推荐计划，决定设计并建造一个507个座位的演出场所，以及一个略小的161个座位的实验剧院。

在这些早期的规划研究中，新的董事会成员由施工、开发和技术专家组成，同时，一个募款委员会也以全县为主筹集捐款，奥兰治县由其预备金中拨出25万美元，科斯塔梅萨市也拨款25万美元。拉德（Ladd）公司选择凯尔西（Kelsey）和伍达德（Woodard）为建筑师。

城市中心花园，望过小山丘，南海岸广场在右边。吉姆·杭丁顿的雕塑《夜班》，坐落于突出位置

新剧院的两座礼堂将提供面积总计达到 2601m^2。大礼堂（507 个座位）以经过改造的伸展舞台，舞台天桥和布景建造设施，藏衣室和化妆室，演员休息室及行政办公室为特色。第二座礼堂为 161 个座位，将提供三面由座位环绕的舞台。

随着剧院设计方案的成熟，委员会增加了资金筹集的目标，其数字达到了 350 万美元——一个完全超越当前奥兰治县所有艺术团体所能够筹集到的数字。然而，该活动证明是成功的，因为到 1978 年 11 月，南海岸轮演剧院开业了。

南海岸轮演剧院有助于使人们认识到，该广场不仅仅是购物和工作场所。员工们不需要在下午 5 时赶往高速公路，他们在此发现了在傍晚留下的理由——生动的、高质量的戏剧。饭店开始在晚上为剧院顾客和酒店客人服务。同时，C·J·西格斯托姆及桑斯公司继续扩展购物中心，纳入了高品位的零售店和另外一座 18580m^2 的精品店。专卖店包括萨克斯（Saks）第五大道，诺顿和爱玛格耐公司。穿过城市边界向北进入圣安娜，西格斯托姆家族于 1973 年在此开办了一家 14864m^2 的特色主题中心——南海岸广场村。

1972～1982 年间，157930m^2 的商业办公空间在南海岸广场城市中心建起，意味着仅仅办公楼上估计就有 1.4 亿美元投资。一些新办公空间是和美国保诚人寿保险公司合资建造的。因为

城市中心的都市感觉而来的租户，包括了全国性会计公司的分公司及几家著名的法律事务公司。为了适应这种快速发展，城市中心的几座较小建筑，虽然还不到十年历史，却也被拆除了。将文化设施、零售和商业发展以及惹人注目的雕塑和景观相结合，确立了南海岸广场作为该县首要专业办公中心的地位。

在1979年早期，在数年为一家全国性演出艺术中心未果之后，吉姆·中松（Jim Nagamatsu）和伊莱恩·雷德菲尔德（Elaine Redfield）——奥兰治县表演艺术中心董事会主席和总裁——要求西格斯托姆家族考虑一笔捐助：位于城市中心边缘一块一流的、面积为$2hm^2$的土地。亨利·西格斯托姆回忆了家族的回应：

> 我们家族住在这个社区已经将近90年了。该要求为我们展现了一个机遇，进行一次价值永恒的捐助，将代表我们家族数代人，而且对奥兰治县未来意义重大。它将对联合文化团体起显著作用，确立其在都市地区中心焦点的地位，使之成为吸引人的“大众场所。”

因此该家族同意了。另外，意识到大笔现金捐助对于启动南海岸轮演剧院资金筹集活动的巨大影响，西格斯托姆家族向建设基金捐助了100万美元。

西格斯托姆家族相信，艺术中心和为此建造而进行的资金筹集活动，将联合奥兰治县不同地区、社会和企业力量；永远推进该地区的慈善事业；以及帮助艺术——和南海岸轮演剧院——在全县意识中确立一种突出的地位。

合作
开发商、“娱乐企业家”和艺术家为艺术发展创造空间

在为南海岸轮演剧院筹集资金的过程中，在需要建设资金的时候，捐款许诺并不总是以物质的形式进行的。在建设过程中，利息率也上涨了，支付建设费用的短期借贷总计达到了80万美元，并最终超过了筹集的350万美元。贷款最终于1984年收回。南海岸轮演剧院资金筹集者相信，他们应该将眼光定得更高，为剧院筹集400万美元，以避免额外的负担。还有，普通职员和董事会成员都无法预料，经营507个座位的剧院比当前的南海岸轮演剧院的190个座位的要多花多少钱。回顾过去，他们作出了在筹款开始阶段就应该纳入捐赠基金的决定。那些许多此类的资金筹集人，后来被《洛杉矶时报》称之为“娱乐企业家”，在他们再次得到筹集艺术资金的机会时，记起了这

两点教训。

表演艺术中心董事会委任一家洛杉矶开发咨询公司——加理·W·菲利普斯合作公司——研究奥兰治县表演艺术中心的需要、概念设计、预计成本和资金筹集的潜在可能。菲利普思的主要研究发现是：

需要：在奥兰治县没有在规模、声学品质、演出设施和途径的剧院，以举行国际大型艺术家和公司的演出。此类设施的缺乏，还成为了当地演出艺术机构发展和提升的最大约束。

吸引艺术大师：该中心将通过提供扩大其在美国西部观众数量的机遇，吸引全国和国际性的艺术家和演出公司。

一座有两座剧院的综合体：一座设施——一座拥有一个大约3000座位的主剧院和一个大约1000个座位的二级剧院——将最好地满足观众和演出团体的大量需要。

场地：该场地对于整个县的居民来说，处于地理中心，可从主要的高速公路到达。而且，因为邻近的高档餐馆、购物中心、酒店和南海岸轮演剧院，其品质得到了提升。

资金筹集潜力：在早期抽样调查300多名潜在的大赞助商过程中，75%的人认为，该项目应该进行，而且进一步指出，他们会为此捐助。

票房支持：文化兴趣和人口将足以为该中心提供必要的观众。

经济刺激：除了直接和间接地创造达2500个新就业机会外，该中心产生的地税每年达15万美元，每年为当地经济注入达200万美元。

教育价值：该中心的规划将有助于刺激全国课堂中的表演艺术方面，将给所有年龄段的人们提供享受艺术的机会。

社区自豪感：该花费数百万美元的项目，是奥兰治县有史以来有过的最大自愿性成果，将联合所有的26个社区朝着同一目标努力，创造新的自愿捐助主义精神，并在该县产生更大的自豪感。

资金筹集活动的原目标是4000万美元，此目标是建立在初步建筑构思的基础上、比较每个座位的成本计算出来的。后来数字上升到了6550万美元。所以，另外又进行了一场资金筹集活动，其目标是2000万美元。

一批著名的商人和市民领袖加入了艺术中心亨利·西格斯

南海岸轮演剧院容纳了两座剧院、彩排大厅、演出服装保存设施、化妆间、布景及服装商店，以及行政办公室

托姆出任主席的受托管理人队伍。他们提出了几条指导方针，人们建议该团体，应该在受托管理人内部、于6个月内筹集1000万美元。他们最终筹集了1200万美元，因为西格斯托姆家族额外捐助了500万美元，另外，200万来自弗卢尔基金会（Fluor Foundation），200万来自詹姆斯·本特利（James Bentley）先生和夫人，100万来自詹姆斯·K·中松，100万来自霍格基金会（Hoag Foundation），还有两笔分别为50万美元的匿名捐款。

随着这些大笔经济捐助及其坚强领导，董事会决定既不恳求也不接受公共基金，而是完全通过私人基金和捐助来筹集资金和捐助资金。《综艺》（Variety）杂志将这种行为称作"异乎寻常的"，但是董事会发现这是一种重要的刺激因素，可吸引到大笔捐助。根据西格斯托姆的说法是：

> 人们说"那是一种极好的方式。他们将不使用税金，而是捐助10万美元。我们将捐助30万美元。"我想每个人都感觉，假如我们将及时地、以自己希望的方式达成我们的目标的话，我们必须独立。

在奥兰治县，自力更生和个人主义依然是引以自豪的传统，资金筹集人得到了迅速响应。大笔新捐助包括来自欧文基金会的300万美元，来自哈里·C·斯蒂尔（Harry C. Steele）基金会的300万美元，时报—镜报基金会的100万美元和《自由新闻报》（Freedom Newspapers）的75万美元。

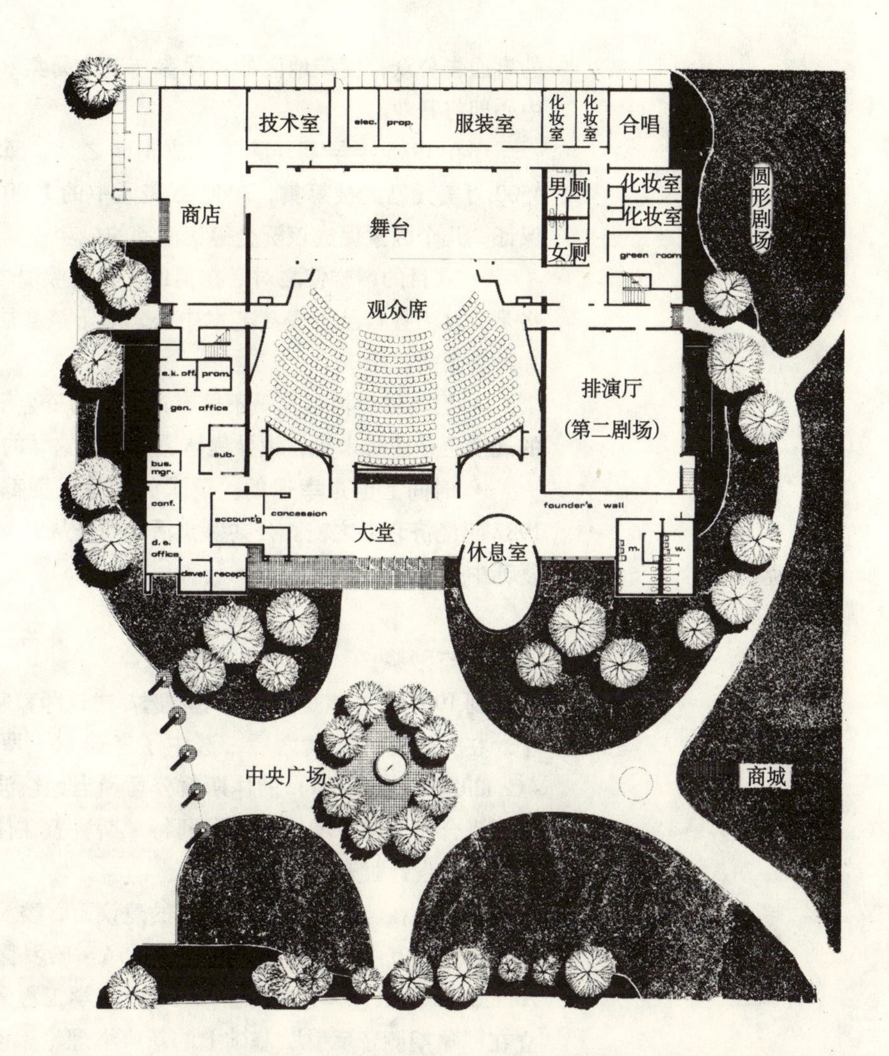

该规划显示了南海岸轮演剧院的内部设计，以及两座剧院外用于暑期儿童制作

此策略并不意味着当地政府没有参与其中。科斯塔梅萨政府在四个方面提供了帮助：

1）它批准了免税公债，为一座服务该中心的停车设施融资。

2）它参与了一条大街的重新选址，以使该中心富于强烈的视觉特征。

3）它放弃了本应加在规划和建造成本上的建筑费用。

4）它允许从为南海岸广场市中心授权的总面积中免除该中心的面积。

同时，一旦有更大数额的私人捐助，就会接触另外的社区领导，以获取5万美元或更大数额的捐助。接着，委员会组织了一个全区性的活动，使用了300名志愿者以请求全县的2000名潜在捐助人。最终，在1986年春天策划了一个公共活动，时间就在艺术中心开业前不久。这次活动将动用媒体以将该中心的事通告公众，使该地区的市民参与基金筹集和使市民关注该中心即将开业。

还在1985年早期，除了地皮捐赠之外，6550万美元中的4500万美元已经被筹集，2000万美元中的1700万捐赠也有了保证。几个因素促成该资金筹集活动的成功：

- 项目的声誉使之对潜在捐助人具有吸引力。事实是，这将是奥兰治县自己的表演艺术中心，对于该县居民来说，这是一种自豪的源泉。

- 因为奥兰治县几乎不曾有过大型的资金筹集活动，这样的规模更是前所未有，领导集体愿意接受这样的挑战。

- 时间上也是幸运的。请求的大笔捐助都发生在1981～1982年经济衰退之前。公共筹集活动则是从1984～1985年经济复苏中受益。

砖与砂浆

到1981年，该是为艺术中心选择建筑师和雇佣职员的时候了。在大规模的搜索之后，选中了考迪尔·罗利特·斯科特（Caudill Rowlett Scott）的休斯敦公司和当地纽波特海滩市的布卢罗克合作公司。考迪尔·罗利特·斯科敦在休斯敦和路易斯维尔都曾设计过表演艺术中心。

同时，在经验丰富专业人士的建议下，委员会聘请了声学设计小组，其中包括新西兰奥克兰的A·哈罗德·马歇尔（A. Harold Marshall）。马歇尔是一位专业声学工程人士，发明了建立在“早期侧音反射”基础上的新声学理论。该中心的主厅就是按照他的计划书设计的。

在1981年3月，委员会在其不断壮大的专家组中增加了一位执行董事——莱恩·贝德索（Len Bedsow）。贝德索曾经担任了洛杉矶城市之光剧院总经理17年。他们不得不劝说他放弃提前退休的计划，他告诉《洛杉矶时报》说：

> 我对这些人说，“你们为什么要这样做？你们为什么要建这样一座庞然大物？你们根本不知道自己会陷入什么样的困境。”“哦，为什么？”希望听到，“我们的目的是提升该社区的文化层次”那样的回答。那将会结束整个讨论。但是他们的回答是，“我们想要在此拥有一座世界级品质的设施，将可以使我们——在此社区——观看我们期望的演出。我们不需要开车赶100英里的来回旅行到洛杉矶音乐中心。”我说，“这就是建

造它的原因之一。”现在，它自然带来社区的提升。但是，筹集所有这些钱和进行这一切工作的原因，就是他们想使这里拥有世界级的、能够吸引人的事物。

因此，到1981年底，他们召集了一个精通资金筹集和建造建筑的顾问小组，一个建筑小组在声学家、剧院主管和顾问协助下也投入了工作。规划最终被敲定，资金筹集还在继续，在1983年夏天，奥兰治县表演艺术中心破土动工了。

野口勇的空间

1980年，横跨安东大道、南海岸轮演剧院南和艺术中心的未来地点，C·J·西格斯托姆联合了保诚保险公司，开始建造双子办公塔楼。两座24730m^2的建筑将搭配有L形的、位于地面上的停车建筑。在一个0.64hm^2的空间里，西格斯托姆希望在这些建筑的环绕包围中形成一座公园：

我想，它应该具有一些元素。它应该是优美的大众场所。它应该具有一定量的绿地和景观。它应该具有大量的供人们就座的座椅，而且它应该是一种有魅力的开发，将吸引不仅仅是附近的人们，还有很远地方的人们。

因为脑海中拥有这些想法，艺术家野口勇的作品吸引了开发商的注意。他会见了野口勇，并且与之讨论了停车建筑和两座办公楼之间的空间。最初，野口勇对该项目并不感兴趣，但是西格斯托姆坚持与之合作。

数月之后，野口勇来到了科斯塔梅萨，观看了该区域，并决定为该开放空间创造一件设计作品。四个月后，野口勇回来了，并带来了一件用于花园的作品模型。西格斯托姆回忆道：

他带来了一个小手提箱和一块大小为610mm×610mm的板。对于花园的每一种元素，他都有几件小设计模型。他将所有的一切拼在一起，然后说道，“现在，它抽象代表了加利福尼亚州的地质和地理。”接着他描述了那些形状是如何共同发挥作用的。我非常喜欢。我告诉他，“我想它相当完美。”他非常高兴。我感觉这是一个巨大的成就，野口勇将在此创造一座示范公园，因为这是他出生的州第一次委派给他的任务。他在印第安那和纽约接受教育，在巴黎和布朗库西一起研究，设计了联合国教科文组织花园。他在世界各地工作，但从未在加利福尼亚工作，所有这对他很重要。

除了花园设计之外，野口勇还为《加州剧本》（California Scenario）创作了一座雕塑，《加州剧本》正是这座花园的名称。最初该作品被取名为“生活的源泉”。它是在日本的高松创作的，使用的是经过分解的花岗岩卵石。在雕塑公园在建造之时，野口勇将这座雕塑的名称改作《青豆的精神》（The Spirit of the Lima Bean）。西格斯托姆解释说：

最初，我认为他在取笑我，当然，因为我们家族曾经在这片土地上种植青豆超过50年。结果是，这是对这片土地及其用途的赏识。我想，他改变雕塑的名字，是出于我们的友谊和我们之间的工作能力。

南海岸广场

项目数据		
自然结构		
部分——收入生成	于1984年完工	扩建部分（1987年）
办公	157930m²	204380m²
零售	172794m²	250830m²
酒店	34838m²	69025m²
电影院（两处）	4377m²	
部分——艺术/文化/开放空间		
南海岸轮演剧院		
主舞台	507个座位	
第二舞台	161个座位	
奥兰治县表演艺术中心		
主剧院		3000个座位
小剧院		1000个座位
黑盒子剧院		300个座位
野口勇雕塑园	0.64hm²	
城市中心花园	1.20hm²	
其他		
停车位	6432个	
面积	80hm²	
总建筑面积	403153m²	467718m²
容积率（FAR）	61	65
方位	科斯塔梅萨，加利福尼亚	
总开发商	C·J·西格斯托姆及桑斯公司	
开发期限	1967~1987年	
估计总开发成本	超过4亿美元（除土地成本外）	

野口勇的雕塑园，《加州剧本》，位于南海岸城市中心，特征为代表该州环境的六个主要元素。其中三个得到展示：左最前端的是《沙漠土地》；后面是《水之源》；右最前端是《土之用》

野口勇的《加州剧本》包括《青豆的精神》。用日本花岗石制成，该雕塑用以纪念南海岸广场和城市中心地区的以前的农田功能

出处：罗恩·赫默（Ron Hummer）

该花园的两个喷泉、野花、树林和沙漠植被、雕塑、曲折的小溪以及长凳，都是用天然材料装配而成的——花岗石、砂石和当地植物。在“加州剧本”两侧，办公楼大厅面朝公园。在其他两侧，高大结实的墙面围绕着停车楼。这些墙涂以灰浆，

以反射加利福尼亚白天的阳光以及夜晚的月光和经过反射的人工光线。

项目数据：奥兰治县表演艺术中心

位置	科斯塔梅萨，加利福尼亚	
计划开业	3000个座位的主剧院于1986年10月；1000个座位的剧院于一年后	
建筑师	休斯敦的考迪尔·罗利特·斯科特 加利福尼亚，纽波特海滩，布卢罗克合作公司	
顾问	剧院——约翰·冯·斯泽里斯基（John von Szeliski）；莱恩·贝德叟 音响效果——保莱蒂暨里维兹合作公司；杰拉尔德·R·海德（Jerald R. Hyde）；A·哈罗德·马歇尔 结构工程——马丁·特朗巴格（Martin Tranbarger） 机械工程——纳克暨森德兰公司 电力工程——弗雷德里克·布朗合作公司	
承包商	C·L·佩克公司	
建筑成本	6550万美元	
总面积	$23225m^2$	
内部区域分解		
主剧院	格架高度	33.53m，90根装备线可利用
	前舞台高度	9.14m，可调至12.80m
	前舞台宽度	15.85m，可调至20.73m
	从台口舞台高度	19.81m
	舞台宽度	39.32m
	乐队席（台口至后墙）	最深部分35.05m（不对称结构）
	最大乐队席高度	舞台下至舞台平面4.57m
	最大乐队席宽度	19.81m
	化妆间	5间明星化妆间，5间双人化妆间，5间集体化妆间
	乐队池	2个乐队池：一个容纳35人，另一容纳达120人
	座位	3000个；楼下1260个；第一排660个；第一排楼480个；第二排楼600个；不对称结构
小剧院	座位	1000个：楼下：600个；底层楼厅400个
黑盒子剧院	座位	非固定达300个；活动安排
外部特征	剧院前端特征为拱形大门。抵达花园可以使行人和有生理缺陷者轻而易举地从街道层到达广场层。大门下方下降区有乘客使用的便捷环形扶梯。室内——室外大厅使得顾客可以步入每层外部看台。	
内部特征	主剧院：两个乐队池在电梯上，高度等同于舞台层，实际上将交响乐舞台扩展到礼堂内。交响乐骨架分解为储藏室。四个技术办公室，两个访问公司办公室，两间大型的音乐家更衣室。 主乐队室（是黑盒子剧院的两倍）比台上的演出区更大，加上3个较小乐队室，每间约$130m^2$，都装配有安装垫子的跳舞地板和镜子。	

事实证明，创作《加州剧本》的经历对于野口勇来说是难以忘怀的。它受益于和一位理解其艺术眼光的赞助人间积极的、富有成效的合作关系。在 1984 年 11 月给城市中心一位建筑师的一封信中，野口勇描述了这种合作方式：

一切开始于一个建议，即我可以为长满树木的区域设计些什么，比如喷泉。这里，尘土快要布满了面朝两座玻璃办公楼的车库墙壁。

亨利·西格斯托姆继续将该地区转变成现在的模样，证明他对我提出的完全不同的事物立刻作出了反应：对于加利福尼亚干净空气中的一处立体场所，而非地面。车库墙壁展现出的美。很大比例的雕塑带来价值和意义。《青豆的精神》给该场所历史、其以前用途、时空感带来延续性。水流引导我们从一种意识走向另一种，从《水之源》走向《水之用》。《喷泉》变成了能量。红木树林成为了雕塑。记忆感知着《土之用》，一段生活，一个造就美国的见证。

规划

市中心商业、艺术及开放空间补充广场零售业

南海岸广场购物中心和南海岸广场村互相横穿街道，已经成为了重要的零售中心，从清早到黄昏购物者络绎不绝。附近城市中心的特征是其 26hm² 土地上的与众不同的用途。《加州剧本》提供了一处由两座办公大楼和停车建筑封闭起来的沉思空间。城市中心花园是在工作日中从一处会议赶往另一处会议途中可不期而遇的花园场所。

南海岸轮演剧院坐落于公园的边缘，而表演艺术中心建在横跨剧院的艺术大道附近。在艺术中心隔壁，于艺术大道尽头，将是一座规划完毕的 340 间客房的豪华酒店，南海岸里真特（Regent）广场，由贝聿铭（I. M. Pei）设计。在艺术中心另一侧正隐约呈现一座 21 层、24526m² 的办公楼——中心大厦——该县目前为止最大、最高的办公大厦。中心大厦由考迪尔·罗利特·斯科特设计，后者还是该艺术中心的设计公司。两座大楼在外观和用途方面都得到了很好的协调，为的是两座建筑间的人员流通能够顺利进行。除了分享附近的一座 1200 车位的停车场外，两座建筑还将分享同一座雕塑园，后者是由彼得·沃克设计的。

停车楼由私人拥有的合作伙伴——中心大厦合作公司建造。因此艺术中心没有被要求在停车楼上投资。科斯塔梅萨市同意，

项目数据：南海岸艺术构成部分

项目	南海岸轮演剧院
位置	加利福尼亚，科斯塔梅萨
完成时间	（主舞台）1978年11月 （第二舞台）1979年11月
建筑师	加利福尼亚，纽波特海滩市，伍达德（Woodard），凯尔西（Kelsey），拉德之斯图尔德·伍达德（Steward Woodard of Ladd）
承包商	C·L·佩克公司
建筑成本	350万美元
总面积	$2601m^2$
内部区域分解	
主礼堂	
	507个座位
	带舞台天桥的伸展舞台
	布景建造设施，藏衣室和化妆室，影院休息室及行政办公室等设施
第二舞台礼堂	
	161个座位
	三面被座位环绕的平台舞台
外部特征	一座天然圆形露天剧场，用于儿童夏季的戏剧制作
项目	拉古那艺术店面博物馆（Laguna Museum of Art Storefront Museum）
地理位置	加利福尼亚，科斯塔梅萨，南海岸广场
完成时间	1984年11月
建筑师	内部由帕多克及弗莱尔建筑师公司设计
承包商	商店内部装饰由伊奎东公司实施（Equidon Company）
建筑成本	装饰工作按成本捐助；建筑服务捐助；免除一年租金
总面积	$279m^2$
内部区域分解	$167m^2$ 展览场所（两座画廊） $111m^2$ 接待、书店、办公、洗手间
外部特征	博物馆坐落于南海岸广场零售中心地面层
项目	加州剧本
地理位置	加利福尼亚，科斯塔梅萨
完成时间	1982年
雕塑师	野口勇
建筑成本	将近100万美元
总面积	$0.64hm^2$
特征	《加州剧本》由代表该州环境的六个主要元素组成，该艺术家创作的一件雕塑，《青豆的精神》代表了该片土地被用于青豆田开垦的50年。 加利福尼亚地区抽象派艺术作品包括： 1）《森林漫步》，特征为巨大红杉树，马蹄形小径，野花和当地青草 2）《能源喷泉》，结合了花岗石、不锈钢圆锥和水 3）《土之用》，使用了2.44m忍冬堆，作为矩形花岗石模型的基台 4）《水之源》，一个砂岩三角形作为溪水的源泉，后者流经雕塑园 5）《沙漠土地》，特征是覆盖有沙漠植物的对称小丘 6）《水之用》，一个矩形花岗石模型，在小溪流经《加州剧本》的尽头

免税公债可为该建筑提供资金，条件是能够找到私人公债担保人。C·J·西格斯托姆及桑斯公司提供了该经济担保。该车库将在白天由中心大厦的所有者使用，在夜晚由艺术中心顾客使用。所有使用者将捐款以支付该建筑的建设费用。

中心大厦和停车楼将于1985年7月完工。艺术中心本身计划于1986年10月开业；其董事会相信，该地区将于它开业前顺利入住和发挥用途。新酒店计划于1987年4月开业。

在城市中心车道中央，于南海岸轮演剧院和艺术中心之间，将是一座开放式广场。C·J·西格斯托姆及桑斯公司预期为该区创立一项联合管理和评估计划，而且它正在考查达拉斯艺术区、洛杉矶的邦克希尔和塔尔萨中人行体系的原型，在这些地区都有两条主要街道被隔离开来，然后形成了购物中心。该开放正在研究上述原型以决定如何最好地：

- 修订和完善先行权的改进；
- 整合街道环境功能，创建一个共享的广场区域；
- 为共同管理和维护广场区做好准备；
- 管理和维护费用在各方面的分配。

在艺术中心内部，顾客将发现最新水平设计的剧院。该设施将容纳3000个座位的多功能厅，适合上演完全规模的戏剧、芭蕾、交响乐和音乐制作。它将拥有一个可调整的前舞台拱门，其不对称设计将提供接近完美的音响效果。第二座1000个座位的剧院，将可通过关闭400个座位中层楼减至600个座位。一座“黑箱”彩排大厅——比洛杉矶音乐中心彩排场所大30%——也将予以提供。此场所也可用作300个座位的剧院，或者电视工作室。那座1000个座位的剧院计划于主大厅完工约18个月后开业；它将被奥兰治县当地将近250家演出艺术机构使用。

当前状态

艺术提升都市中心品位

南海岸轮演剧院名列奥兰治县表演艺术机构中，上座率最高的剧院。每季它吸引15万~16万名观众，平均上座率为92%。80%的主舞台和实验性舞台门票销售都是季票预定(17929主舞台预定量；4255第二舞台预定量)。据报道，上座支持是该县南部和沿海社区最强有力的，反映了南海岸轮演剧院的根基，但是其演出吸引了该县各地区的顾客，还有的来自洛杉矶、里弗赛德、圣伯那地诺市、圣迭戈各县。其预算当前为340万美元，73%通过赚取的收入来支付，27%通过捐赠。

该剧院享有全国性新戏剧论坛的声誉，因为它经常委托制作新戏剧。在1969年，它开始了“鲜活剧院计划”（现在则是

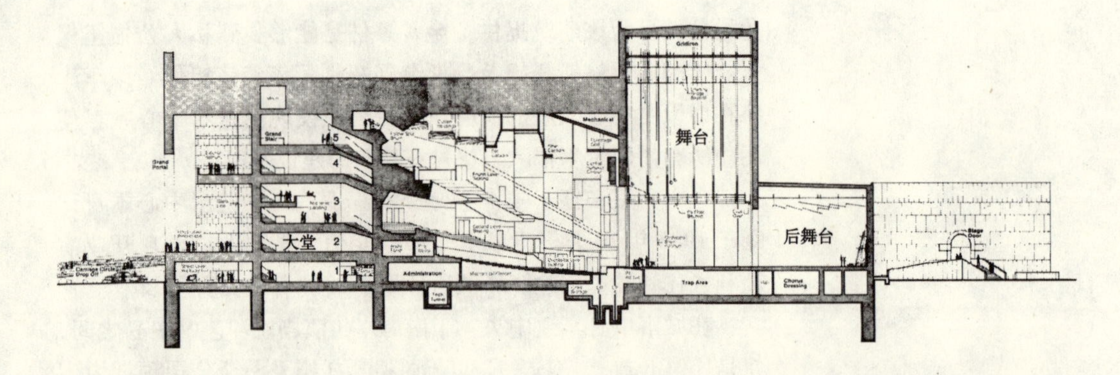

奥兰治县表演艺术中心区，显示了3000座的主剧院和舞台，后舞台区和5个大厅

“剧院发现计划”），在此计划中，初级和高级中学的学生们在课堂中学习剧本，然后观看演出，及和南海岸轮演剧院的艺术家们在演出后进行讨论。该剧院的教育巡回计划，成为了加利福尼亚南部最重要的儿童戏剧演出者，每年向超过7万名年轻人演出230场次。最终，南海岸轮演剧院表演音乐学校为孩子和成人提供了培训计划。

南海岸轮演剧院和南海岸广场的邻居们保持着合作关系。在1983年，几位演员和布景设计师和南海岸广场的营销人员合作，于圣诞节在南海岸广场购物中心上演了《圣诞老人其人其事》（Santasfaction）。其灯光人员为当地饭店设计了新的户外照明。作为回报，南海岸广场地勤人员搬来笨重的设备，以构筑一个南海岸轮演剧院用于儿童演出的户外天然圆形戏院。

南海岸轮演剧院主管大卫·埃米斯（David Emmes）说道：

里真特酒店（Regent Hotel），贝聿铭设计，将于奥兰治县表演艺术中心（左侧）和保留剧目剧院（右侧）间的南海岸城市中心建造。中央的开放广场可成为这两个文化机构的演出区

南海岸广场拉古那艺术店面博物馆沿街位置入口

我们和南海岸广场之间拥有的是一种奇妙的关系。我们提升了城市中心地区的作用。我们为晚间设施吸引来人们，而且继续成为使得该地区令人向往的因素之一。而我们从南海岸广场获得的是经济支持，营销帮助和领导。

艺术中心计划

奥兰治县表演艺术中心已经在为开始于1986年秋季的3000个座位的大厅计划一个世界级的首季演出。计划需要25%的乐队演奏，25%的戏剧和芭蕾以及50%的歌舞剧。正在进行的谈判对象包括洛杉矶爱乐乐团以及包括钢琴家安德烈·瓦茨（Andre Watts）和小提琴家伊扎克·帕尔曼（Itzhak Perlman）和艾萨克·斯特恩（Isaac Stern）在内的独奏家。该中心希望约翰·威廉姆斯将谱一首新曲，由奥兰治县大师合唱团或者太平洋合唱团和洛杉矶爱乐乐团演出。它希望预定一些全国知名的演出团体，如美国芭蕾舞剧院和纽约城市戏剧以及国际艺术家。

该中心高级官员们预计，他们的主礼堂第一年仅仅只有50%的时间可提供演出，但是可在3~5年内全负荷运作。在1984年票价计划从芭蕾舞的每张30美元，到音乐剧和管弦乐会的35美元，到戏剧的40美元。

当这1000座的剧院开业时，人们预料其吸引人处之一便是南海岸保留剧目。该公司因为每年演出《圣诞赞美诗》而发展起来的观众潜力远远超过了其主舞台的507个座位，因此它期望使用横穿街道的剧院来进行那场表演。

沿街博物馆

催化效应已经在发生了。在1984年夏季，C·J·西格斯托姆及桑斯公司了解到，拉古那艺术沿街博物馆正在停业扩建其设施，西格斯托姆公司提出在南海岸广场免费提供展览场所一年。该博物馆找到了一家愿意免费服务的建筑公司和承包公司，于1984年11月，它的279m^{2}的沿街博物馆开业了，展出了传统和当代的被褥。该场所还在广场的拓展之外纳入了一家博物馆商店。

博物馆最初只是将新地点看作是暂时的措施，但是现在职员们在重新考虑该决定。副主管南希·卡尔森（Nancy Carlson）说道：

一座办公楼——中心塔楼坐落于左侧，而奥兰治县表演艺术中心则位于右侧，停车建筑则在背景处。前端的白色建筑是南海岸轮演剧院，于1978年竣工

我们现在认识到了购物中心地点对于我们博物馆计划长期和短期利益。该场地在一个高品质购物中心提供了极好的方位。它提供了另外的场所展示我们的永久收藏品。它将催化艺术空间和商业空间的结合，提供了无与伦比的合适场所，给特地前来和偶尔路过的人们带来新的艺术体验。

沿街位置资金当前通过常规的博物馆运作资金来提供。然而，职员们计划寻找新的资金来源，为的是沿街博物馆能够在1985年秋季后在南海岸广场延续下去。

南海岸地铁

只有时间能够展示南海岸广场和城市中心多方面的艺术存在对周边城市区域造成的全部影响。一个被称之为南海岸地铁的地区性投资财团，正在一系列的项目上合作，后者将进一步促进奥兰治县的城市化。

地铁财团包含的开发商如C·J·西格斯托姆及桑斯公司，崔梅尔克罗公司，泛太平洋开发公司，加利福尼亚太平洋地产公司，阿内尔以及美国保诚保险公司。该财团正在首次开发的$9km^2$土地，与科斯塔梅萨高速公路、麦克阿瑟大道、圣安娜河和圣迭戈高速公路接界。该地区当前包含了$343730m^2$的办公场

上图：当于 1985 年完工时，奥兰治县表演艺术中心的特征是室外平台和一个 36.58m 的红色花岗石地面的入口

下图：有 3000 个座位的奥兰治县表演艺术中心内部模型，显示了由声学家发明的非对称座位安排

所，139350m^2 高科技工业，232250m^2 零售业，690 间酒店客房和 5042 个住房单元。因此，这意味着南海岸地铁地产开发将超过 20 亿美元。

该财团希望将南海岸定义为奥兰治县的都市中心。当然，南海岸轮演剧院，野口勇的《加州剧本》，和将近完成的艺术中心，使得南海岸地铁在文化方面实质性地领先了其他开发。它们一起代表了一种大胆的尝试，以观察艺术创造是否能够在市郊地区塑造真正的闹市区。

从1975年以来，奥兰治县和科斯塔梅萨经历了一些重大转变。制造业、农业的蓝领工作已经被专业的公司、地产开发和高科技工厂挤出历史舞台。该县已经快速向城市生活方式迈进——此过程在美国其他地区往往要经过几代人才可以完成。

几个因素使得此次转变相对容易：

- 市政府认识到工作、金融和社会利益来自和私人地产开发商的合作，后者已经开发了数百万美元的办公楼、零售场所和酒店建筑。
- 该县商业和慈善事业领袖已经认识到支持文化机构的重要性，已经为资金筹集活动提供了特别贡献。
- 公共、私人和艺术部门领导已经展示出了快速、自信行动的能力，以至于机遇不会因规划和资金筹集而延误。

这种持续创建富于便民设施的努力，看来很可能会成功，因为它和居民和商业社区，甚至该县公共官员所讲的目标一致。马克·巴尔德萨利尔（Mark Baldessarie），加利福尼亚大学欧文校区社会生态学副教授，以如下方式描述了该县和南海岸地区的转变：

> 在奥兰治县早期阶段……一系列的小城镇发展成为城市。今天，没有一座城市能支配景观，我认为在新兴大都市形式中确实如此。
>
> 一些老城市的市中心代表了一种过时的形式，但是确实仍存在商业、零售和文化活动中心的需求。“南海岸地铁”代表了奥兰治县一种此类大型活动中心，同时也是其他地区新形式城市开发的范例。

旧金山　耶尔巴布埃纳花园

案例研究7

项目简介

就在旧金山商业区的市场街的南部，耶尔巴布埃纳花园将连接联合广场的购物和酒店区，以及蒙哥马利大街的金融区——两者都在市场街的北部——和位于1984年会议中心旧址上的新马士孔尼会议中心。该项目将围绕3个城市街区——从市场街到福尔瑟姆，在第3和第4街之间——包含了欧洲风格的市场广场，一个拥有围绕艺术和文化中心喷泉的方形街区，一座位于地下会议中心屋顶上的Tivoli风格的娱乐公园。8.4hm^{2}中超过一半将是开放空间。该开发将耗费10亿美元，完工目标是1989年。

耶尔巴布埃纳花园是旧金山再开发机构项目，还是包括了奥林匹亚暨约克、马里奥特公司和威利斯集团及建筑师有限公司的合资小组项目。该项目计划于1985年破土动工。

在其朝向市场街的街区里，开发项目将包括一栋办公楼、根据市场比例出售的40套独立产权公寓、由地下通道和会议中心相连接的1500间客房的会议酒店，以及在市场广场周围开发的商店和饭店，其中具有代表性的是维多利亚时代圣帕特里克教堂和一座具备历史意义的电站，后者后来被改作农贸市场。劳思（Rouse）公司已经签署合约以开发和管理特色零售综合设施。

中心街区花园以拥有新栽种的树木和花草、露台、池塘、草坪和孩子玩耍场所为特色，将作为从市场广场到一座大喷泉之间的散步场所，大喷泉将在会议中心飘扬的旗帜背景下喷洒。花园的开放空间将可以举行各种各样的艺术表演和社区活动以及节日庆典。一个溜冰场、咖啡馆和商店将坐落于花园的西边。

合资企业将公共空间、文化项目和办公楼、住房以及零售结合在一起

艺术和文化中心位于中心街区的东侧，将给旧金山的艺术家和他们的观众一座博物馆品质的画廊和展览空间；一座用于演出戏剧、音乐和舞蹈的剧院；一座视频/电影剧院；一座适合开展许多特殊活动的多用途会场。该中心计划与旧金山令人震撼而精致的艺术社区合作，但介绍的节目和作品将代表小型机构和独立的艺术家，而非城市管弦乐队、戏剧、芭蕾，或者已经建立的艺术博物馆。

该项目开始于不确定的要求，在项目内部拨出土地用于不确定的文化用途，三年的规划过程产生了定义明确的规划概念，需要一系列的设施来支撑规划，需要资金筹集和管理模式以将规划付诸实施。来自艺术社区的超过200名代表，自愿在一系列社区会议、研讨会和特别小组中付出大量时间和工作，它们是再开发机构管理的规划工作的组成部分。

城市文脉
市场南部打上改造的标记

淘金热、地震后的重建、联合国的建立、两座世界级的大桥，一家有声誉的戏剧公司以及其他的巨大成就——赋予了旧金山与其规模（70.7万人）所不相称的国际地位，旧金山人称自己的城市为“无所不晓的城市”不无道理。它的缆车、发酵面包、种族和文化多样性、气候、海湾及大海景观以及其他自然和人文设施及习惯，雄辩地支援了声援者的说法，即旧金山是“每个人都喜欢的城市”。

由于三面环水，南面是一条县界限，该市在自然方面是无法扩张了。所以，从二战以来的经济飞速发展，在南部、北部和东部诸县中造成了巨大的人口增长。超过500万人居住在旧金山大都市区的海湾地区，使之成为美国第六大都市。对于该地所有人来说，旧金山就是“那座城市”。

市场街南部地区是该市第一个可以定居的邻里之一，尽管雅致的店铺和繁荣的金融大厦步行仅仅5分钟就可到达，它还是长久以来被认为是市场大街“错误”的一面。市场南部重建规划开始于1961年，当时城市和县监督委员资助了一项再开发机构研究，该研究证明该地区已经衰落。这项发现引起了通过征用以清理和整合许多片土地的举措。

于1966年为该地区制定的最初的再开发项目，被命名为耶尔巴布埃纳中心——恢复旧金山的早期名称——其界限从市场街东南延伸至哈里森、从第2街西南至第4街。邻近的34.8hm^{2}土地堆积许多衰败的两、三层房子和公寓，它们由各个种族的低收入人群和家庭居住着；破败的老酒店是退休单身人群（包括许多海员）和穷困潦倒人群的公寓、当铺、酒吧、贫民区慈善机构、衰败的商业和工业建筑。在大部分街区，家庭住宅拥挤在工厂、仓库和车库附近。狭窄的内部胡同和街道里行驶着大量的卡车，存在着交通拥堵和安全隐患。休闲和社区服务设施几乎完全缺乏，最近的绿地场所是南方公园，它是一片极小的开放区域，一条高速公路将其与邻近地区分割开来。仅有的具有建筑优点的大楼是神圣的红砖建造的圣帕特里克天主教堂，以及太平洋天然气与电力公司艺术风格的杰西大街分所，它已不再使用，但是却是保留的地标。

城市规划师们相信，清理该地区将根除不健康的生活条件，开发新的、有益的商业用途。1966年重建该地区的规划，得到了当地报刊和诸如旧金山规划和城市研究（SPUR）等城市团体的广泛支持，它们将其看作是把危险的贫民区改建成具有吸引力、可赢利商业区的积极举措。此项改造的花费最初计划为

790万美元，城市资助260万，联邦政府资助其余款项。

然而，该计划遭到了邻近居民、地产所有者、低成本家居提倡者和反开发活动者的激烈抵制。他们认为，即使该地区建筑已经年久失修，它们依然是有用的、负担得起的，而且是规模合适的；即使在此工作和生活的人是贫穷的，他们却是自重的，以其多样性和忍耐力来说，比拥挤在“曼哈顿化”闹市中的大桥、街道和高楼中的人们，是更具备典型意义的旧金山人。

艺术环境

多元文化促进了生动而丰富的艺术

旧金山获得国际大都市的声誉，不仅因为其在氛围上和欧洲城市相似，因为其处于太平洋贸易和旅游的大门，而且还因为其多元文化人口和活跃的艺术社区。

许多旧金山人相信，该城市的多种文化混合产生的艺术活动，比单一艺术社区的活动要丰富很多，旧金山对于多样性个人表达的热情，则激励了额外的创造性。旧金山艺术支持者们还相信，艺术有助于不同的人们互相交流，加强社区凝聚力和为共享的体验提供焦点。

该市已经建立的艺术机构——戏剧、管弦乐、艺术博物馆和最近的芭蕾舞和美国音乐学院剧院——已经从开始于20世纪60年代的小型草根团体的发展而趋于平衡。现在，旧金山拥有大大小小总共80家运作中的剧院；120家舞蹈机构和舞蹈指导机构，构成的舞蹈社区或许仅次于纽约；一个极其活跃的音乐场所；飞速发展的电影业；全国知名的视觉艺术家，诗人和作

节日广场，朝向圣帕特里克教堂。就在此后，坐落有奥林匹亚暨约克办公大楼

家；一系列画廊和相关艺术的机构。

1966 年，旧金山创立了“邻里艺术计划”，后者成为了全国类似项目的典范。该市为艺术家创立了第一个“综合聘用和培训法案”计划。旧金山基金会一项研究表明，该市的艺术事业到截至 1981 年 6 月的一年里，在六个县的旧金山海湾区消费了超过 8700 万美元，收入则稍稍超过花费，为 8778.5 万美元。

1983～1985 年，利用旧金山旅馆账单上 9.75% 的旅馆税，他们向 104 家非赢利文化团体捐款 360 万美元，将近 200 万捐献给了管弦乐、戏剧、芭蕾、博物馆和保留剧目剧院。小型机构受到的拨款从 2000 美元到 30000 美元不等，作为运作花费退款，如工资和场馆租金。

因此，旧金山市的艺术形势，尽管还是多样而繁荣，却在数百家小型机构间形成了一种激烈竞争的态势，以获取经济支持和足够的场所，用于演出和展览。在考虑到耶尔巴布埃纳中心的文化组成部分会满足艺术社区的需要、并且会给项目带来地位和活力时，再开发机构会见了该市场地充足的、有新建筑计划的或者不愿意搬迁的机构，除了努力寻找展示其作品的草根团体之外。

开端

市场分析推荐实施带有文化的多用途开发

在初期，耶尔巴布埃纳规划努力将其重点局限在邻近零售街区的市场大街，和其后从东南向霍华德街延伸的两个街区。同时，他们提出了一个构思，即这 3 个街区应该包含一系列用途，其中也应该包含艺术。

1969 年 5 月，开发研究合作公司（即现在的环境研究合作公司）完成了一项再开发机构发起的市场分析，该分析推荐进行包含强大公共组成部分的多用途开发。耶尔巴布埃纳预想的私人用途包括办公、酒店和店铺。分析建议的公共用途包括一座商业剧院、一座体育场、一座展览大厅，以及具备较大可能性的一座以多人种为出发点的文化、贸易中心，和旧金山“西部增建”改造项目中已经建造的“日本中心”类似。这样的公共设施被看作是创造“新鲜、新颖都市环境”的方式，它将刺激各种各样的私人土地用途。规划中的剧院就是特别有益的，因为它将对该地区的建筑产生正面的影响，原因是它能够吸引重要的夜间活动，激发高品质的饭店的出现。

研究者从而得出结论，耶尔巴布埃纳中心的中心街区有着两个主要优势——它与市中心店铺和金融区很近，以及从该处可以很便捷地乘坐旧金山的城市运输系统和海湾区快速运输轻

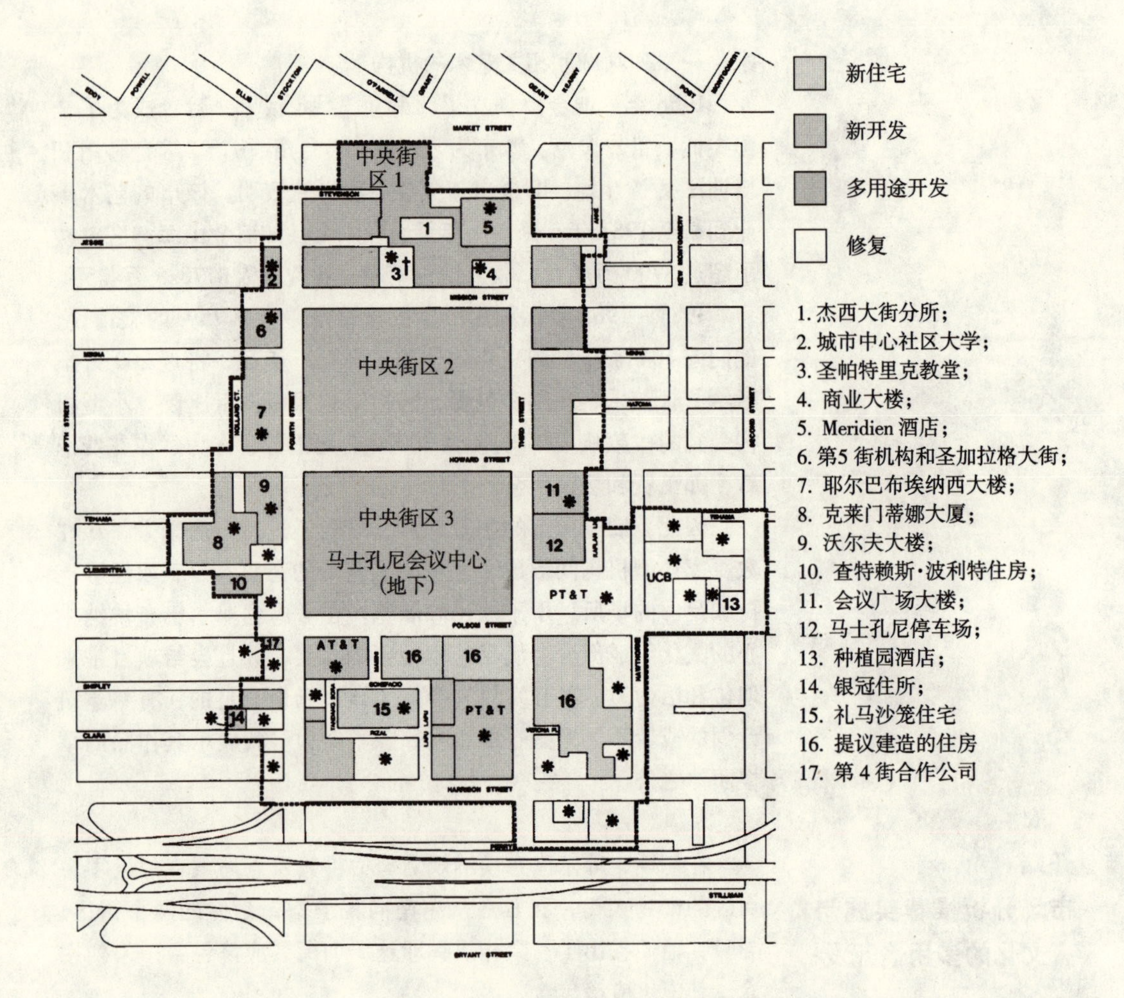

耶尔巴布埃纳场地平面图，显示了已存在和被提议的开发

轨系统，当时该轻轨系统正在被建造，用以连接该市和东湾。但是该地区依然需要克服其贫民区的形象。该目标可以通过文化和休闲用途以及它们吸引来的特色零售和餐馆得以实现。该报告指出，这些用途“不会自发地发展——它们必须被规划、被促成”。

顾问们还建议建造购物中心和广场，以促使行人从市场街北的金融和零售区进入耶尔巴布埃纳内部街区；在第3街区建造一2200座的剧院，一座公共广场，中心街区停车库；一座大型体育场和展览大厅用于贸易展览。

该报告的结论是推荐进行多方合作的规划程序，该程序应该将再开发机构和该市全部范围内的艺术和社区团体结合起来。它还认为，文化特色将是有价值的，不仅仅是自身，而且是作为加强整个项目的因素，故其建议，将艺术设施整合到可行的、吸引人的项目构思中。

构想

提沃利的屋顶及街区花园

然而，耶尔巴布埃纳项目依然陷入僵局，关于居民搬迁、资金困难和环境争夺等方面进行了多项诉讼。然后在1976年——市长乔治·马士孔尼（George Moscone）任命了一个市民选举委员会，以对该地区的未来方向提供建议。该委员会的主席是法官利兰·拉扎勒斯（Leland Lazarus），此外还包括了一些大企业领导、公共活动人士、社区代表、规划师和建筑师。在听取论证数月之后，委员会提议进行真正的多用途开发，除了商业用途和公共设施提前十年展望外，还有根据市场比例的补助住房。委员会还提议保护圣帕特里克教堂和杰西大街分所。

然而，该委员会最重要的贡献是，它提议在地下建造一座会议中心，并在中心屋顶之上建造一座都市主题公园，该公园向北延伸进入邻近街区。该公园构思是受到哥本哈根提沃利花园的启发，是由当地建筑师和规划师理查德·格里齐克（Richard Gryziec）得出的。该主题公园后来证明是产生广泛公众支持的关键因素，投票人通过了公债发行，在耶尔巴布埃纳最南部街区建造提议的会议中心。

会议中心刚刚得到批准通过，城市再开发机构便在1977年聘用了建筑与规划事务所SOM来设计，以在构筑项目其余部分方面提供指导。回顾项目在过去遇到的问题，SOM小组觉得，现在需要的是更具弹性的开发计划，它能够适应必要的变化。他们创立了一个“都市设计框架”，它证明在规划区域对于公共和私人设施改造来说，都是一个综合性自然设计和规划环境。

SOM研究从设计而非经济回报和最高最好用途的角度，评估了土地替代用途的可行性。它为项目设立了一些机构原则，这些原则可导致各种各样的土地用途解决方案。这些原则包括：

- 会议中心屋顶用作多样性的休闲和文化目的。
- 在项目中创立大量的开放空间，包括中心街区连接会议中心和市场大街的花园。
- 为了多位开发商能够参与项目，整块地皮分成若干小块。
- 新开发的高度和体积限制以及容积率（FAR）；新开发和现存建筑兼容，包括历史建筑；新开发建筑将其在公园和开放空间的阴影减至最小。
- 土地用于合适用途，为一座酒店、办公楼、“商业休闲”（包括特色零售）、区域零售、住房和停车指定可能的、更受欢迎的地点。

为了说明这些设计指导方针在实践中是如何发挥作用的，

顾问们提供了四个土地用途替代计划，这些计划和历史建筑相协调，为没有孩子的职业人士提供部分合适住房，为该地区夜间活跃程度作出贡献，而且，“由于改造过程代表了巨大数量的公共财产”，它将为得到确认的公共需要服务。

只有一个例外，当SOM制定、并于1980年向改造社区颁发的“资格要求”（RFQ）时，上述原则指导着再开发机构随后的思考方向。唯一的例外便是整块地皮分成几块时的想法，为的是使得小块地皮适合不同开发商；再开发机构认为，由理查德·格里齐克提出、得到市长马士孔尼选举委员会认可的非比寻常的都市花园计划，只有通过包含单一开发商和建筑师的大规模规划才可能实现。

否则，再开发机构会不断重复SOM的设计原则，它将SOM的原则合并进了RFQ，由此为规模较小、细节完备、以行人为中心的土地用途建立了指导形象。

合作
再开发机构和开发商接纳艺术社区为合作伙伴

到1980年冬，耶尔巴布埃纳的基本设计方案似乎已经落实，但是它的经济方面还是无法确定。为了响应再开发机构的初步“资格要求”，导致项目中包含的能够产生收入的场所不足，不能确保开发商的利益。再开发机构的开发新主管朱迪·霍普金森（Judy Hopkinson）带来了一位地产顾问凯泽·马斯顿联合公司，后者和再开发机构合作，以保持市长委员会精神，同时以提升潜在商业用途的方式审查该项目。凯泽·马斯顿推荐的关键便是在商业计划中纳入一项大型的、靠近市场街通向联合广场和金融区“窗口”的地产。这样的地产之一便是名称为GSA地产、适合建造酒店的一块地皮，似乎对于该目的来说是非常理想的。但是由于对于耶尔巴布埃纳开发商来说，GSA可能无法收购，开发商提供的方案中便包括了备选地皮。再开发机构于1980年4月颁发了RFQ修正案，要求：

…，…具有丰富想象力的多项用途……对于旧金山的居民和游客等都具有巨大吸引力。在商业和创造领域，旧金山是一座具有形形色色天才人士的独特城市。此项开发将给旧金山提供贡献天赋的机遇……在该市创建一处令人尤其兴奋和可利用的场所。大家的期望是，开发商使用当地可利用的优势来运作剧院、独特集市、餐馆和店铺，以及进行特殊展示和表演……目标便是创建一座“都市花园”，创造某些旧金山独一无二的事物……创造人们在放松的气氛和花园背景下进餐、休息和欣赏城市的场所。

办公和酒店用途被限制在了面朝市场街的街区。中心街区和会议中心屋顶被指定为花园和特色零售、娱乐、休闲和演艺，以及文化用途。此计划意味着，所有的地区将在严重低于其全面经济潜力的水平面下开发，尽管它会提供许多重要的便民设施。

许多用途的准确本质并未得到定义，尤其是在文化构成部分方面。在为开发商确定义务时，RFQ 声明：

开发商必须最少保留 $4645m^2$ 土地……将来供文化机构用作比如博物馆、展览和剧院等用途。这些土地应该由开发商全部实施景观美化，直到文化功能被开发。

为提供鼓励，RFQ 明确说明：

（开发商）另外的建造和为文化活动提供运作资金的义务，将得到支持，而且可由再开发机构和开发商商议，作为全部《土地处理协议》的组成部分。任何此类额外贡献将是决定土地价格的因素之一。

再开发机构收到十个对于此招商方案的反馈，一些反馈来自于美国和加拿大最具声誉的公司。从这些实力强大的开发商中，两位成为了最后胜出者，它们是奥林匹亚暨约克公司和凯迪拉克・费尔维公司。两家公司都提供了 MXD 的实质性经济能力和经验。它们队伍当中还包含了文化顾问。

在选择开发商之前，改造局项目主管海伦・L・索斯（Helen L. Sause）便开始为耶尔巴布埃纳的文化组成部分制定程序。在进入和开发商的谈判前开始此规划是重要的，可以确定文化规划、文化构成所需场所和其建设和运作的必要经济机制，它们能够在整个项目的重要设计和经济决策落实之前得到说明和考虑。

1980 年 7 月，再开发机构聘用了一位全职文化顾问——哈罗德・斯内德科夫，一位曾开发和主管视觉及表演艺术项目的前纽约人。他加入了选取开发商的工作小组。然而，他的主要任务是考虑艺术项目构思，此构思将证明留出 $4645m^2$ 土地是正当的，此构思还将使得整个项目充满活力而且显得与众不同。

斯内德科夫知道，旧金山有名望的艺术机构是无法被吸引到耶尔巴布埃纳去的。需要更多场馆的旧金山现代艺术博物馆，并不想从紧邻着歌剧院的市政大厅搬走。旧金山交响乐团刚刚建造了一座新大厅。亚洲艺术博物馆可能会被说服，但是它有专用场所。而且，在资金和资助要求上，艺术概念都必须是现实的，它还必须代表整个艺术社区的重要合意，以获取市长和监督委员会的批准。斯内德科夫说道：

耶尔巴布埃纳

项目数据

建造分期	第一期（1988年完工）	扩建部分
构成——收入生成		
办公	$69675m^2$	$116125m^2$
居住	40套	340~540套
零售	$17651m^2$	$18580m^2$
娱乐/休闲/游艺	$15793m^2$	$15793m^2$
溜冰场		
旧金山馆		
影院中心		
儿童学习花园		
酒店	1500间客房	1500间客房
构成——艺术/文化/开放场所		
画廊/展览场所	$1858m^2$	$1858m^2$
剧院	600个座位	600个座位
视频/电影设施	100个座位	100个座位
会场	$929m^2$	$929m^2$
管理/售票处	$502m^2$	$502m^2$
广场/花园		
市场街广场		
圣帕特里克教堂		
节日广场		
古典中国花园		
儿童花园		
其他		
停车	1650个车位	12250个车位
面积	$8.55hm^2$	$9.6hm^2$
总建筑面积	$222960m^2$	$314931m^2$
容积率（FAR）	2.58	3.24
方位	旧金山市中心	
总开发商	YBG合作公司：奥林匹亚暨约克公司，加利福尼亚公平公司，玛利洛特公司	
开发期限	1985~1988年	20世纪90年代早期
估计总开发成本	5.25亿美元	6.85亿美元

来源：凯泽·马斯顿联合公司

耶尔巴布埃纳花园

开发成本总结

	私人	公共
办公	2.20 亿美元	
零售（包括大型画廊）	0.30 亿美元	
娱乐/休闲/游艺	0.25 亿美元	
酒店	2.25 亿美元	
居住	0.65 亿美元	
停车	0.40 亿美元	
场地成本		0.25 亿美元
花园/公共区域		0.25 亿美元
文化设施		0.25 亿美元
住宅资金		0.05 亿美元
总计	6.05 亿美元	0.80 亿美元

来源：建立于旧金山再开发机构和亚当合作森公司（成本顾问）提供的数据基础上，以及凯泽·马斯顿联合公司估计基础上。

我当时无从下手，所以我去了“合作问题解决中心”的朋友大卫·斯特劳斯（David Straus）那儿。我们决定审查该社区会冒出什么样的事情。我们认为有一种方式可以使得艺术规划具备原汁原味的旧金山特色，而且可以显示合意。我确实认为，我们可以为那些使得旧金山独一无二的小型机构提供场馆，同时使得开发商和城市确信，这是一个很好的主意，因为它是达成一致的意见。

1980 年季夏，斯内德科夫和超过 50 名旧金山文化社区成员进行了交谈，这些成员构成范围很广，从个体艺术家和以邻近街区为基础的剧院团体，到强大、有名望的艺术机构。几乎所有人都说，他们不想被当作另一公共程序的“顾问”，因为这些程序的最终决定都是关上大门后作出的。他们需要的是得到整个艺术社区重要参与的规划过程，而非仅仅是那些最大团体的参与。

再开发机构因此从国家艺术基金寻求获得了 17500 美元——还有来自几个公司和基金会的资金——以促进社区真正参与该项规划。该规划还获得了专业艺术 MXD 项目规划顾问机构的帮助，以及“合作问题解决中心”的帮助，后者是一家以旧金山为根基的非赢利机构，在管理大集团决策过程方面经验丰富。

艺术团体规划将“展示”列入清单

艺术社区的首次全体会议于1980年11月11日在旧金山现代艺术博物馆的会议室举行。超过70%的人出席了会议，代表了广泛范围内的艺术学科和组织。会议向与会者简述了耶尔巴布埃纳的历史、作为文化用途的RFQ的要求和开发商选择过程。在11月和12月早期，这些代表每周举行一次会议，以规划一个公共程序，对再开发机构的要求和计划作出反应。

这些工作带来的首个成果就是，在1981年2月为将近150名艺术家和艺术团体代表举行了一个一天半的会议。再开发机构概述了几项为耶尔巴布埃纳花园的文化构成而制定的标准：计划应该是综合性的；活动周期应该为每天12~18小时，每周7天；应该吸引范围广泛的团体；不应该重复该市已有的艺术规划；应该是动态的、不断变化的。

与会者分成4个专门小组，审查文化构成的形象和主题、规划和设施、管理和经济。在每天结束时，专门小组会选举主席，向更大团体汇报，然后确定每周会议的日期，以更加全面地出谋划策。专门小组在整个3月份都在举行会议，然后于4月份早期在一次社区会议上提交了他们的建议。

顾问威廉·莫里什（William Morrish）和城西公司的威廉·弗莱西格（William Fleissig）（城西公司为一家都市规划和设计公司），开发了一本“文化规划工作手册”，该手册概述了超过100个独立选择和必须作出的规划决策。在1981年5月13日的一次会议上，超过100名文化社区成员对上述条款中的每一项进行了投票。

接着，专门小组报告和投票结果由城西公司综合为“YBC文化规划设计方案”，它于6月22日在一次会议上得到艺术社区的认可。此文件以及随后附有的各种社区回馈，就是社区规划第一阶段的主要成果。因为文件的封面颜色，故得到了“蓝皮书”（Blue Book）的别名。

“蓝皮书”包含了下列建议：

• 应该有“橱窗展示”构思的义务；也就是说，应该使用文化设施和最高品质的规划来突出全面的艺术天赋和活动。应该以全国性和国际性规划为特征，但侧重点应该放在当地艺术社区。应该强调种族、文化和两代人间的多样性。

• 使耶尔巴布埃纳展示构思下的演出、展示和展览最大化，不应该有常驻公司和艺术家。

• 海湾区已有设施不应该被复制。

• 该设施应该具有强大而独立的管理机构，以及稳定的资金筹集计划，使得设施可以被广泛范围内的活动和观众使用。开发应该支持全部文化方案，目的是使用设施的机构不必互相竞争以获得稀有的资金。

有9项设施被推荐来承载和支持展示构思：

• 一座博物馆品质的画廊或展览场所；
• 一座大型和一座小型剧院；
• 一个视频或影片放映室；
• 一座艺术图书馆；
• 教育场所；
• 艺术工作室或排演场；
• 一个中心售票处；
• 管理办公室。

该报告强调了带有个体空间的最新水平设施，以满足影院、剧院、舞蹈、视觉艺术和其他学科完全不同的需求。

该展示构想以使耶尔巴布埃纳文化中心成为海湾区不间断的艺术节日为目标，是对规划最重要的贡献。它成为了艺术社区的指导原则，影响了关于艺术构成的所有未来决策。

在1981年8月11日颁发的政策声明中，再开发机构认可了艺术社区建议的展示模式和设施，它授权再开发机构工作人员来执行该模式和设施。再开发机构证实，该项提议将满足拨出4645m^2 演出空间用于文化用途的义务，它答应从开发中寻找重要捐助，用于展示资金的运作花费。

奥林匹亚暨约克公司规划文化和休闲活动

1980年11月，再开发机构已经选取了奥林匹亚暨约克公司的开发小组进行专门的谈判。奥林匹亚暨约克和公平公司的总部在多伦多，是玛利洛特公司将他们和耶尔巴布埃纳项目联系在一起；劳思公司；贝弗利·威利斯（Beverly Willis）——旧金山一家建筑公司的负责人，是他召集了该小组；蔡德勒·罗伯茨（Zeidler-Roberts），一家建筑公司；劳伦斯·哈尔普林（Lawrence Halprin），一位著名的旧金山景观建筑师。

该小组还聘用了另外一家多伦多机构——湖滨公司——作为其文化顾问。湖滨公司是伊利湖畔的一个多用途开发项目公司，在经过改建的工厂建筑中承载了形形色色的小规模视觉和演出的艺术机构。湖滨公司的总经理霍华德·科恩（Howard Cohen）和规划主管安·廷德尔（Ann Tindall）在开发小组出现，说明奥林匹亚暨约克公司确实是尽心尽力帮助确定耶尔巴布埃纳文化用途的合适范畴。

湖滨公司小组被邀请参加了规划会议，他们全面参与了规划程序。随着规划的进行，他们审查各种文件草案，分享多用途项目中各种用途如何互相关联的有用信息。

在1981年4月的艺术社区全体会议上，湖滨公司展示了他们称之为"耶尔巴布埃纳文化和休闲中心"规划构思草案。提议的中心就是以吸引旧金山人口为目标，手段为包括影片的一系列动态的视觉和演出艺术方案，以及适用于儿童、少数民族团体、有某种特定爱好者和老年市民的项目条款。这些方案将安家于特别艺术设施中，但是没有常驻公司和团体。在特别为此目的而创立的单一非赢利公司的管理下，湖滨公司相信，艺术设施可以作为旧金山社区中心以及整个项目的主要吸引人之处。

湖滨公司顾问为该中心提议了四种自然场所：

1）非正式的户内和户外场所，两旁排列着店铺和餐厅，这些店铺和餐厅中还举行各种各样的艺术活动；

2）经过调整，能够容纳从视觉艺术展览到教育方案、到小型演出所有一切的多用途场所；

3）特殊或更加精心建造的设施，比如500～1000个座位的演出场所，带有前舞台和弹簧地板，尤其适合跳舞；

4）户外演出区域，可用作市中心露天剧院，上演完全音乐和舞台演出。

湖滨公司的建议在许多方面和再开发机构以及艺术社区的一致。然而，他们的构思报告引发了两个争议，从而引起了激烈的争论。第一个争议是，文化设施是否应该是指派以容纳特定科目的单一用途场所，或者是适用于各种各样方案和演出的多用途场所。艺术社区和再开发机构认为，为文化中心构思的高品质专业规划没有一流设施是无法取得成功的，此设施必须是特别指派以满足既定艺术科目的独特需求的。另一方面，奥林匹亚暨约克公司认为，该中心的工作可由能够容纳最大可能范围活动的设施最好地满足。

此问题导致了第二个争论，该争论和"文化的"的合适定义有关。艺术社区和再开发机构需要视觉和表演艺术专业级别的规划。然而，开发商的主张是，文化用途包括集市、节日、社区会议和其他非艺术活动。艺术领导们反驳道，这些活动应该被看作休闲、娱乐或者游艺，这些分歧是至关重要的，因为这些活动如何定义，将决定它们将收到多少预算，谁将对它们负责，以及费用如何分配。

1981年9月，奥林匹亚暨约克公司展示三个替代设计构思，以备市长、公众和再开发机构的审查。所有的三个方案都显然包括了再开发机构及其艺术顾问展望过的文化综合设施——戏剧、舞蹈和音乐剧院，用于视觉艺术和工艺的展览场所，用作工作和教育场所的工作室。奥林匹亚暨约克公司另外加上了两点——弹性的、多用途的会议场所，这是该公司强烈主张的，以及广场中积极的文化活动规划。

该提议将文化设施当作“目的用途……是有远见的”和将“大量人们吸引到该地区”的能力。在认可了艺术社区的规划构思后，开发商通过文件声明：“通过创造性的、刺激旧金山观众的方案形式，该花园将赋予文化社区展示作品的机会，以及访问艺术家的机会。”

奥林匹亚暨约克公司还提交了一个被称之为“广场”（Esplanade）的建议，用于第一街区的商业开发和市场；一座广场或购物中心从第一街区延伸到会议中心；在马士孔尼中心屋顶的一座影院中心将包含影片档案室和放映室以及一座专门用于展示旧金山历史的展示馆。会议中心屋顶的综合设施首要用途为夜间娱乐。

在1982年间，开发商继续进行着为耶尔巴布埃纳创立综合艺术和文化规划的研究。奥林匹亚暨约克公司扩大了它的顾问小组，将剧院设计和规划、视觉艺术和社区艺术规划方面的专家纳入其中。在该小组于1982年10月再次呈递的计划中，建议将展示构想用于文化中心的规划；建立一个非赢利性管理实体，它有着强有力的工作人员队伍和以社区为基础的董事会；以及一座多用途节日和会议场所，供全体社区使用，费用计入文化构成的资金和运作花费。显然，开发商相信，仅仅艺术本身是无法吸引足够数量人们到耶尔巴布埃纳来的。

再开发机构研究成本和需要

比较了奥林匹亚暨约克公司建议的文化设施名单和艺术社区的“蓝皮书”建议后，皮特·马威克·米切尔会计师事务所汇报，艺术团体和再开发机构建议建造10776m^{2}的剧院、画廊、工作室和管理办公室，而开发商建议的面积则为8361m^2。奥林匹亚暨约克公司提议了包含在其面积内的多用途设施或者会场，但是它省略了艺术团体提议要求的艺术图书馆和视频工作室。

为了帮助解决这些分歧，皮特·马威克·米切尔会计师事务所推荐再开发机构进行大规模艺术机构调查，以决定是否每项提议的设施是真正需要和缺乏，是否已有的类似设施。他们指出，建造蓝皮书中列出的10776m^2 设施的成本将是1982年货币的3060万美元，他们还指明出了1982~1992年十年间运作花费和赚取收入总结，后者显示，预计年赤字为开始的11.1万美元，到1992年的超过500万美元。

文化构成的规模和不间断的资金需要，已经开始影响总项目的经济谈判。奥林匹亚暨约克公司的设想和结论和再开发机构以及皮特·马威克·米切尔会计师事务所的略有出入，但所有方面都一致认定，即资金花费将超过1000万美元，预计赤字将每年超过100万美元。

因此两个问题已经很明显：

1）无论文化综合设施的最终结构如何，开发商将寻找更低土地成本、更大密度或者两者兼而有之的方案。

2）文化综合设施的管理和控制问题，该问题刚刚开始被研究和讨论，将和物质特性同样重要。

研究了局势之后，市长丹尼·范斯坦（Dannie Feinstein）的工作人员们注意到，这些管理问题比自然问题更难解决，“错误的设施管理将使它们完全变成艺术、经济和政治方面的深重的灾难，不管建筑多么优秀”。

然而，再开发机构工作人员决定，在谈判桌上坚持全部蓝皮书规划，并继续向那些将使用艺术中心的团体进行调查。由艺术顾问弗吉尼亚·哈贝尔合作公司发出的一份调查问卷，目标为确定艺术社区使用提议建造设施的能力。对于256个细节问题的回复以及249份个人访谈，证实了旧金山设施良好、高品质演出和展览场所的严重短缺，并且在提议设施的潜在使用者中发现了强大支持——包括开发商的节日场所——除了工作室工场和教育场所。研究进一步注意到：

> 社区把耶尔巴布埃纳看得远比中心场所重要，而商业和文化正好在此存在。人们将它看作一座真正的中心，一座展示作品的场所，而且，更重要的是，它是艺术家互相之间、以及和公众可以分享创造性过程的场所。人们将其看作城市的焦点，在此可以经历到全世界最高品质、最激动人心、富于创造性的、当代及传统的文化活动。

规划
再开发机构保留花园和艺术中心

在1981年晚期，为了继续合作规划过程，再开发机构组建了一个技术支援委员会，该委员会代表了全部的艺术科目，将专业知识引入艺术规划的经济、管理和监督。该委员会主席为迈克拉·卡西迪（Michaela Cassidy），他同时也是海湾区舞蹈联盟主席。委员会被指示在再开发机构和开发商考虑艺术中心规划时通知大型艺术社区，以及在资金筹集和管理策略方面向再开发机构和其顾问提供建议。

在1982年和奥林匹亚暨约克公司谈判过程中，再开发机构规定，文化设施建造的可行和负担得起的预算为2060万美元。该技术支援委员会接着被要求确认设施的“临界质量”——那些对中心的成功不可或缺的设施，以及那些将在预算内建造的设施。1983年5月，委员会将设施设计限定在人们认为不可或缺的部分：一座展览画廊；一座大型的1800～2000个座位的剧院；一座400个座位的剧院；一座视频放映室；一座艺术图书馆；一座管理办公室；一座中心票务办公室。

提交的耶尔巴布埃纳示意图，马士孔尼会议中心在最前端

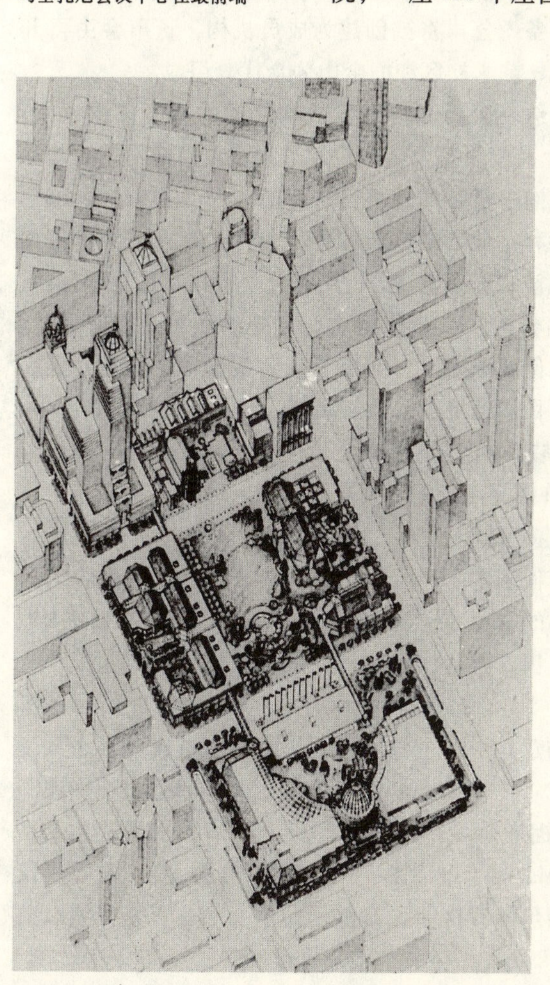

委员会认同了奥林匹亚暨约克公司的多用途会场是合适的，但是它建议，其会费不应该被包括在文化构成的建筑预算内，而是应作为独立预算的娱乐、休闲、游艺系列规划的组成部分记入账册。

即使减少到目前的设施规模，建筑成本依旧比再开发机构预算高出500万美元。进一步协商之后，预算增加到了将近2250万美元，并且包含了多用途节日场所。再开发机构非常不情愿地决定，那座大的、包含1800～2000个座位的剧院将不得不放弃。尽管对于建筑花费的预计迥异，很显然，此单个设施便会花费所有可利用预算的一半。另外被舍弃的便是艺术图书馆；尽管它在调查中得到强烈支持，但它并没有提供直接展示其他设施的机会。

到1983年夏，运用可行性成本，耶尔巴布埃纳的文化规划最终得以满足艺术社区、再开发机构和开发商的大部分要求。正如现在的构成那样，它包括了一座具备博物馆品质的视觉艺术展览画廊、一座

600 个座位的前舞台剧院、一座视频和影片播放剧院、一座多用途会场，支持设施包括行政办公室和中心票务办公室。这些设施将安排在两座建筑内。第一栋建筑总面积为 $3344m^2$，将容纳视觉艺术画廊、视频或影片剧院、$929m^2$ 的会场、行政及票务办公室，以及建筑支持场所。前舞台剧院以及大厅后舞台区域和支持场所，将占据第二栋建筑，它的面积为 $4552m^2$。经济分析家断定，根据 1983 年货币，经过修正的中心将一定可以在提议的 2300 万美元预算内建成。

在研究其他拥有和运作文化综合设施的城市之后，再开发机构决定，只有当独立而非赢利机构根据和城市之间制定的合约处理运作事宜之时，才有可能有最成功的管理。在此模式下，税收法则 501（c）（3）条款中的一个非赢利机构将被创建，来管理耶尔巴布埃纳中心。和再开发机构的运作协议将制定中心的运作原则，建立运作者必须满足的演出标准，为经济回报和运作审计做好准备。公司将被创建为成员机构，董事会由再开发机构、开发商、艺术社区和旧金山公众代表组成。

奥林匹亚暨约克公司和再开发机构之间的商业条款谈判，从 1981 年开始，持续了整个艺术规划过程。谈判拖延的时间是如此之长，因为许多复杂的、相互联系的问题必须解决：耶尔巴布埃纳的公共利益计划的本质和范围是什么，它们的价值如何确定？这些利益的责任应该分配给再开发机构，还是开发商，或是在两者之间分担？如果分担这些责任的话，又如何划分？这些公共设施如何获取资金？如果提供这些设施主要是开发商的责任的话，项目的经济安排如何调整，以补偿这些花费：

- 通过调整市中心土地花费？
- 通过允许更高密度的项目可生成收入的构成部分？
- 通过其他机制？

还有一些其他问题需要解决：允许什么样的可产生收入的用途？以什么样的密度？地皮如何分解？在交易中纳入多少地产？哪些地皮出售，哪些出租？它们的价值如何确定？款项支付如何组织？

再开发机构建立了一个核心谈判小组，小组成员有再开发机构行政主管威尔伯·汉密尔顿（Wilbur Hamilton）、特别顾问小约瑟夫·E·柯米斯（Joseph E. Coomes, Jr.）和迈克尔·马斯顿（Michael Marston）（凯泽·马斯顿联合公司）。重要决议包含了市长范斯坦的直接干预，他任命了一个非官方特使以监督该谈判过程。

再开发机构1980年RFQ计划允许在开发商对文化设施作出贡献基础上，对土地成本进行调整。然而，在谈判过程中，很显然，再开发机构和开发商在关于何种设施是“文化的”此问题上意见不一。该术语是否仅仅适用于艺术中心，或者它可被扩展开来，包含可用作广泛范围内节日和社区活动背景的花园？双方还在货币价值上无法达成一致，该价值是分配给公共设施，还是价值以何种方式价值在土地成本中得到反映。

谈判小组提议，开发商为出售或租赁地产支付十足市场价值，再开发机构承担提供所有公共利益的义务，包括文化中心和花园。

此方法的关键因素是，公共用途的资金花费将由项目中办公室和住房的销售产生，以及通过销售其他该市拥有的地产产生。酒店租赁、零售，以及娱乐、休闲、游艺所用土地将提供运作公共设施的收入。

在整个谈判过程中，凯泽·马斯顿联合公司为再开发机构提供了价值估算和现金流规划服务，以确定再开发机构为其地产收取十足市场价值，以及其建议对于开发商在经济方面是可行的。另外，该公司还监测了金融市场潮流，以确定可行的租赁安排。体恤到职员向耶尔巴布埃纳作出的贡献，它建议再开发机构继续聘用这些一流的顾问，如亚当森合作公司和巴顿－阿什曼顾问公司。

再开发机构和奥林匹亚暨约克公司于1984年4月宣布了最终协议条款，从选定开发商到现在，时间已经过去了将近三年半。

土地以如下形式配置：

- 办公建筑地皮和再开发机构拥有的、位于第一街区的居民楼地皮，将出售给开发商。办公建筑售价为总建筑面积（GBA）每平方米466美元——价格自1983年7月1日来上升了3249.75万美元。另外，办公楼开发商每年将支付一笔参与费，该费用占净现金流除去15%优先回报后的8%。居民楼售价为每单元36900美元，上升幅度相似，净赢利为30%（无论哪项都更高）。

酒店地皮和该街区的零售及开放空间用途将用于租赁，为了商业和文化用途，开发商将改建具备历史意义的太平洋天然气及电力公司分公司大楼，它占据了部分租赁地皮。酒店租期为60年，有两个15年选项，可独立、也可共同执行。酒店支付4%的毛客房收入和2%的其他毛销售收入，租金则是最低。

• 在中心街区，将租赁零售、娱乐、休闲和游艺用途地皮，花园和文化中心地皮将由改造局保留。

零售场所租期60年，有着两个15年选项。租金则为最低的每平方英尺1美元，加上建立在扣除下列费用后净资金流转上的比例租金：（a）20%实际净资产抵押上的开发商优先回报，（b）抵押款项，以及（c）运作花费。比例租金在净资金流转上每平方英尺从15%上升到49%；比如，15%为15美元或更少；30%为30美元，49%为49美元或更多。

娱乐、休闲和游艺地皮租期为60年，除了没有最低租金外，租金与零售相同。"第二中心街区"停车场地皮租期60年，占50%的净资金流转。

• 第三街区的地下已经被会议中心占用，它完工于1983年，因为市长乔治·马士孔尼而得名。城市将第三中心街区出租给再开发机构（不包括会议中心房间），租期50年，租金为再开发机构从耶尔巴布埃纳净收入除去项目定期付款后的6%。会议中心上的影院中心和其他用途将用于出租，再开发机构保留用作花园的地皮部分。

• 东二街区将以市场价值出售，用于建造一座46450m² 办公大楼和300~500个居住单元。此外还保留了一块地皮，可选择用于建造大型博物馆或剧院。

根据协议，奥林匹亚暨约克公司负责整个项目商业用途的建造、运作和维护，包括零售、娱乐、休闲和游艺设施，以及第一街区的开放广场。再开发机构负责建造、运作和维护中心街区和马士孔尼中心屋顶上的庞大花园，以及中心街区的文化中心，开发商提供这些街区公共空间运作花费的20%。次协议将为文化设施筹集资金的重担交给了再开发机构，而不是开发商，正如原先打算的那样。

从办公楼和居住地段销售开始的程序由再开发机构承担，目的是为了为花园和一般文化中心的建设筹集资金。资金存入了一个特别账户，由再开发机构用于那些既定用途的花费。再开发机构可利用的其他资金将被用于建设文化中心和建造会议中心之上的花园。

对文化中心和花园的运作、维护和安全工作将建立每年一度的运作预算。这些花费由再开发机构从所开发商业用途支付的租金和参与费用中进行筹集。

因此，项目的可产生收入组成部分，将用于支持公共设施。再开发机构将承担文化中心和花园的建造和成功运作工作，既是因为它们在整个开发项目的经济生存能力中扮演的不可或缺的角色，也是因为他们答应提供的巨大公共利益。

作为向奥林匹亚暨约克公司收取全部市场价值决议的组成部分，再开发机构假设耶尔巴布埃纳所有便民设施的维护花费，超过第一街区开放场所和人行设施改造的花费。在此，开发商同意建造一座两层的零售中心，公众可以由此通过，从市场街进入该开发项目的设施。开发商还同意在发展最集中的地块提供几座大型广场。作出这样承诺的基础是，该街区的便民设施将给奥林匹亚暨约克公司办公楼和玛利洛特酒店带来巨大的经济利益，甚至即使没有多街区配置协议的话，再开发机构也会如此要求的。

凯泽·马斯顿联合公司公司主席迈克尔·马斯顿是这样总结谈判过程的：

> 耶尔巴布埃纳花园项目显然是旧金山历史上最大的地产交易，也是最复杂交易之一。7种土地用途，每种都具有自己特定的市场和财政特征，必须在自然、功能和财政方面互相联系。文化设施和花园的投资成本和运作预算——总共5000万美元——必须仔细分析，并和地产谈判条款直接联系在一起。而且，谈判必须在城市许可的背景下进行，后者更喜欢抑制和平衡，而非效率。它导致了这样的政治气候，即更习惯于阻碍项目，而不是促使其发生。事实情况是，项目得以完备和获得批准，是一个小小的奇迹，是谈判桌的双方——私人和公共方——远见和奉献的见证。

当前状态

定于1985年破土动工

1984年11月26日，旧金山再开发机构行政主管威尔伯·汉密尔顿（Wilbur Hamilton）向旧金山监督委员会呈递了耶尔巴布埃纳最终规划方案，后者批准了那些需要他们思考的行动，如街道清空及马士孔尼会议中心屋顶的租赁。他们还通过了一项决议以再次申明他们的意图，即计划中具体指定的所有花园和文化设施，运用再开发机构专门为其拨出的资金，都应该予以完工。破土动工计划定于1985年。再开发机构和城市希望整个工程在1989年前完工。

规划中的开发可以如下一个一个街区的进行详细描述：

在面朝市场街的街区，一座因为喷泉而更显突出、有圆柱支撑的前庭，可提供从市场街到耶尔巴布埃纳花园的入口。行人由此进入一座两层的、由店铺和咖啡厅组成的购物中心，头

第二中心街区包含了节日广场，在此可上演诸多室外公共活动，如季节性节日、庆典、音乐会和其他演出。文化设施——剧院和画廊场所——显示在中心背景中

上是 36.58m 高的圆形屋顶。这儿还是通向巴特、市场街地下都市地铁站及停车场的入口。在前庭和零售人行道的东侧，将是奥林匹亚暨约克公司的新办公楼，它是一座总面积为 $69675m^2$ 的商业场所。在该街区的西侧，将是拥有 1500 间客房的玛利洛特会议酒店，将其地下区域与马士孔尼中心联系起来。该购物中心将通往市场广场，在那里，古老的杰西大街分所作为劳思公司的食品市场，继续着商业活动。一座 40 单元的居住独立产权大楼将面朝广场，并且附带有地下停车场。

中心街区在市场广场和会议中心之间，将包含 $3.2hm^2$ 花园，花园围绕在一片壮观的中心广场四周，以及一座巴洛克式喷泉，为重大户外活动提供背景。该街区还将包括一座沉思园，是和来自旧金山姐妹城市的代表——上海合作设计的，以及孩子们的玩耍区域。广场西侧将是两层的店铺和咖啡馆，以及奥林匹克规模的室内溜冰场，以及餐馆和一座带有孩子教育项目的“学习园”。

广场东侧坐落在艺术及文化中心内，一家当地非赢利公司将在一座 300 前舞台剧院展示旧金山艺术家的作品；一座博物馆品质、面积为 $1858m^2$ 的画廊用于视觉艺术展览；一座 $929m^2$ 表演场所用于独奏会、研讨会和会议；一座 100 个座位的剧院用于视频和影片艺术观赏。

从格兰特大道望去的市场大街前庭广场。作为从市场大街到耶尔巴布埃纳花园的主要入口，该广场将提供去往办公楼、酒店和格兰特大道广场的通道，后者是一个有着36.58m高的玻璃屋顶的零售场所

马士孔尼会议中心之上的第三街区，将坐落有影剧院和放映室、一座带有旧金山历史主题的娱乐展示馆、饭店和零售商店以及会议室的综合建筑。它们将全部安排在名为“星光花园”的公园中，该园中有着蜿蜒的小径、景观和一个小湖泊。公园将通过人行天桥和中心街区相联。

第一批拔地而起的建筑将是第一街区的办公楼和酒店。同时，劳思公司将努力设计一座市场，它将不仅仅是全部旧金山人独一无二的，还是整个旧金山独一无二的。劳思公司的首席执行官马赛厄斯·德维托（Mathias DeVito）指出了该项任务是多么艰难：

> 旧金山什么也不缺。它到处是小型的、高品质的店铺。所以当我们做这个项目时，它不会是已存在事物的复制品。它将是非常谨慎的市场决定。

艺术及文化中心和花园部分的建设，在等候再开发机构出售位于中心第一街区的办公楼地皮。法律要求开发商在1986年7月前收购此块地皮。在此之前，再开发机构将创建一家非赢利机构，它和再开发机构合作设计设施和建造建筑。此非赢利机构还将为中心创立具体的规划、预算和管理方法。再开发机构提议为中心的规划运作每年补贴200万到300万美元。在此运作花费层面之外的活动，如展示和认捐作品的花费，将通过捐赠产生。

由再开发机构和奥林匹亚暨约克公司达成的经济协议是弹性的，应该能够经受变化的市场局势的考验。它给开发商提供

经过修复的杰西大街分所，威利斯·波尔克（Willis Polk）设计，劳思公司开发，将作为一座以美食店、新鲜加利福尼亚农产品、美酒和高品质工艺品为特色的食品市场。第二层将包含一家餐厅和文化活动场所

上图：耶尔巴布埃纳艺术中心景观模型，包含了600座的前舞台剧院、一座博物馆品质的画廊、一座视频或影片剧院和适合各种各样文化活动、包括音乐会和研讨会的表演场所

下图：格兰德喷泉和表演广场，两者都由劳伦斯·哈尔普林设计，将占据面朝马士孔尼会议中心的第二中心街区

了购买地皮的回旋余地，它计划了支付方式——以净资金流比例逐渐上升的支付方式——一种考虑了开发商风险的方式。

旧金山规划和都市研究（SPUR）是一家非赢利机构，它指出。文化中心依然是项目独一无二的因素，潜在地使耶尔巴布埃纳花园成为超越诸如“非常宽敞、景观很美、设计优雅……的购物中心”之类的事物。但是其管理则是一个“有些矛盾的工作”：

该构思被赞美为真正具备创新精神的方式，可以激活耶尔巴布埃纳花园，这意味着它必须将大量人群吸引到该开发项目来。它同时还被赞美为在旧金山孕育有抱负的艺术家和表演家的恰当方式。但是这些崇尚自然、有抱负的艺术家却没有大量追随者，而且使用耶尔巴布埃纳花园的公共资助设施来支持他们，则不会将大量人群吸引到该开发中来。

此非赢利景观必须在章程中声明目的，此目的强调它管理文化综合设施的方式是，最大程度地吸引人们参观耶尔巴布埃纳花园，同时提升艺术价值的品质。

SPUR建议，尽快聘用一位有灵感的经理，以决定如何应对此项矛盾工作。然而，旧金山的艺术史表明，更复杂、更难以解释的事物可能是必要的，假如耶尔巴布埃纳花园必须拥有该市独一无二的文化品位的话。或许活跃因素已经在整个艺术社区发挥作用，就像一块酵母在一团旧金山发酵面包中发挥作用那样。

现在，一直支撑艺术社区和再开发机构的希望和梦想，必须制度化为有能力的中介机构，它可以确保耶尔巴布埃纳花园的艺术既不是能够产生收入的橱窗展品装饰，也不是人们很少光顾的演出和展览的新场所。在这个欢迎挑战的城市里，展示是一个未经考验的构想。耶尔巴布埃纳花园的规划者们已经充分地展示了他们对于旧金山广大艺术社区的奉献，而且项目的潜在影响依然是非凡的。

纽约市　南街海港

案例研究8

项目简介

南街海港和海港市场有限公司（Seaport Marketplace），坐落于曼哈顿布鲁克林大桥南的全国性历史街区，占据了一些有名的历史建筑和历史兼容新建筑。博物馆和商业开发的联合，保留和恢复了该处19世纪海港最后的遗迹，正是它曾经使纽约市成为了世界商业之都。四个街区的综合设施位于伊斯特河、沃特街、比克曼大街和约翰街之间，从市政厅出发步行仅仅十分钟路程。

项目的全部预算——3.5055亿美元——而且其资金来源——有来自私人部门的2.895亿美元，以及来自公共部门的6105万美元——反映了其结合商业和文化使用、保护建筑和运作作为历史博物馆的周边邻里的策略。

南街海港博物馆由纽约市在1967年作为非赢利性教育机构而创建。从那时以来，它一直在收购和恢复地标仓库、店铺、账房和帆船，以建立大型航海博物馆。其意图并非将该街区定格为19世纪的复制品，而是再创造南街作为"船只街道"的格调。

由劳思公司创建的海港市场有限公司，已经开发运作了富尔顿（Fulton）市场和17号码头馆，新建筑专门用于零售和餐馆，它们都与街道两旁的博物馆历史建筑及其位于邻近码头的船只非常协调。开发商杰克·R·雷斯尼克暨桑斯公司运作了一座35层的新办公大楼——海港广场，它位于沃特大街通向历史街区的入口处。两家企业都产生了收益并使博物馆受益，后者的经济活力还因为其自身在历史建筑中的地产和零售运作而得到提升。

历史保护引领节日零售

博物馆和商业项目开发的土地，是由博物馆在城市和州政府的支持下收购而来。1973 年，在博物馆、市政府和几个纽约银行间进行了一系列错综复杂的交易，从而使博物馆拥有了该历史建筑，作为回报，银行则拥有了建筑之上的空中权利，允许将空中权转移到曼哈顿下城区其他位置，以及在商业开发市场好转时出售该空中权。

城市及州政府也获得一系列的联邦拨款，认捐了该地许多大楼各方面的设计、建筑和修复，以及上述大楼之间人行道的改造。他们获取的私人慈善投入数量相对很少，但是，很少有哪些项目会获得如此多的公共和私人资助。此投入使得博物馆可以和劳思公司一起规划其商业联合，以及在零售收入达到实质水平前存活下去。

博物馆享有了大约 10000 名会员的支持，他们参与了船只、海港街和建筑的巡回演出，以及一些特别活动，比如在纽约港乘船航行，以及码头上举行的音乐会。

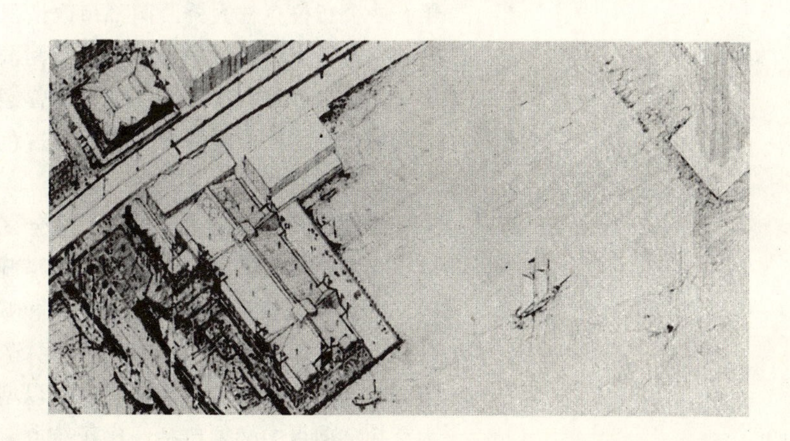

城市文脉

城市改造威胁历史保护的海滨区

20世纪50年代和60年代晚期，纽约市经历了一次办公楼投机开发的飞速发展。该市许多区域处于开发压力之下，整个19世纪街区因为建造新建筑而被拆除。因为人们不停地用更新、更大的建筑取代更老、更小的建筑，因为填埋垃圾而发展起来的曼哈顿下区，也不例外。1965年，一份临时性报告呈递给了城市规划委员会，它建议垃圾填埋可以扩展到联邦政府规定的突堤，从巴特里公园到布鲁克林大桥的所有地方，它还建议建造居住楼和办公楼。该报告宣称，可为多达6万人提供住所的居住楼，将为50万名市中心员工中的一部分人提供这样的机会，即从其居住处所步行便可到达办公室。它还可以为该城市区域增加活力，而该地区实际上在上班时间之外是停止运转的。

对于一位同意“改造”这样一个定义的旁观者来说，沿河南街区看上去仅仅是一片破败、荒僻之所，它位于该市拥有的、濒临倒塌的码头，还有破烂的、私人拥有但是边缘企业占有或是不用支付租金的“未经允许擅自居住者”入住的砖楼。1968年，一个布鲁克林大桥西南都市改造区形成了，包括从巴特利公园到布鲁克林大桥的整个伊斯特河滨水区。纽约一个又一个历史街区被拆除。比如，沃特大街曾经是双车道、比利时式砌石块铺设的大街，两旁排列着5层古色古香建筑，后来被改建成了6车道的高速公路。

然而，同时，纽约市正在创建分区条例，以及制定鼓励保护具备鲜明特征的历史街区的刺激措施。第一个此类行为便是1967年剧院区立法，为地产开发商和城市规划委员会之间的谈判提供了法律框架。在第40街到第57街、第六大道到第八大道的范围内，开发商可请求许可证以增加建筑的地皮面积，作为交换，项目中必须包括一座正统剧院。在此之后，一座林肯广场特别分区街区在林肯中心邻近街区建立，为的是鼓励行人使用，一座第五大道特别分区街区则以保护受到办公楼和居民楼建筑威胁的百货公司和其他零售商店为目的。在下曼哈顿，各种各样的特别分区试图控制填埋垃圾地区的新开发，试图确保新开发尊重和扩展已存在大街和建筑的几何结构。

1968年5月，南街邻近街区接受指示，作为大布鲁克林大桥东南区的特殊都市改造街区，新南街海港博物馆被命名为该地区的“独立”发起者。此安排意味着，博物馆可以以其优先的领土权宣告在城市中征用的地产。这种做法其实表明一种转变：城市将利用都市改造来保护而非清除某一地区。

同时，市长约翰·林赛（John Lindsay）建立了曼哈顿下城区开发办公室，其主席为多纳德·H·伊里亚德（Donald H. Elliott）（同时也是城市规划委员会主席），使得城市有效参与该敏感地区的规划和开发。建筑师理查德·S·温斯坦（Richard S. Weinstein）领导了该办公室。他曾经监督了曼哈顿卡纳尔大街南的综合性规划项目的创立，该项目沿着南街伊斯特河规划居住开发和行人广场，并且在内陆进行商业开发。

因而，城市对于南街街区的规划是保护历史建筑，以密度合适的商业活动恢复其活力，以及保护海港博物馆。林赛政府则认为，由海港恢复控制和整合的商业开发，将满足经济发展、都市设计、生活品质和保护等多个目标。

文化环境

海洋爱好者挽救"古盐"建筑

自18世纪作为曼哈顿首要海港出现以来，买和卖就成为了南街滨水区的生命活力所在。直到南北战争，该街区依旧是该城市繁荣的航海商业中心。商人们在账房里指挥着他们的商业帝国，如富尔顿大街的舍默霍恩街区，或是在排在南街海港的全世界高大船只中。至布鲁克林富尔顿大街的摆渡服务开始于1814年，第一座富尔顿市场是一座供应食物和干货的大百货店，于1822年开业；它成为了来自长岛农民的食品和来自中国商人的香料的供应中心源泉。随着轮船代替了快速帆船，海港的繁荣从19世纪60年代开始衰落，但是其逐渐衰落使一批珍贵的、低层的18和19世纪建筑得以保存下来。

存活下来进入20世纪60年代的一些街道——尽管腐烂和荒废严重——两旁排列着简单的库房、账房和商业场所，以砖块和花岗石造就，规模为统一的4～6层。在一个世纪的滥用之后，它们中的许多依然保存着原来的屋梁、墙壁、商业绘画和未受干扰的历史神韵。

由于这些古老建筑受到破坏的威胁，一些忧心忡忡的市民组成了一个小团体，集体努力挽救从约翰大街向北到布鲁克林大桥的滨水街区。此团体由彼得·斯坦福领导，后者是一位广告经理，钟爱旧船只和航行环境。1967年，在该团体组建南街海港博物馆和接收作为非赢利机构的许可证后，他成了机构总裁。

博物馆立即行动起来，以获取舍默霍恩（Schermerhorn Row）街区的城市地标地位，在该地区有1810～1812年、沿着富尔顿大街南侧作为仓库建造的12座红砖建筑。这排建筑的规模、年限和建筑质量使之成为了全国性重要地区，并于1969年被指派为全国性历史地标。

左图：从梅登巷（Maiden Land）开始的南街，1828 年

右图：南街区，1949 年。在其大部分顾客搬进非商业区后，富尔顿市场陷入年久失修，于 1953 年被拆除，取代它的是一座单层的车库，它也将是街道对面批发鱼市小贩的住所

即使在博物馆组建之前，这一排建筑不少还都由艺术家居住，他们居住在免费租来的空间里，并将其转变为工作室和住所。他们在该建筑中从事的工作，很可能帮助保护了这些建筑，而且可以证明他们对海港博物馆计划也是赞同的。富尔顿渔市也对该地区活力恢复作出了贡献。它是美国持续运作历史最久的批发市场，自 1823 年来就位于该街区。它不是一种遗迹，而是世界上最大、最繁忙的鱼类批发市场之一。

斯坦福和其不断壮大的热心志愿者们不仅仅将博物馆看作是可以展览收藏品的建筑。反之，他们想要保护整个邻近街区，欣赏其个性的人们将在此街区居住和工作——艺术家、手工艺者以及为所有收入层次者服务的店主。该计划的另外一项目标是，集中珍贵的、经过修复的历史船只，将其停泊在紧邻建筑的伊斯特河中。该建筑以前也曾经为这些船只服务。博物馆已经拥有了“韦弗特里”号，它是一艘 1885 年的全帆装备的帆船，为印度和欧洲间的黄麻贸易而建造；“先驱者”号，一艘 36.58m 的纵帆船，于 1885 年作为近海单桅帆船而建造，于 1970 年修复，用于夏季海港周围的公共运输；“莱缇·G·霍华德”号，一艘 1893 年的格洛斯特捕鱼纵帆船，将其所捕鱼类送往富尔顿市场的典型船只；以及梅杰·日内瓦·威廉·H·哈特号，一艘 1925 年蒸气渡船，是上一代伊斯特河渡船的幸存者。然而，博物馆在维护船只方面经济越来越窘迫，更不用说恢复它们、并将其向公众开放了。

博物馆领导者们认为，可以在南街海港街景的空白处建造一些新的商业建筑，但是他们也认定，这些建筑应该尊重该街区的特征及规模。为了收购舍默霍恩街区，斯坦福和曼哈顿下城区开发办公室研究了一个计划。尽管保护这些低层建筑意味着，其上的空中权开发将无法使用，但是存在转移这些权利的先例。博物馆打算利用那些先例，合资经营该街区从属于“所有”老建筑和封闭街道的空间权，将开发权“存于银行”，将开发权出售给规划委员会指派的、曼哈顿下城区其他区域的开发商，并利用该收入去购买具备历史意义的地产。此计划展望，该排历史建筑会在接下来的时间内，一座接一座被居住其中的艺术家、手工艺者和店主恢复。

开端

博物馆和城市银行用空中权的“未来”购买建筑

当南街海港博物馆于1967年建立时，舍默霍恩街区为阿特拉斯-麦格拉斯（Atlas-McGrath）有限公司拥有，后者是一家开发公司，打算拆除该建筑以建造一座大型商业大厦。为了阻止他们的毁灭性行为，一家名为海港控股有限公司的商业公司由雅各布·伊斯布兰德辛（Jakob Isbrandisen）创立，他是一位担任了博物馆董事会主席的著名承运人。海港控股有限公司于1969年1月购买了舍默霍恩街区大街之后的约翰大街155号，由此中断了阿特拉斯－麦格拉斯公司集中地皮的行动。它还收购了舍默霍恩街区以北的街区，目的是以附带条件委付盖印契约拥有这些建筑，直到博物馆能够购买它们。这些海港控股有限公司收购的地产，资金几乎全部来自用所收购地产抵押担保得来的银行贷款。

同时，博物馆被市政府指定为可从城市改造征用权中获利的实体，可以完全以市场价值收购舍默霍恩街区建筑。下曼哈顿开发办公室和城市规划部门制定出了特别分区立法，它考虑到了将建筑空中权出让给曼哈顿下城区的其他7个地区，为的是这些开发权能够补助这些建筑的保护。

然而，到20世纪70年代早期，曼哈顿下城区办公楼市场开始不景气。阿特拉斯－麦格拉斯不能拆除，博物馆也无法保护，因为没有空中权的购买者。海港控股有限公司陷入拖欠税款和抵押利息款项的境地，银行开始取消赎回权。

为了挽救以行人为中心的历史街区计划，下曼哈顿开发办公室精心安排了一项复杂的计划。城市支付800万美元购买富尔顿大街的4个街区，包括阿特拉斯－麦格拉斯地产、舍默霍恩街区和15号、18号突堤，以及偿还该街道两旁两个街区海港控股有限公司地产的280万美元的抵押借款。海港控股有限公司所欠的其余款项以将111480m² 转让空中权让渡给银行财团的形式支付，后者接受了持有空中权的许可，直到好转的市场条件使得空间权销售变得可行。开发办公室的理查德·温斯坦

和沿着比克曼大街富尔顿渔市相连的仓库，大约于1970年。这些是围绕在更重要的19世纪市场房屋周围的功利主义典型建筑。钢索悬挂的遮雨棚则是典型的增建部分

(Richard Weinstein) 把这称为“一种以商品交换为特征的空中权”(airrights)。

拯救海港控股有限公司免除其义务的计划于1973年6月完成。结果是，银行以远远高于1973年的价格出售了部分开发权。城市立即将其购买的3个街区出租给博物馆，同时还有在该街区拥有的码头和其他地产。由此博物馆获得了舍默霍恩街区（后来作为博物馆街区为世人所知）99年的租约，该区域的界限是富尔顿、比克曼、沃特、弗兰特大街和南街。城市在沃特大街到海港街区到电话公司的入口处租用了一块空地，将在零售综合设施的顶上建造一座转换大厦。支付给城市的800万美元的租金款项，与城市发行以购买海港街区的公债债务服务持平。由此，私人方和博物馆不负担任何实际花费便拥有了城市空间。最后，电话公司并没有选择在租赁期末购买街区地皮，城市将该街区以1300万美元出售给了一位开发商，后者已经建造了一座办公大楼。所以，城市最终在其挽救的地产上赚入500万美元。

1974年7月，舍默霍恩街区被从99年租约中去除，尔后出售给了海港博物馆，然后又立即出售给纽约州，以安置有7年历史的、受制于经济约束的纽约州海洋博物馆。此交易实现的30万美元的赢利专门用于重新安置舍默霍恩街区的居民。

海洋博物馆在舍默霍恩街区设立店铺，认为这两个博物馆可以互相补充。然而，随着和劳思公司谈判的进行，以及南街

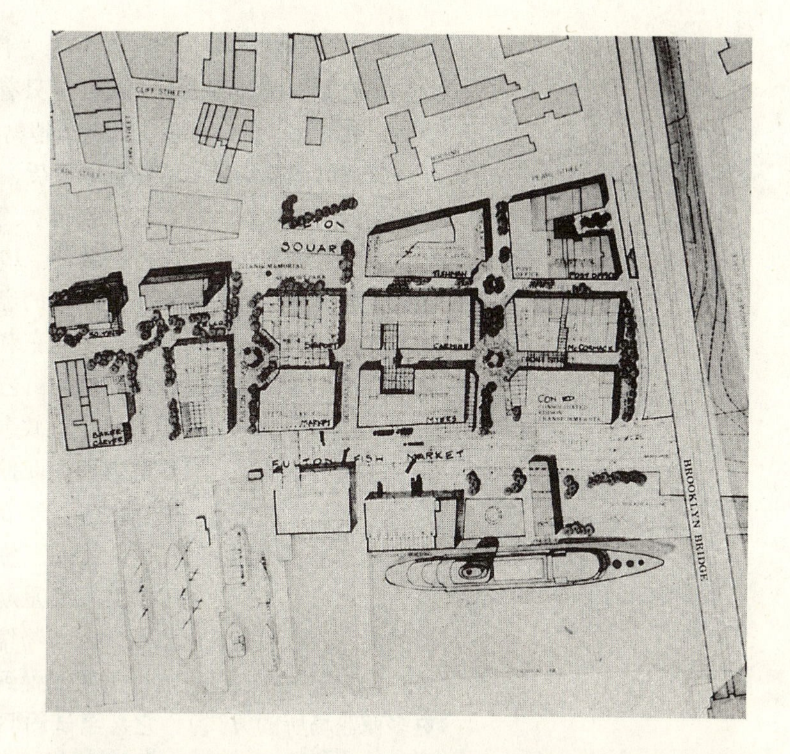

替代的规划方案审核了通向现有码头和渔市的十字路口，以及可能的弗兰特大街博物馆街区和新市场房屋间的覆盖区域。城市驳回了关闭富尔顿大街交通的提议

出处：本杰明·汤普森联合公司

海港博物馆寻求尽可能多的土地，提供给劳思公司用作商业用途，很显然，这两座博物馆有着不同的长期目标，而且他们将敌对地竞争以获取同样的私人基金。1979 年，海洋博物馆输掉了在海港继续经营的战役。在其关门之前，它支持了恢复主义者小组的一个工作，他们用文件记录整条大街，目的是帮助恢复那些建筑的外观。

同时，海港博物馆发起了自己的恢复和教育计划。“韦弗特里”号和“北京”号（它是一艘于 1974 年获取的四桅钢制帆船）被恢复了。博物馆在码头上演了音乐和戏剧表演，出版了一本流行杂志。它还管理博物馆街区的商业地产、富尔顿市场街区和 15 号至 18 号码头。1976 年，海港成为 200 年纪念活动的焦点，那年的 7 月 4 日，高大船只纷纷驶进了海港。纽约市地标保护委员会指定整个现有的都市改造街区——从约翰大街到布鲁克林大桥——作为南街海港历史街区。

接下来的数年中，他们一直在寻求和努力创造足够的收入，以创造一个真实的历史背景。由于意见不和统治着董事会，沮丧的职员和志愿者逐渐离开了，最终甚至包括彼得·斯坦福也走了。董事会成员的兴趣更在于帆船运动和航海贸易，而非保护。他们认为，保护这些建筑的最好方式，就是将它们当作商业投资。这些董事会成员认为，这种循序渐进的、一座接一座建筑的街区开发方式，将会太复杂、代价昂贵，且耗时很长。他们提议更少的开发商——或甚至只有一位开发商——通过规模经济和效率，能够使资金流转入博物馆。

管理问题使得局面变得更加复杂。在1974～1977年间，四位不同的行政主管——以及大部分员工——来了又走，从而没能在方案和经济规划中保持延续性。1977年，纽约市审计办公室颁发了一份报告，批评了博物馆的经济管理。博物馆尚未向城市支付两年的租金；它谈妥了非赢利性营业租约；它挪用了原本应该用于重新安置舍默霍恩大街艺术家"擅自入住者"的30万美元特别基金，将其花在了行政事务方面。

在博物馆照料自己藏品方面，保护团体内部甚至存在着不满的情绪。博物馆已经收到400万美元的联邦公共作品拨款，用于恢复16号码头和整个邻近街区，但是其中一些恢复工作被认为是无法令人满意的，而且需要重新进行。对于博物馆和邻居的关系，后者曾经热情地欢迎博物馆，但现在已经变得不愉快；博物馆员工支持将渔市重新安置到布朗克斯区（作为获得更多商业场所的方式），它甚至试图驱逐舍默霍恩大街艺术家租户。结果是，它被该地区的其他地产所有者起诉，罪名是将都市改造的重担到处摊派。

早在1977年，约翰·海托华（John Hightower）——前现代艺术博物馆主管——就被任命为该博物馆主管，时代公司总裁詹姆斯·谢普利（James Shepley）担任了董事会主席。在审查了博物馆的漏洞颇多的经济状况后，他们开始在历史性海港的主题内，探索海港街区的零售开发。

构想
劳思公司的市场连接街道及海洋，过去及现在

1976年，海港博物馆官员已经开始了和地处马里兰哥伦比亚的劳思公司的工作人员的谈话。劳思公司在波士顿的法尼尔厅市集广场的成功，给了博物馆董事会希望，即公司可以开发类似的零售店铺和餐饮综合设施，它可以立刻是历史性的或当代的，将稳定和挽救该街区。

该理念在纽约保护社区间激发了激烈的争论。这样的开发能够真正保护海港的乡土活力和历史，同时为文化和恢复方案产生足够收入吗？考虑到博物馆的经济、管理和保护难题，在是否能够谈妥一个对其船只和建筑有利的合约方面，依然存在问题。此外还出现了其他问题，而且随着开发的深入，这些问题会再次发生：在古老建筑中发现的多样性及惊喜，随着它们被重新安置，以及新饭店、食品商店和精品店

坐落在其近邻，该如何保护？长期以来久负盛名的、作为鱼类批发市场的身份发展而来的海港的吸引力，是否会让时尚精品店和快餐店作出妥协？什么种类的零售用途会吸引来大量难以捉摸的纽约人，以支付成本、甚至赢利？保持航海为中心的艺术、工艺和工场的场所是否会如最初设想的那样？填入的建筑是否会在视觉和自然上淹没海港和其后的河流通道？此项新开发是否会逐步提升该地区的地产价值，并由此改变周围街区的规模和用途？

然而，即使拥护博物馆将开发自身地产想法的人，也对劳思公司的历史业绩和品位层次印象深刻。“劳思公司视平衡用途为必要”，都市艺术社团（Municipal Art Society）的马戈·韦林顿（Margot Wellington）告诉《历史保护》杂志。“他们能够走出去，获得项目中缺少的事物。他们以令人舒心的方式鼓励当地企业家。他们有组合一揽子计划的可靠性”。

博物馆决定继续前进。为了进行一些可行性研究，它从阿斯特基金会的捐赠中获得10万美元，劳思公司也通过其工作人员和顾问捐助了相同的数目。博物馆聘用了克里斯多夫·洛厄里（Christopher Lowery），后者曾经服务于纽约市规划部门和开发办公室，以继续博物馆的地产努力。它还保留了韦伯斯特尔暨谢菲尔德公司，作为其项目特别顾问。

该可行性研究目的是，检测海港作为吸引喜爱博物馆和市场之游客场所的独特前景。劳思公司依赖本杰明·汤普森联合公司，后者是法尼尔厅市集广场的建筑师和规划师，以在布鲁克林大桥到富尔顿大街，或伯灵斯利普和约翰大街之间的历史街区内，找到可行的商业区域。什么样的大街和地产可以被整合和联合，造就一个有着方便流通、协调环境和广阔公共空间的开发核心？

富兰克林·德拉诺·罗斯福（Franklin Delano Roosevelt）车道西侧和以弗兰特大街为方向的3个内陆街区，由博物馆控制，但是它们并不能提供足够的商业开发区域，另外，它们还缺少复杂性和历史影响。博物馆的首要展品——高大船只“北京”号和“韦弗特里”号——被停靠在富兰克林·德拉诺·罗斯福车道以东的河流中，而沿着富尔顿大街和横穿南街的行人连接区——都交通繁忙——依旧拥堵，有时甚至是危险的。

在对北—南走向的弗兰特大街现场进行大量研究之后，本杰明·汤普森联合公司强烈建议，把东—西走向的富尔顿大

南街海港开发区总平面，包括（1）博物馆街区；（2）波加杜斯大楼；（3）舍默霍恩大街；（4、5）15号、16号突堤；（6）富尔顿鱼市；（7）鱼摊辅楼；（8）海港广场；（9）海港市场；（10）广场；（11）17号码头馆

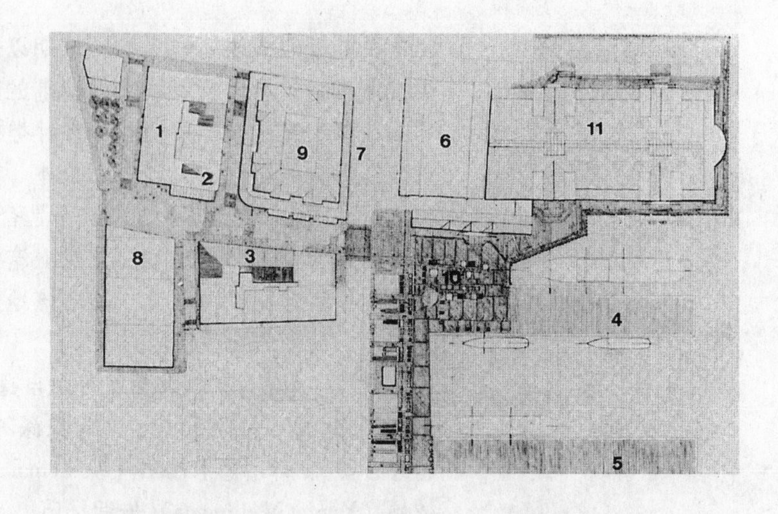

街——它由市政府控制，在技术上是没有界限的——转变成中心步行街，将把该街区连成一个整体。它将从金融区通向河边，在河边一座重建的码头上，能够在高大船只的旁边，建造一座可以容纳13935m² 商业场所的新建筑。该计划需要在富尔顿和南街街角两座前市场建筑的基址上建造一个新的市场，而且该市场不会干扰富尔顿渔市。两座新建筑——分别位于市场和码头上——将解决劳思公司的空间需要，同时提供到达河流和博物馆展览船只的人行通道。

在评估该建议的商业可行性时，劳思公司认为，海港将会得到和波士顿的法尼尔厅市场数量相当的顾客的支持。它将会拥有三种顾客——居民、员工和游客——每类顾客来源都不相同，但是都将零售中心理解为娱乐的源泉，以及在一座都市建筑群中提供独特的食品和特色产品。

但是最终的成功部分取决于该地区将建造的新办公楼中汇集越来越多的员工，游客将是南街海港最大的最初潜在的买主来源。劳思公司计划，到1987年，每平方米的年销售额为7793美元，到那时，市场的所有方面都将投入运作。为达到此目标，海港将需要维护浓厚的历史氛围，以吸引大量的游客。但是除了游客外，海港的成功还取决于热爱食品店、肉铺和面包房的本地区居民，以及在该街区用中餐和购物的办公工作人员。

劳思公司建议创立这样的市场环境，尽管在用途方面和19世纪的批发贸易市场不同，但在风味方面和那时的市场类似。博物馆同意了这个构想。“这绝不是最初海港支持者们的意图，”博物馆主管艾伦·弗莱彻（Ellen Fletcher）说道，“去创建一个像历史性的威廉斯堡那样的街区——及时地在每一点上

得到完好的保护。反之，支持者们想要南街海港成为持续可用的生活区域。”

关于这些想法的一份报告的结果就是，州长休·凯里（Hugh Carey）、市长爱德华·科克、詹姆斯·谢普利（博物馆董事会主席），以及马赛厄斯·德维托（劳思公司总裁）在1979年签署了一份合同草案。

合作

博物馆，市政府，州及劳思决定各司其职

可行性研究和合同草案启动了正式的土地用途规划，此规划需要得到城市海港委员会和纽约市评估委员会的批准。

该合同草案还界定了参与者各自的职责。博物馆将负责展出历史性展品，以及船只恢复方案，包括“韦弗特里”号和“北京”号，负责在码头之上、舍默霍恩大街和博物馆街区建筑中进行展览；负责维护码头和该街区街道的公共空间。博物馆还将自己开发大约9290m^2的商业办公场所，恢复其他历史性建筑，以及完成舍默霍恩大街和博物馆街区的各个部分。最终，它将启动一场耗费数百万美元的融资活动，以建造建筑的内部场所及完成船只修复工作。

劳思公司将开发大约9290m^2的节日市场空间，方式为建造一座面朝南街和富尔顿大街的建筑，利用从博物馆租来的、位于舍默霍恩大街和博物馆街区地面层的地产。随着城市建造新17号码头的完工，劳思公司将建造二期工程——在码头和其他新的、改建过的地产上建造一座新的零售－餐饮馆，将其总零售场所增至约27870m^2，费用增至9000万美元。

1981年1月，一笔2040万美元、来自美国《住房和城市发展部》的城市开发行动（UDAG）拨款，奖励给了该市，以建造17号码头。为了获得UDAG拨款，该市和一家私人开发公司杰克·R·雷斯尼克暨桑斯公司达成一致，在富尔顿大街和沃特大街通往海港的入口处，建造一座耗资1亿美元的办公大厦，第一和第二层经营零售。该市还负责在14个街区区域内进行基础设施改造，包括街道改造、照明和沿河人行道。

纽约州通过城市开发公司，将恢复舍默霍恩大街及其街区，在南街和伯灵斯利普街角将建造一座新大楼，预计全部花费为1050万美元。完工后的场所将是博物馆租赁的组成部分，回报则是将大部分地面区域转租给劳思公司。舍默霍恩大街建筑中的居住楼租户将被允许留下，他们有机会以远远低于市场购买价的价格购买自己居住的单元。

富尔顿市场细部模型展示了乡土形式的四坡屋顶、帆布顶棚以及钢索悬挂顶棚的使用，它们包裹住建筑，以提供恶劣天气下的遮蔽

出处：斯蒂夫·罗森塔尔(Steve Rosenthal)

评估委员会于1980年11月批准了这些土地使用计划。博物馆和城市再次商讨了租约，为博物馆向劳思公司转租土地提供方便。这次商讨是持久的，但是它们成功地完成并最终于1981年10月得到了评估委员会的一致通过。

规划
海港变成生动的时间表

本杰明·汤普森联合公司将富尔顿大街变成海港人行中枢规划的批准，意味着一座食品市场建筑再次将变成街区中心，以及富尔顿大街将提供较多商业用地。该计划将临界质量的新零售场所从保护街区移到临河建筑区，在那儿零售能够提供戏剧性的新体验和乐趣。

将近200年来，南街一直是纽约市鱼类批发业的核心，从午夜到黎明，该地区依旧活跃着运送和收购鱼类的卡车，依旧活跃着将鱼类去骨切片和加工的个体企业。留作专门用于劳思公司新富尔顿市场的3623m^{2}街区的一半，由面朝南街的一层鱼摊占用。市场因此被设计建造于鱼摊之上，使得新地面层零售仅仅在面朝弗兰特大街的高地一侧。就像在此之前的1823～1882年市场一样，新四层楼的富尔顿食品杂货业、特色食品和餐饮市场，采取了棚状形式和结构，在所有方面都尽可能地开放，以突出它和海洋的历史联系，而食品正是从海洋流入该市的。它以“朴素”特征为目标，以不属于海港区的材料达到了这样的目标——花岗石、砖块、波纹钢、瓷砖和石头——以及诸如四坡屋顶、屋顶窗以及钢索悬挂的顶棚等元素，它们传递

了诚实可信精神，同时服务于紧凑的功能规划，满足了当代的规则需求。

古老的“镀锡铁皮建筑”容纳了大部分的鱼类批发市场，将依旧横穿富兰克林·德拉诺·罗斯福车道之下的南街。因此，在该街区，白天和夜晚都会有人群——白天是游客、办公室员工和居民，晚上则是鱼类市场。

设计师们将位于17号码头的新罗思大楼规划成为一座商业大厅，它将布满店铺和餐馆，在滨水区提供人们急需的公共聚会和景观场所。该码头的先例可在纽约市19世纪“休闲堤坝”中可以找到，后者在装卸码头的上层为城市居民提供了大型的、公园形式的开放空间建筑。人们可以闲逛、跳舞和玩游戏，同时享受河上的清风。17号码头展示馆将是3层的棚状建筑，每层有大约$3716m^2$。在每层建筑中，大型采光天窗之下的拱廊、走廊和人行道，给餐馆、咖啡厅和零售区域最大限度观看河流上下的朝向和视野。它将由钢铁和玻璃建成，钢铁壁板被油漆成附近安布罗斯灯塔船的红色。

该展示馆将使得人们关注博物馆展出的船只。人行道将连接码头和船只、富尔顿大街、博物馆街区和舍默霍恩大街博物馆场所和店铺。在设计两座新罗思大楼的过程中，本杰明·汤普森联合公司回应博物馆的需要，希望创立文化和商业可以交融的场所。正如建筑师们描述的那样：

> 挑战就在于设计两座新大楼，它们本来就应该已经建造在

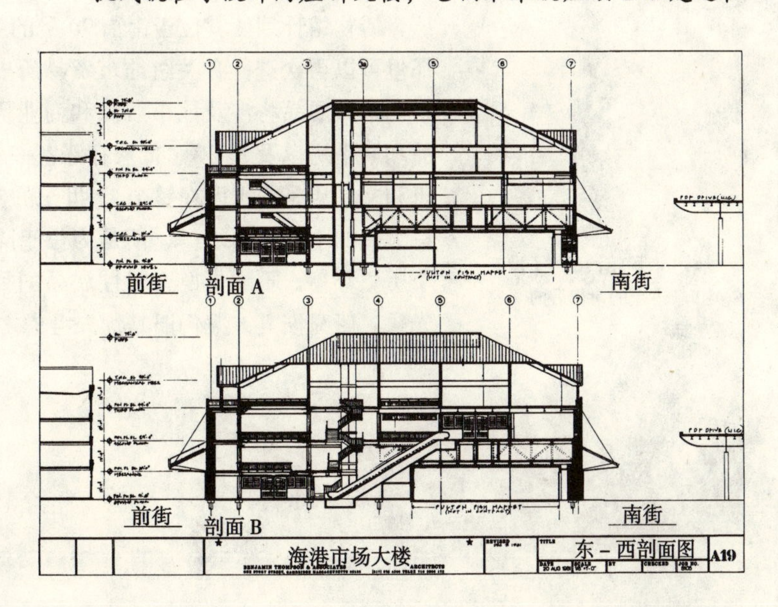

富尔顿市场东西走向建筑部分，展示了自动扶梯的连接，它从现存的南街鱼摊向上延伸

各自位置上，它们完全可以作为一个复活街区的节日中心，它们对于过去感觉自在、但又不是有关历史的……我们希望创建属于邻近街区的建筑，而不需要披上任何种类的伪装。

对该建筑诱人的古色古香的敏感不同于怀旧，他们说道：

建筑就像人一样，必须允许它们发展、改变，以及被新一代取代……我们有恢复“今后”的机会，有以优雅而兼容的方式连接后续阶段和形式的机会……日积月累，（新建筑）表达了城市……生活时间表的深度。该时间表是建筑对历史理解最重要贡献之一，而理解历史的多个方面正是博物馆的工作范围。

文化、解释功能的扩展

1982年早期，当关于扩建街区的基本建设、租赁以及运作谈判完成之后，南街海港博物馆工作人员们将注意力转移到了扩展展览方案上，运用历史工具、画廊、店铺，以及解释和教育参观，使游客接触作为国际航海贸易中心的纽约市的根源。

到1984年春季和夏季，博物馆员工们已经系统阐述了演绎概念，它会刺激海港游客审视四个主要历史力量，它们构筑了海港和纽约市：滨水区和商业开发的自然关系；纽约到第一次世界大战时上升到世界上最大海港地位的经济过程；纽约对航海技术的贡献；以及海洋和岸上的社会生活方面。

博物馆计划使其位于南街90号的新大楼成为介绍中心，在那里可以再次进行有关纽约市贸易历史的简短幻灯片展示。一系列永久展品将涉及该市航海和商业历史。它们将包括传统展品和矮平房以及A·A·低矮存账室一楼的恢复场所。由于印刷机和文具店是滨水区在整个19世纪的支柱，海港展览馆位于沃特大街的主要展品之一，便是为位于隔壁的鲍恩文具店创建一个历史环境。不断更换暂时性展品的目的，是为了让游客经常光顾。船只恢复方案仍旧是优先考虑之事。

17号码头展示馆，显示了沿着鱼类市场边缘的南街后的“联系”建筑

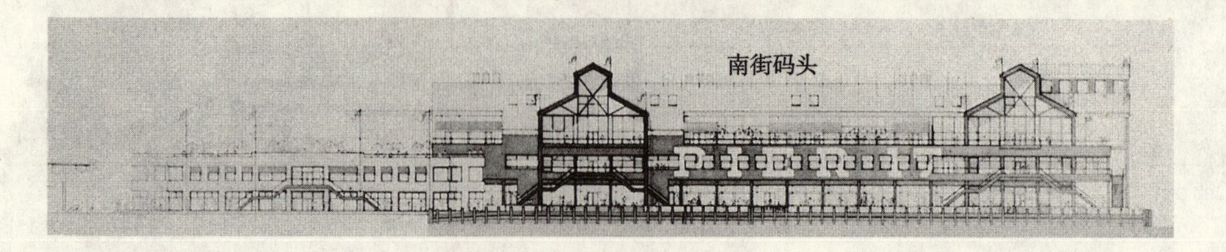

南街海港

项目数据

构成部分——收入生成	第一阶段	扩建部分（1985年）
零售		
舍默霍恩大街	2694m^2	2694m^2
富尔顿市场	5574m^2	5574m^2
博物馆街区	1858m^2	1858m^2
海港广场	2183m^2	2183m^2
17号码头展示馆		11613m^2
小计	12309m^2	23922m^2
办公		
海港广场	92900m^2	92900m^2
博物馆街区	3252m^2	3252m^2
舍默霍恩大街		2323m^2
小计	96152m^2	98475m^2
构成部分——艺术/文化/开放场所		
南街海港博物馆		
博物馆街区（包括游客中心）		
展示场所	283m^2	517m^2
办公	899m^2	899m^2
支持	1075m^2	841m^2
舍默霍恩大街		
展示场所	232m^2	3219m^2
支持	1027m^2	409m^2
两座码头		
小计	3516m^2	5885m^2
其他		
停车场	400车位	400车位
居住		2871m^2
面积		
土地	5.24hm^2	5.24hm^2
水	1.92hm^2	1.92hm^2
总建筑面积	108461m^2（加文化用途）	122396m^2
容积率（FAR）	2.07	2.32
方位	曼哈顿，布鲁克林大桥南	
总开发商	劳思公司	
开发期限	1967～1983年	
预计总费用	35055万美元	

来源：南街海港博物馆

考虑到该街区综合了博物馆、零售和办公用途，博物馆需要更多人关注到它的存在，确认自己的设施，提供有关街道、船只和建筑的介绍性历史信息。室外招牌方案将包括街区入口的大型墙壁招牌：博物馆组成部分的画廊、设备和店铺识别标识招牌；提供有关船只和精选历史建筑的基本信息的标记；一系列的可替换海报，展示关于历史商业和人物的有关信息。

这个雄心勃勃的演绎方案，其资金是从博物馆商店、餐馆和办公楼赚取的收入中获得的，将以实现博物馆目的为目标，它被雕刻在入口附近的一块标志牌上：

博物馆是一个邻里街区。它就是街道、码头、店铺、市场、画廊和人们。纽约市的历史和伟大的商业传统开始于此，并等待着你的发现。

实现这些努力的融资，来源种类繁多，其中任何一种假如没有劳思公司参与的话，都不能直接或立即为博物馆所用。

在劳思市场商业开发的每一个部分，都是为了博物馆产生实质性收入而设计。劳思公司作为租金向博物馆支付每平方米42美元，或者它从转租中获取毛租金收入的15%。那时，实际上需要通过复杂的公式进行计算，在扣除运作和无法补偿的花费后，并考虑公司的投入回报，商业收入才会和博物馆平等分享。

另外，劳思公司同意支付大部分海港户外场所50%的维护费用，博物馆支付剩余部分。作为回报，博物馆将和城市以及州政府分享从项目中获取的租金收入，后者是该地产的实际拥有者。博物馆将为租给劳思公司的场所向他们支付每平方米26美元。超过此数目的收入将被均分，博物馆得80%，城市和州政府得20%。

据估计，在开发项目完成第一个全年的1985年，城市和州将总共收入97.2万美元。博物馆有望赚取158.2万美元，以此收入，它肯定可以满足每日区域维护义务的所需花费。它的规划是，到1990年开发收入超过190万美元。到1991年，据预测，博物馆赚取的收入将占其预算的80%；会员费和捐助将占据剩下的20%。此比率和1981年数字反差巨大，在1981年，仅仅40%的博物馆预算是通过收入获取，剩下的60%是依靠捐助，而1984年的估计数则是，55%是赚取的，45%为捐助。

为该区室外区域采用的维护及管理方式也是很复杂的。博物馆关注的是维护一定的历史遗址，在此遗址中，新的零售和商业用途将支持、而不是淹没历史建筑和展览方案。劳思公司在赞同此目标的同时，想要确保零售租户在获取商业环境方面得到支持，而此环境将吸引员工、居民和游客。

在1981年城市和博物馆间的租赁协议中，博物馆承担了全面维护和街区内街道和公共区域的安全责任。它还保留决定公共开放场所内所有零售和节日活动是否合适的权利，其判断基础是它们是否和历史使命协调。这种运作合作关系——对于劳思公司是第一次——表现出了了巨大的优势：因为博物馆是非赢利机构，它可以比劳思公司以更便宜的价格签订维护和安全方面的合约。

这种安排还要求博物馆和劳思公司进行一系列冗长的谈判，谈判的内容为地皮内活动的本质和范围，技术上称之为“联合维护区域”。劳思公司必须获取博物馆就街道小贩、户外娱乐和季节性装饰等方面的认可。在为这些活动进行规划和广告的过程中，劳思公司将追求自己的基本目标，即将大量人群吸引到其项目中去用餐和购物。博物馆尊重劳思公司和其租户（他们中大部分为当地商户，没有独立的声望）大销售额需要的同时，将以为整个街区维护历史完整感为目标。为解决潜在争议，为就如何满足这些不同目标达成共识，来自每一部分的代表每周举行一次会议，开发一项街景方案，此方案将使得街道变得喧闹，但却是尊重街区的历史完整性。

在海港商业开发被规划、并投入运作的数年中，博物馆扩展了管理模式，方式为创建三家新公司，处理商业恢复、地产和管理者任务。1982年，非赢利的南街海港公司被建立，以帮助博物馆履行更适合地产公司的职责，确保博物馆继续拥有自己的建筑和演绎材料，尽管它不履行和城市租约的几率微乎其微。其15位成员组成的董事会中的大部分都得到了博物馆董事会提名，将必定成为博物馆董事会成员。

由于来自该公司的恢复和开发用途的收入将予以免税，保持非赢利地位免受法律挑战是很重要的。他们另外还创立了两家子公司，从事可赢利事业。南街海港地产公司管理着博物馆地产上面楼层的办公室，以及地面层的零售场所。它和外在投资者就这些地皮的开发进行合作，并在它们出租后管理它们。南街海港博物馆商店运作一系列的、分布在整个街区的画廊的店铺，包括一家文具店、一家经营书籍和航海图的商店、一家模型商店和一家儿童商店。

通过将自身组织成这些独立的非赢利性商业部门，博物馆已经扩张了其传统的历史和演绎功能，直接参与了整个多用途街区的地产机遇中去。

南街海港

开发成本一览表

	公共	私人
海港广场（办公建筑）		1.76 亿美元
舍默霍恩大街市场街区、突堤、博物馆和电话		1.025 亿美元
中枢办公室街区加上租户建设的开发		
多屏幕剧院开发		300 万美元
博物馆和舍默霍恩街区租赁办公场所开发		800 万美元
博物馆街区恢复	430 万美元	
富尔顿鱼市的改进	330 万美元	
舍默霍恩大街用于建筑稳定和改建的设计、建筑和管理费用	1000 万美元	
滨水区街景、南街和相关改进（下水道和水厂）的设计和建造	2300 万美元	
码头平台和人行基础设施改进建造；向 SSSM 贷款，用于设施更新和建造	2045 万美元	
总计	6105 万美元	2.895 亿美元

来源：南街海港博物馆

当前状态

历史保存与购物、餐饮及表演共存

在 1984 年 11 月致一家全国信用卡公司信用卡持有者的业务通讯中，南街海港成为全国六个节日营销购物中心之一：为圣诞而来——带上你的信用卡！

> 查尔斯·狄更斯将会喜爱纽约市的南街海港。事实上，在假日季节中，这种 18 世纪的经过恢复的、由海港转变而来的购物或用餐盛会，有着许多狄更斯时代的真正外部标志，后者的特征是沿着鹅卵石街道运载购物者的四轮马车，贩卖烤栗子、热苹果汁和新鲜采摘的花冠的户外市场小贩。每日都有维多利亚时代打扮的狄更斯作品人物的演出，以及纽约名流特别颂读《圣诞赞歌》。

保护纯粹主义者是否会赞同劳思公司市场这样的宣传花招，并不如后者来得重要，即被狄更斯作品中描述场景吸引而至的游客，是否会在购物和用餐之余，哪怕有一点点真正领会并关注海港的历史。这就是南街海港提供给当前游客的：

• 博物馆街区。14座建筑已经被博物馆恢复，用于展览和办公，以及商业零售（2044m^2）和办公场所（3252m^2）。该街区最古老的建筑可追溯到1797年。除了博物馆航海图书馆和展示该地区历史的多媒体演出剧院外，还有以历史为中心的商业机构——海港画廊、埃德蒙·M·布伦特书画商店、鲍恩文具店（于1775年在该地区建立），以及类似机构。

• 舍默霍恩大街。随着建筑被加固以及滨水区被恢复，位于富尔顿大街的12座建筑成为了真正存在的地标。在这些建筑以及其后的库房和账房中，是2694m^2的店铺、4645m^2的博物馆画廊、2323m^2的办公楼，以及2926m^2的阁楼住所。

• 历史船只。经过恢复，停泊和展出在15号和16号码头的是安布罗斯号灯塔船（1908年）；以及梅杰·日内瓦·威廉·H·哈特号，一艘伊斯特河渡船（1925年）；莱缇·G·霍华德号，一艘纵帆渔船（1893年）；"北京"号，一艘四桅钢铁帆船（1911年）；"先驱者"号，一艘近海单桅帆船，现用作夏季港内航行（1885年）；以及"韦弗特里"号，东海岸最后全帆装备的大帆船（1885年）。

• 富尔顿市场。劳思公司海港市场有限公司的中心于1983年开业。它的四层楼包含了5574m^2区域，可租作餐馆、特色食品摊位以及提供新鲜食品的市场大厅。

• 17号码头展示馆。也由市场运作，这座新的、3层楼的、钢铁及玻璃建筑，在伊斯特河码头顶上建造。它计划于1985年夏季开业，将容纳10219m^2的店铺和餐馆，加上公共人行道和坐椅空间，都可以向南展望博物馆展出的船只，向北展望布鲁克林大桥。

• 一座海港广场（One Seaport Plaza）。这座35层的办公大楼由杰克·R·雷斯尼克暨桑斯公司在沃特大街进入该街区的入口处开发，该街区是城市政府租赁的，后从电话公司收回。其低层店铺由市场租赁和管理。

随着劳思公司市场的开业，以及其在租赁店铺和办公室方面不断取得成功，博物馆有着更大潜能，去从商业中赚取比会员费和捐助更多的收入。对于负责运作和构筑历史街区公共场所的博物馆工作人员来说，可信赖性不再是做出尽可能少的让步以使博物馆存活的问题，而是在面临可能惊人的商业成功时，如何维持根本目的的问题。1981年1月，《纽约时报》的一篇社论警告道，复杂的20世纪商业综合设施，将在长期内和该街区的历史特征兼容:“目前的观念更加取决于零售的活力,而非更老的时间或地点的活力”。

博物馆工作人员当然已经接受反驳此判断的挑战,因为他们开发了一个多方面方案,使游客尽可能认识海港,而不是回来购物。在码头上有着展品和船只巡回展出,历史收藏和演绎展品在老建筑的博物馆画廊中展出,海港历史的戏剧演出,以及一系列由导游引导的旅游——从清晨参观富尔顿渔市,到参观舍默霍恩排屋大街街区上方楼层中被遗弃良久、但是还是不时有人光临的酒店场所。

劳思公司显示了依旧赞同博物馆优先权的所有迹象,非常好的理由是博物馆会促进商业的发展。1984年,劳思公司主席和总裁马赛厄斯·德维托解释说“假如没有有力的证据证明人们对该地点感兴趣,并且被吸引而来的话,劳思公司不愿意再创建一座法尼尔厅市场大厅、港湾广场,或者海港。零售不可能作为先锋”。他承认,和博物馆工作人员就海港历史背景下市场能作些什么进行“竞争和拉锯战”:

> 我们必须和他们密切合作。他们的建筑和我们的店铺有着很多相互关系……建筑应该代表当代用途,同时,保存它们的历史感……当那个项目完成时,它将反映出文化机构和美国能够发现的私人开发商之间最好的相互关系。

针对博物馆趋向高档赢利主义努力——通过自己的企业以及和劳思公司的租赁——的批评家也应该提醒自身,没有任何都市街区有望在远离社会和经济环境及人口的情况下存在。对

1983年7月28日,是富尔顿大街开业的日子,观众人群堵塞了富尔顿大街。紧邻富尔顿大街的角落(左),南街海港博物馆恢复的部分街区,由贝尔-布林德尔-贝利建筑师事务所重建,风格为19世纪铸铁建筑
出处:史蒂夫·罗森塔尔(Steve Rosenthal)

于海港而言，环境紧邻沃特大街的曼哈顿下城区，这是一片快速变化、始终时尚的地区。1981 年，在市场和海港广场被建造之前，纽约保护主义者巴里·刘易斯（Barry Lewis）和弗吉尼娅·达迦尼（Virginia Dajani）在“可居住城市”中，对规模巨大的摩天大楼以及古老海港街景上没有特色的“精品店及菠菜沙拉咖啡馆”无法阻止的入侵，表示了悲痛之情。但是他们也承认这是南街海港必须接受的现实，是其存活的代价：

我们不应该指责博物馆诞生于某一个时代，但是又必须面对其他时代的现实。正如看上去是不可避免的那样，海港街区的未来建筑将是豪华阁楼公寓和庞大的办公大厦，或许这就是博物馆得到一致支持的更大缘由。必须得有人照看过去留下的少量东西。

最后的分析是，很难指责博物馆的赢利主义。赢利主义镶嵌在了古老海港建筑的每一块砖头和每一团砂浆中，存在于高大船只的每一根横梁和螺栓中。19 世纪的商业看上去并没有少些粗鲁、少些铺张、多些人性、多些积极因素。少些包容——因为买和卖存在于一个更加亲切、节奏更慢、更费力的手工时代。然而，这是一种浪漫的错觉。正如保护顾问詹姆斯·马斯顿·菲奇（James Marston Fitch）评论的那样，“舍默霍恩老人是一位开发商。他有着巨大野心——心中拥有一座宏伟的场所。劳思公司和彼得·舍默霍恩（Peter Schermerhorn）差别并不很大；只是它更强大、更有力量”。

这些关于当前海港和海港关系的问题，许多年来得不到最终答复。同时，它们刺激纽约人和游客找出这片曼哈顿下城区长久以来被忽略的地区，亲自去发现它的历史。

达拉斯　达拉斯艺术区

案例研究9

项目简介

达拉斯艺术区包含17个街区（$24.68hm^2$），以恢复达拉斯中心商业区东北边界的活力为目标。用于完成街区所有私人和公共的花费，计划为26亿美元。当它于世纪之交全面发挥用途时，该街区将包含达拉斯美术作品博物馆、达拉斯交响乐团莫顿·H·迈耶森交响乐中心、达拉斯剧院中心剧院、LTV中心，以及其他办公楼和居民楼。和新建筑肩并肩耸立的是许多著名建筑，其中有一所艺术中学、圣保罗联合循道会教堂（该市第二古老的黑人教堂）、瓜达卢佩圣地天主教堂，以及具有历史意义的伯洛大楼，现在由达拉斯巴尔基金会使用。弗洛拉大街沿着街区中心延伸，将成为欧洲风格的林荫大道，两旁排列着店铺和餐馆，由成百上千的树木提供遮蔽，中间不时有公园、喷泉、展示亭，以及室外演出场所。该街区有望每日被多达55000行人使用。

城市、企业领导和艺术团体组建联盟，以管理一个17个街区的人行中心

艺术区界限内的不同的地块正由不同的土地所有者单独开发，包括达拉斯市、博物馆、管弦乐队、崔梅尔克罗公司以及其他公司。每一个地产所有人自愿加入了达拉斯艺术区联盟，从各自不同的开发计划和需要中实现一个综合性的总体规划——佐佐木英夫规划——打造一个具备难忘视觉主题和精心安排的人行环境街区。强有力的分区规则和同样有力的中心管理实践将管理整个街区，尽管它不是一个由一位开发商设计和建造的多用途项目。在达成的约束条款内，联盟成员规划自己的建筑和方案。但是他们达成了统一的分区和设计控制和区域管理机制，以达到形成合力的目标。

城市文脉
没有焦点

达拉斯的当前人口总计稍稍少于100万，有着充满活力的经济，以及强烈的充满企业家精神的历史。其市中心依旧是大都市区域最大的受雇中心，有着超过12万名员工。1983年，地产税收主要部分占了全市所有收入的20%以上。新建筑以创纪录的速度推进，给未来十年安顿计划中的50%市中心员工增长额提供了机遇和责任。中心商业区包含指定的艺术区域，包含了404hm^2的土地。就在1981年，它贡献了1200万美元的城市税收，据报道，零售额大约为3.97亿美元。

在过去的四分之一个世纪中，该市取得了巨大的发展。正如《纽约时报》于1983年关于达拉斯市新市的一篇文章中描述的那样，"该市在20世纪60和70年代中飞速发展，成为了美国南方阳光地带天空中最明亮的明星之一"。在60年代，市长埃里克·琼森（Eric Jonsson）发起了一项名为"达拉斯目标"的计划。由市民和机构草拟的这些目标，概述了达拉斯成

达拉斯艺术博物馆位于弗洛拉大街的入口，以及庭院
建筑师：爱德华·拉蜡比·巴恩斯

为世界级城市需要完成的工作。至于艺术，达拉斯目标建议该市“为每一种艺术形式提供漂亮、实用、方便的物质设施，使用税收资金补充——而非取代——私人捐款。当这些目标被证明是合适时，达拉斯市应该提供一些税收资金，以维持和支持文化追求”。在70年代，城市和沃思堡市联合建造巨大而现代的达拉斯-沃思堡市机场——以确保得克萨斯东北地区将来成为国际商业中心。

60和70年代的艰苦工作已经得到了回报。根据维克多·苏恩（Victor Suhm）（一位市行政官助理）的说法，“达拉斯现在被看作世界上最具吸引力的商业环境之一”。达拉斯市中心则反映出了这种成功。1982年，城市规划和开发部汇报说“达拉斯的中心商业区正经历着历史上最繁荣时期”。

然而，该繁荣来源于一种关键因素的影响：办公楼。在1980~1983年间，开发商建造了1109969m^{2}的办公场所。办公室的快速发展加剧了一种长期以来的缺陷：达拉斯缺少一个闹市中心焦点。它没有“重中之重”，正如一位观察家所描述的那样。白天呆在办公室中的员工，晚上则开车或乘车回到远离市中心的家中。“人们以达拉斯为荣，因为它有很好的商业气候，也是很好的居住场所，”维克多·苏恩解释道，“但是它没有令人兴奋的中心，那种你可以带外埠游客前往的中心。它没有中心焦点。该市是美国第七大城市，应该具有一个更加充满生气和活力的闹市区。达到此目标还有很长的路要走。”

艺术环境受困于空间不足

达拉斯于1900年启动了一个刚刚起步的交响乐团，以及三年后的艺术博物馆。由于开始较早，达拉斯交响乐团成为了全国六个最古老交响乐团之一，然而到20世纪70年代晚期，它还是没有属于自己的永久性场馆。达拉斯美术作品博物馆将其70多年时间中的大部分花在了关注美国西部的艺术上。两家机构都确立了适度的全国性声望。该市还有一家芭蕾舞团、一家极受尊敬的戏剧公司、许多戏剧团体，以及历史和科学博物馆。研究显示所有这些团体的上座率都在上升，然而它们中的大部分都面临着空间和经济支持不足的困境。

到70年代中期，达拉斯交响乐团和达拉斯美术博物馆已经发展得超过了其设施所能够容纳的程度，结果是，它们都在遭受损失。两者都位于费尔帕克，也就是市中心向东3.2km的街区，在那里大部分时间内主顾很少，然而在每年一度、持续两周的达拉斯州博览会期间，又忙得不可开交。

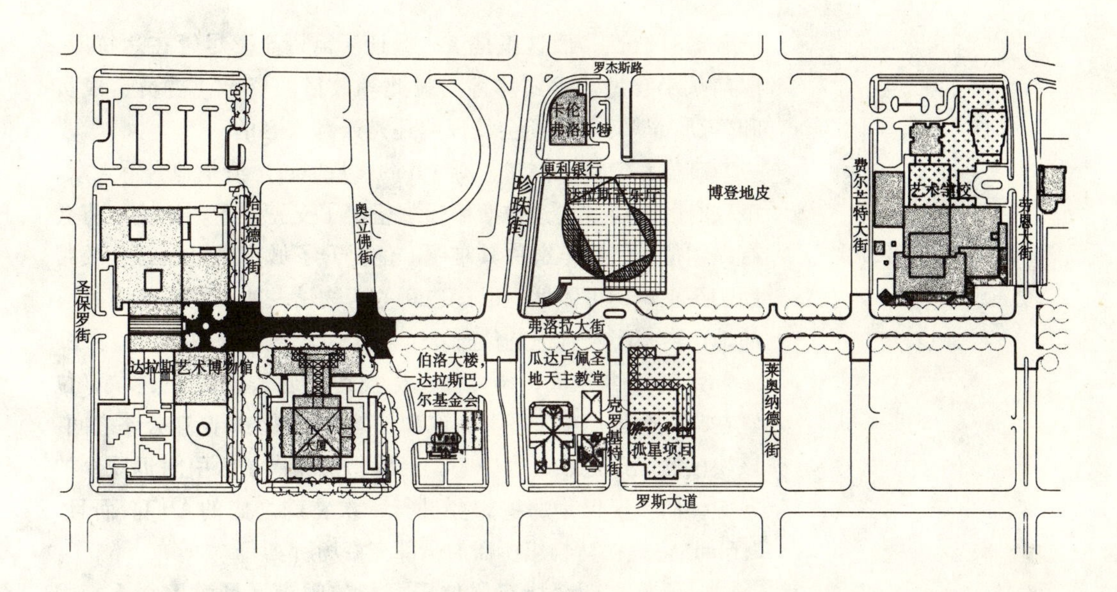

达拉斯艺术区场地规划

博物馆被严重限制在一座1936年的建筑中，该建筑由市政府建造，并不能提供足以展出其大部分收藏的场所，也很少举行重要的巡回展览。在60年代，当它和当代艺术博物馆合并时，获得了一套全新的特色收藏。在随后的数年中，它又将藏品扩展到了全新领域，包括亚洲、非洲和哥伦布时代前的艺术。到70年代，其过分拥挤的条件使之不可能接受未来的馈赠。

达拉斯交响乐团在费尔帕克音乐厅中感觉更加痛苦，后者容纳了大量的其他承租人。有时，交响乐团甚至没有彩排场所。半年多以来，它不得不找其他地方召开音乐会。因为上述和其他原因，在1974年，它的财政状况异常混乱，以至于它不得不暂停运作9个月，同时其受托管理人则盘算它的未来。

然而，就在那年，博物馆和交响乐团都聘用了新的领导人。劳埃德·霍尔德曼（Lloyd Haldeman）是交响乐团新经理，很快将其从经济灾难的边缘拉了回来。在博物馆，哈里·S·帕克三世是受托管理人从很远的纽约市都市艺术博物馆聘用而来，他热情洋溢地发起了寻找新场所的活动。

开端

博物馆寻求发展空间

当对手沃思堡市开了3家艺术博物馆并吸引了创纪录数量的观众之后，达拉斯美术博物馆的挫折就加深了痛苦。1976年春天，在董事会主席玛格丽特·麦克德莫特（Margaret McDermott）的极力主张下，博物馆组建了一个研究委员会，以寻找可以建造更大建筑的地段。

该研究委员会评估了博物馆筹集1200万到1500万美元

资金的可能性，而这正是该次搬迁所需资金。尽管在达拉斯，以前从未有过艺术团体筹集过此等数目的资金，委员会成员和赞助人举行的早期会谈证明还是鼓舞人心的。

市长罗伯特·福尔瑟姆（Robert Folsom）清楚地告诉大众，市政府已经通过“达拉斯目标”坚定了支持艺术的决心，将会有兴趣帮助博物馆解决其难题。他提升了城市通过发行公债帮助购买土地的可能性，以建造新的博物馆，如果在市政府拥有的地产内找不到合适的位置。

到1976年秋天，研究委员会找到了近3.6hm^2的地块，位置在哈伍德大街位于罗斯大道和伍德尔·罗杰斯高速公路之间。该块段的优点是靠近市中心，给博物馆提供了吸引附近观众的希望，而不仅仅是那些想要进行一次特殊之旅的人们。而且，3.6hm^2将提供博物馆所需的全部充裕场所。

哈伍德大街地块正好位于可能的闹市区开发路线上，闹市区正明显向东北转移，但是这样的前景并未还没有影响市场。3.6hm^2土地内不同的地块价格从每平方米86美元到269美元不等。按照那样的价格，该土地可以用大约550万美元的价格收购。到1977年5月，博物馆董事会已经收购40%所需土地的买卖特权，选择爱德华·拉蜡比·巴恩斯作为新建筑的建筑师。巴恩斯对被提议的地段范围很满意，他建议建造一栋水平的而非竖向建筑。

构想

卡尔·林奇公司提议建立艺术区

1976年9月，在市长罗伯特·福尔瑟姆（Robert Folsom）和市行政官乔治·施拉德（George Schrader）的领导下，博物馆和8个其他当地文化机构应邀和城市代表会面，并商讨他们在新场所中的需要。除了博物馆和交响乐团之外，参与者包括达拉斯芭蕾舞团、达拉斯城市歌剧院、达拉斯健康与科学博物馆、莎士比亚戏剧节、达拉斯夏季歌舞剧、达拉斯剧院中心，以及第三剧院。城市建议聘用一家顾问公司为所有这些团体评估局势，为城市找到满足这些团体需要的方法提供建议。9个艺术团体和城市分担此项工作的费用。1977年春天，来自马萨诸塞州的剑桥卡尔·林奇合作公司被聘用和来自所有9个机构的代表合作，和城市规划部的卢伟名（Weiming Lu）合作，和一位当地建筑师E·G·汉密尔顿（E. G. Hamilton）合作，以推荐艺术设施规划。

卡尔·林奇公司于1977年10月递交的一揽子计划是这样总结此次调查结果的：

技术细节中有许多重要的变量，一定的现存的物质问题通常会重复：一间太小的建筑，或对于当前发展阶段而言过于坚信，大部分观众难以到达的一处地理位置，缺少停车和合适的环景。所有人都表达了支持活动的愿望，如餐馆、酒店、咖啡厅、热闹的街道，以及怡人的环境。

对这些达拉斯文化机构的首次调查中，得出了第一批需要的新建筑：一座新的美术博物馆、一座新的室外剧院、一座新的600个座位的室内剧院和另一座200个座位的剧院、一座中等规模的大厅（1500~2000个座位）、一座新交响乐音乐厅，或者一座新的多用途音乐厅，用于戏剧和交响乐……用于未来音乐学校的地段，将和交响乐团相关。除了这些确定的大型设施外，还需要大量的小型或补充性设施，比如储藏、彩排，以及办公场所，加上所有的支持性私人用途，后者的缺乏让人感觉真切。

在考虑了全国其他城市9个新艺术设施范例后，卡尔·林奇公司给达拉斯提供了大胆的建议，此建议将一日之内就能够改变该市面貌：需要新场所的文化机构全部重新安置到同一地区。

另外，他们还考虑了不同的提议，这些提议是关于该地区应该位于何处、这些机构应该以何种密度聚集在一起等方面。一座如林肯中心般大型综合设施的提议被否决了，因为它太大了，且不切实际，也因为它将耗资巨大，且将其组成部分约束在同一规划和重新安置日程安排之中。随机分布的地区规划也

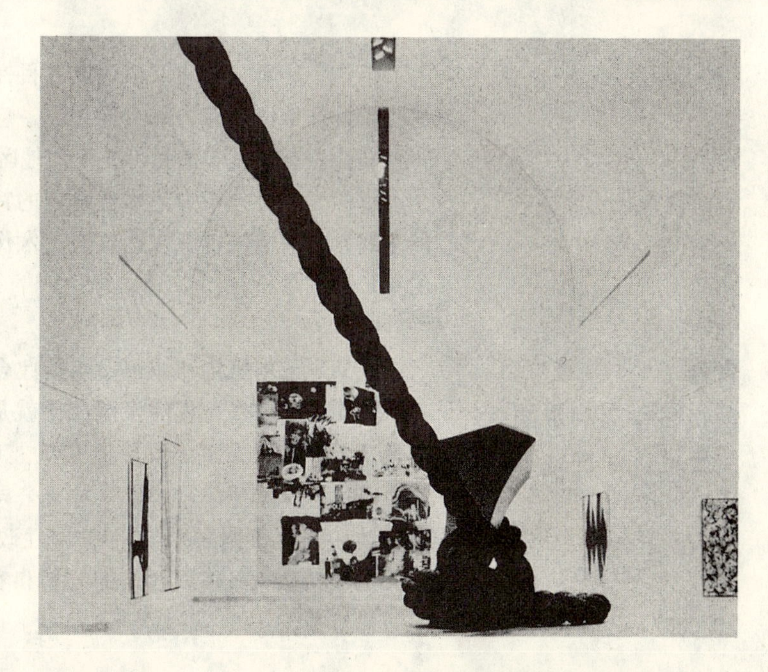

克拉斯·奥尔登堡（Claes Oldenburg）的《斯特克·希契》，创作于1984。该作品用油漆过的环氧化铝、氨基钾酸酯泡沫、聚酯树脂和玻璃纤维造就，安放在达拉斯艺术博物馆。该作品被委托制作以表达对约翰·达布尼·默奇森爵士（John Dabney Murchison, Sr.）的敬意，因为后者对艺术的杰出贡献。约翰·达布尼·默奇森爵士家族赠送

被否决了，因为它们不能“考虑到相互支持，还不能为城市创造个性”。卡尔·林奇公司说，最好的安排是将它们放在一个艺术区内。该区域不应该位于费尔帕克，因为大多数艺术团体对其并不满意，此区域而应该在闹市区：

……一个属于该市所有（人口）团体的地区，一个该市中拥有极好的行车道和最好的公共交通的地区（该市101条公交车线路中的99条经过该区）。在中央商务区工作的超过10万名员工是潜在的大量白昼观众，此外，大量的常规游客流也可能成为白昼观众。与此相反，艺术机构将以闲暇时间和夜晚活动，有助于平衡市中心现存办公楼和购物用途，使中心的员工和购物者受益，恢复达拉斯去市中心娱乐的古老传统，以及在此支持深入的私人开发。假如大部分艺术机构聚集在闹市，它们自身便可以提供一处重要的旅游观光点，有助于加强传统活动。

将艺术机构聚集在一起的另一个原因是，假如单个存在的话，它们中的任何一家都会感觉不知所措：

中心城区是一处由办公大楼组成的、相当严峻的景色，四周是停车场以及环状高速公路。必须做一些特殊努力，在此地区创建一些更加人文的环境——一个适合艺术和得克萨斯气候的人文环境。

卡尔·林奇公司建议，达成此目标的方式就是通过在全区执行设计标准以及有力的分区控制。应该有广阔的开放空间和一些商业企业。基本的目标是使该地区在白天和夜晚都吸引人。

卡尔·林奇公司为艺术区建议的特定地点在于中央商务区的东北方——恰恰也就在达拉斯美术作品博物馆收购购买地产的买卖特权之所在。

合作

博物馆和交响乐团购买土地，保护地区动力

在9家艺术机构和城市参与的此合作过程，所有方都有发言权。而这个合作过程的发展成果就是，卡尔·林奇公司的建议代表了大部分方面一致希望进行的工作，市政府很快行动起来，以执行这些建议。卡尔·林奇公司的报告要求，城市为艺术启动一项可预料经济支持总体性政策——尤其是创建“环境”的支持政策——而建筑的规划和实际性管理依旧取决于艺术机构自身。

1977 年 12 月，市议会为艺术创建了一套慷慨的支持准则。凭借城市支持建造的设施将由城市建设、拥有和维护。城市将承担 75% 的收购成本，以及清理地皮的责任，而文化机构（们）将筹集剩下的 25% 资金。对于建筑成本，城市将支付 60%，艺术机构（们）支付 40%。此支持适用于所有已经证明自己可以存活和筹集资金的著名文化机构。

卡尔·林奇公司的报告在于，城市和几家艺术机构策划发行一项公债，以启动艺术区项目。选举人被要求将公债销售的 45% 授权给城市用于建造博物馆，用于为交响乐团建造新音乐厅，用于收购新剧院地皮和支持各种其他艺术资金保证的捐助。1978 年 6 月 10 日——在加利福尼亚选举人愤怒地以 13 号提议强行实施公共经费限制不到一周之后——本该可以启动艺术区项目的公债措施宣告失败了。

公债方案失败后，博物馆失去了购买哈伍德大街土地的已有买卖特权。博物馆重新评估了其局势：提议中艺术区的土地拥有者们，随着开发商考查该地区，已经开始提高眼光。伍德尔·罗杰斯高速公路的完工迫在眉睫，这将进一步提高地产价值。博物馆董事会已经为新场馆筹集了 1250 万美元；它已经和一位建筑师一起将构想付诸于纸面；它已经就博物馆的未来引起了私人收藏家们的兴趣。于是，董事会认定，它们已经没有时间可以浪费了。

因而，博物馆主管哈里·帕克和受托管理人委员会发起了一个耗资 25 万美元的公关活动，以说服市民，使他们相信为建造新达拉斯美术作品博物馆集资是一项有价值的投资。他们聘用了作为作家、政治科学家和电视评论员的菲利普·塞布（Philip Seib），来运作此活动。他们购买电台时段，开设电话银行，在达拉斯到处贴上标志和汽车保险杆贴纸。他们展示了被提议新博物馆的漂亮模型，并确保所有游客都直

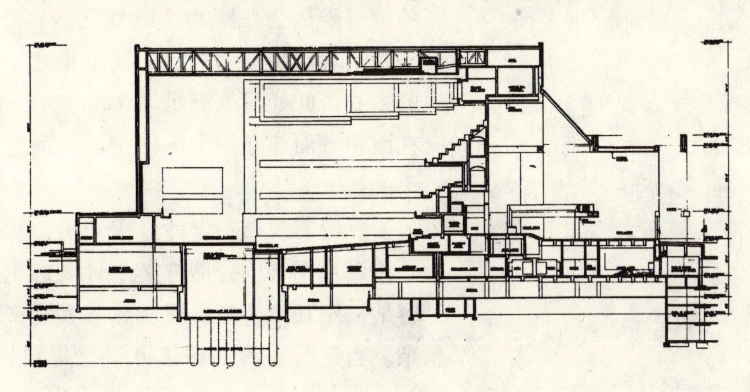

莫顿·H·迈耶森交响乐中心交会区

接路过该模型。

城市制定了一个新的3100万美元的公债方案，该方案规定得更加现实：2480万用于建造博物馆；220万用于购买音乐厅地皮；400万用于修缮辉煌剧院——一座古老的闹市影剧院。

1979年11月，选举人同意给博物馆2480万美元，也就是将近一半的建造资金。作为对博物馆未来不确定的标志，博物馆决定将其名字从达拉斯美术作品博物馆，改为更具包容性的达拉斯艺术博物馆，该名字于1984年新设施开业仪式上启用。

随着第二套公债投票获得通过，艺术区的构想也复活了。城市重新开启了原来包含在卡尔·林奇公司研究报告中的和艺术机构的谈判，以探讨他们将如何在该地区使用土地，以及地区的未来面貌将是怎样。在交响乐团方面，它赢得了向新场馆前进的第一步——购买土地的资金。

为交响乐团寻找土地

达拉斯交响乐团在新场所中需要的最重要的品质，并非是地处市中心，或靠近艺术博物馆，或来自依旧不够清晰的艺术社区不确定的支持。交响乐团需要的是优秀的音响效果。“以一座合适的大厅”，其音乐主管爱德华多·马塔（Eduardo Mata）断言，“达拉斯交响乐团能够达到被认做世界上最伟大交响乐团之一的目标”。

根据实际情况，交响乐团很谨慎地选择了亚拓顾问公司的拉塞尔·约翰逊（Russell Johnson）作为自己的音响工程师。由于乐团希望将它的音乐家们展示到世界舞台上，一位应征工作的建筑师，即著名的贝聿铭在最后的面试时说道：“在我一生中从未设计过音乐厅，但在我去世前，我必须设计一座伟大的音乐厅”，在这样的时刻，交响乐团董事会很难继续无动于衷。

1981年1月，贝聿铭荣幸地获得到了此项任务。交响乐团的搜寻委员会在距离博物馆仅仅两个街区外找到了一块地皮，它处于珍珠街和弗洛拉大街的街角，可以将音乐厅置于艺术区的中心。此处看来满足城市和交响乐团的需要。它将为艺术区在面积方面建立一个平衡中心，而这样的面积是可以很容易聚集的。

然而，规划和设计过程表明，新地段会导致严重的交通问题，以及要求比公债方案中计划的更大的面积，以改善流量和容纳一座开放广场。通货膨胀和地产市场也使事情变得更加复杂。当交响乐团在1978年开始规划其搬迁时，艺术区内土地价

莫顿·H·迈耶森交响乐中心模型

格为每平方米108～215美元。1981年，同样的土地可卖到每平方米1076美元。交响乐团现在已经不能支付哪怕它所需要的一半土地，假如它想继续呆在博物馆附近的话。这令人感觉苦恼，达拉斯交响乐团在1981年夏告诉市长杰克·伊文思（Jack Evans），它不得不在艺术区和中央商务区外建造新音乐厅。

市长很惊讶。他知道城市规划的艺术区不能仅仅拥有一家艺术机构，而且他明白卡尔·林奇公司的梦想面临严重的危险，所有都是因为住房开发区土地价格的上涨造成的。他力劝交响乐团不要抛弃该街区，同时指示工作人员寻找替代地点。

踏破铁鞋无觅处，得来全不费功夫。就在珍珠街和弗洛拉大街对面，有一片$2hm^2$的土地，它为博登奶制品加工厂拥有。由于博登已经有在数年内搬离该地区的计划，该公司被市长说服，将该块地皮中的$2323m^2$捐献给交响乐团——此项捐赠当时价值至少250万美元。市长工作人员作为中间人身份，安排了城市、特里兰开发公司和中央商务区联盟之间的土地购买和交易，由此为交响乐团完成了土地聚集工作。为了帮助交响乐团度过因为坐落于艺术区内而导致的财政负担，市议会同意以附合税收和收入义务证书，承担建造音乐厅车库的全部费用。

时间使得土地价格暴涨，但也给予了交响乐团规划有效的公债发行活动的珍贵机遇，因为已经到了该为贝聿铭音乐厅筹集资金的时间了。为了使选举人对1982年8月的公债投票感兴趣并支持它，在同年3月，交响乐团发布了一份经济影响效果研究报告，此研究报告是它委托LWFW公司进行的。该研究报告断言，新大厅的建造将在新经济活动中产生将近1.33亿美元，常规的音乐会将为达拉斯经济每年产生超过2600万美元的附加消费。报告还认为，该大厅还将加速艺术区内的进一步建设活动，给城市带来额外的2500万美元税收。在投票前的一篇报纸社论赞同该“文化的甜蜜声音”——不管选举人是否习惯古典音乐：

达拉斯选举人需要懂得，一个能够独立生存的交响乐团是高级管理人员决策过程中的重要因素之一，这些管理人员将他们的公司搬到这里，那些高品质公司持续涌入达拉斯，正是因为该市税率在全国大城市中是最低之一。几年前，当交响乐团衰落时，真正的威胁不是我们没有文化的甜蜜声音；真正的威胁是账本赢亏结算底线经济因素。没有交响乐团，达拉斯将失去数百万美元的附加税收入，因为不会有迁入公司的高级管理人员提供成千上万的工作岗位，他们认为没有交响乐团的城市是有文化缺憾的。

令所有艺术区支持者宽慰的是，57%的选举人为新音乐厅勾了“是”的选项。交响乐团现在有2860万美元用于建筑；城市为其继续梦想也大开绿灯。1984年秋，电子数据系统公司创始人兼主席H·罗斯·佩罗（H. Ross Perot）向新音乐厅捐献了1000万美元的建筑成本，纪念他的合作伙伴莫顿·H·迈耶森，建筑还将以用后者的名字命名。施工开始于1985年春季，音乐厅则计划于1988年开业。

地产所有人创建联盟

交响乐团的困难曾经危及整个艺术区，使得城市领导们意识到，此非凡构想将给他们带来多大的益处。私人开发商们开始看到此优势。他们其中之一——蒂什曼地产公司的韦布·华莱士（Webb Wallace）告诉《达拉斯新闻早报》，该地区的特别个性将使得开发商可以征收较高租金；作为回报，他们将依赖背景建造“非常高品质的”建筑。“我们将进一步扩展，以纳入合适种类的零售和便民设施”，他说，“我们愿意在艺术区内做更多的事情——比如社区便民设施——比我们在其他闹市区愿意做的要多得多”。

交响乐团的危险经历还使得大家清楚，假如所有地产所有人各行其是、只是让城市去做适度协调的话，艺术区将终究无法创建。在博登捐赠款项后不久，该区地产主们决定他们将组建一个团体，以考虑共同利益。当时只有8位房地产所有人参加——城市、博物馆、交响乐团和5位私人开发商：特里兰公司、崔梅尔克罗公司、蒂什曼地产公司、扬－捷泰科公司，以及利德基·奥尔德雷奇·彭德尔顿公司。他们觉得，协调他们的努力将可以避免追求8个不同的方向，从而置艺术区构想于不顾。1981年10月，他们创建了“达拉斯艺术区联盟”，后者是一个非法人身份的联盟，没有书面的内部章程，但是可以运用参与者的力量管理该区域发展的许多方面。

该联盟面临着一个迫切的需要。到其第二和第三次会议时，成员们开始考虑街区中心的设计事项——比如如何处理街区主干线弗洛拉大街，如何处理停车等问题。通过每方捐献2万美元用于规划研究，成员们展示了他们对街区的共同义务和责任。他们还审查了他们中如何决策的问题，接着很快达成一致，即联盟需要一位领导者，该领导者将代表街区构想本身而非任何单一房地产所有人的特定观点。他们一致认为市议会应该提名这样的一位人物，而且一旦联盟成员赞成，市长可以官方提名一位达拉斯艺术区协调员。

尽管联盟成员需要某人来操纵航船，但是他们并不需要一个经验丰富的独立权威人士。因而市议会提议的第一位候选人被否决了，因为他对于一个联盟这样一个推崇松散的、以合作约定进行运作的机构而言太“权利主义”了。到1982年2月，他们找到了一位理想的候选人：小菲利普·奥布赖恩·蒙哥马利博士（Dr. Philip O'Bryan Montgomery，Jr.），得克萨斯大学健康科学中心病理学教授，于该月由伊文思市长和市议会官方任命。

蒙哥马利博士曾经在得克萨斯大学监督过耗资数百万美元的建设工程，并愿意在自愿的基础上出任该艺术区协调员。很显然，他是一位促进者，有着在大集体内斡旋的才能，目的是

莫顿·H·迈耶森交响乐中心的轴测图

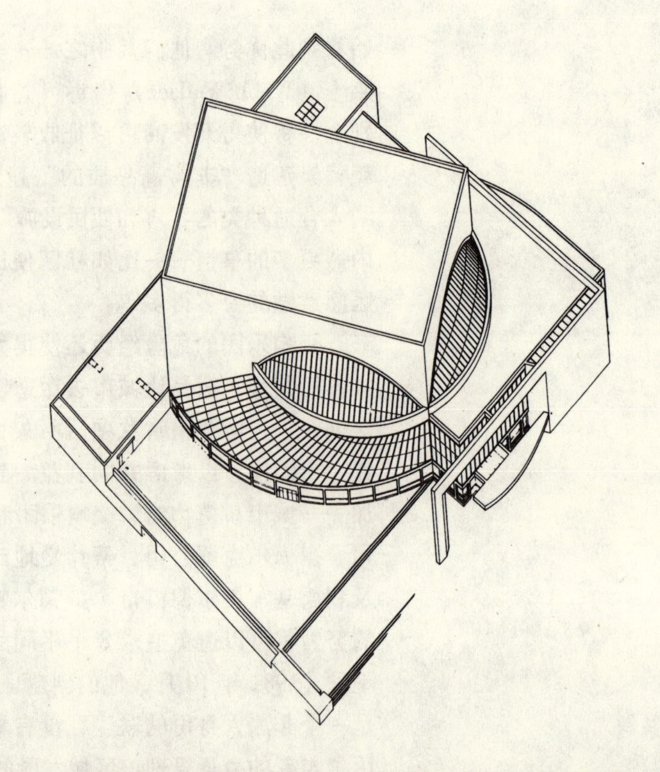

确保每一点意见都得到听取和考虑。他对该艺术区极其感兴趣，而且很快走马上任。另外，他还同意充当无偿协调员直到20世纪90年代晚期，当时该区应该已经大部分完工，并且全面投入运作。城市和中央商务区联盟给蒙哥马利博士提供了人员支持。

1982年3月，联盟成员聘用了一个称之为德谢佐·斯塔雷克暨唐的顾问公司，研究该区停车需求。他们关心的下一个问题是设计。即使区内坐落有两个相当大的艺术机构，艺术区街景将和中央商务区其余地方相差无几，除非它有自成一体的设计元素和某种协调的管理规则。联盟成员决定，他们需要制定综合设计策略，该策略由公司提供，并且从未实施于该区其他任何建筑，每位成员应邀请提议两位候选人，以草拟该主体性规划。最后，来自全国的12家公司——它们中的许多因为长期从事都市规划、设计和景观美化而著名——被邀请提交提案。

为这份11.6万美元合约征集提案的备忘录，引用了卡尔·林奇公司的报告，将该区定义为多用途区域内艺术机构松散联合的中心，在该多用途区域内，“停车和其他设施都可以共同使用，白天和夜晚都鼓励活跃的街市生活。公共艺术和开放场所，以及特殊种植、气候保护、照明和街道设备，将共同为街道行人的舒适和快乐而服务”。

提案的要求是，主干道弗洛拉大街必须发展为具有显著的特征，即强调安全、舒适和行人快乐，而非容纳汽车。提议还要求，建议艺术家工作和展示作品的场所，创建户外表演区域，确保地面层场所被用于店铺和餐馆。

规划
佐佐木英夫使艺术依附于零售，而后者依附于办公楼

1982 年 5 月，联盟花了两天时间评价了 9 个提案，以及提交这些提案的公司。通过不记名投票，赢出的是马萨诸塞州沃特敦的佐佐木英夫合作公司，该公司曾经从事了下列多项设计规划：路易斯维尔的肯塔基文化综合设施，罗切斯特的市中心文化区，水牛城的剧院区和都市文化公园。佐佐木英夫提案将餐馆和零售方案制定确认为处理的首要任务，因为它们所能够为该区艺术机构提供支持。零售开发分析公司哈尔西恩公司（Halcyon Ltd.）参与了佐佐木英夫提案，建议设立三个和艺术相关的“主题区域”，以帮助定义零售活动和餐馆的商业组成。

将广阔的场所用于零售运作，在达拉斯是一种冒险的立场，由于当地开发商总的来说不把零售当作高收入用途——尤其是当项目建造于如艺术区这般昂贵的土地上时。但是哈尔西恩公司规划了占有较大比例的高额（因而高收入）的零售运作，因为市中心高密度的白天人口。已经由不同开发商为艺术区规划

佐佐木英夫合作公司为达拉斯艺术区提议的建筑集中理念

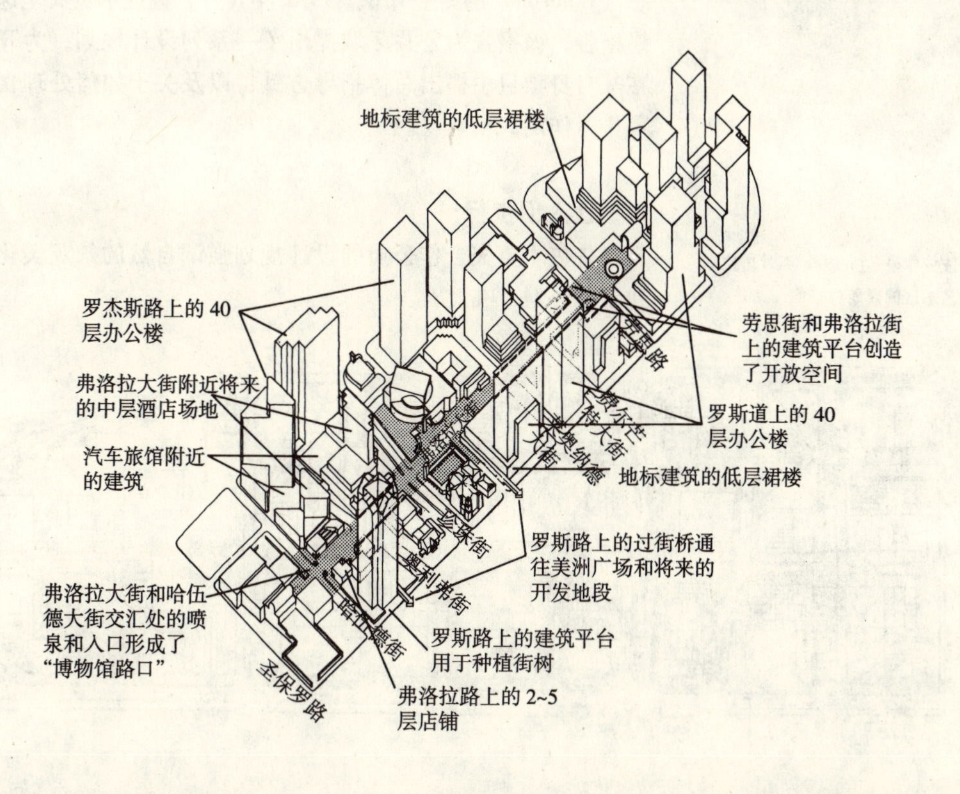

的办公建筑，每天将使得成千上万的潜在消费者涌入艺术区。佐佐木英夫规划经理告诉联盟成员，他们规划的办公开发将对零售极其重要，正如零售对能够独立生存的艺术用途开发极其重要一样。

在接下来的3个月中，佐佐木英夫公司代表和蒙哥马利博士与联盟主要成员，以及其他利益方一一会面：古城公园，达拉斯县社区学院学区（它被邀请在该区提供一系列和艺术相关方案），达拉斯巴尔基金会（它拥有和入住于具备历史性的伯洛大楼），拥有历史性的瓜达卢佩圣地天主教堂和圣保罗联合循道会教堂、达拉斯独立学校区、以及位于那两家已经在规划其艺术区建筑的机构旁边的许多艺术机构实体。佐佐木英夫为所有联盟成员提供了研讨会会期，并且向达拉斯人文和文化学会、城市行政人员、公园和休闲委员会以及城市规划委员会做了展示。它还在费尔帕克的达拉斯美术作品博物馆门前做了公开展示。最后，佐佐木英夫公司分析了调查结果，该调查由城市公共健康与社会福利部在29个文化机构内进行的，征询这些机构对艺术区的兴趣。

简而言之，创建艺术区主体规划变成了集体过程，得出的文件也代表了联盟的目标、社区投入和佐佐木英夫以及哈尔西恩（Halcyon）的专业知识。1982年8月，佐佐木英夫呈递了最终报告，该报告为公共区域提出了一系列设计规划，为开发商在其自身项目中提出总体指导方针，以及关于如何处理食品和零售运作的大量建议。

让人们步行！

佐佐木英夫合作公司的设计规划强调自然的景观美化和创建步行环境，在此：

佐佐木事务所1982年对达拉斯艺术区的规划总平面

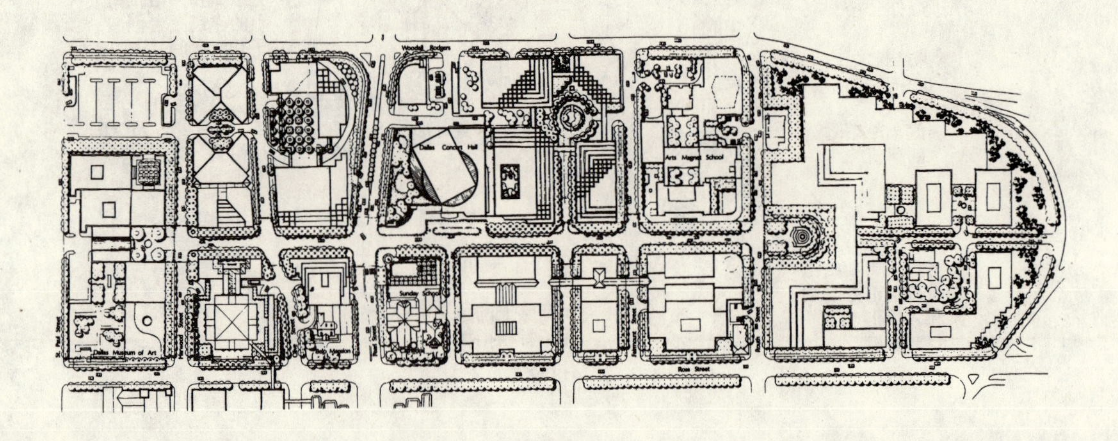

……艺术家、演出者、游客、员工、居民和艺术活动主顾，可以参加“近在咫尺的”陶器工场，洽谈商业交易，品尝得克萨斯红番椒或圣雅克贝壳，沉思一场现代舞蹈表演的意义，或是思考一座非洲雕塑的意义，购买达拉斯纪念品，或者丰富艺术收藏，沿着街道旁边的树木中漫步，同时和步行街咖啡馆的顾客谈论一些诙谐轻松的话题。

弗洛拉大街的所有景观将以吸引各个国籍、各行各业的人们为目标——那些想要步行、而非乘车的人们。该大街正如佐佐木英夫展望的那样，将会容纳汽车，但是会将其数量减至最低。该规划需要所有停车场安置在要么在地面之下，要么在建筑内部，其外观和非停车建筑完全搭配。

根据佐佐木英夫的总体规划改造街道后，弗洛拉大街将会因为其特殊铺设、大量的树木遮蔽和吸引人的柔和照明，而能够立刻得到辨识，这样的照明强调的是具体的特征，而非将灯光喷洒在任何事物上。它的铺设将指定行车道、超车道和人行道区域，人行道分别有着大型、中型和小型铺路石。面朝弗洛拉大街的所有建筑将大门朝向该大街，入口将被清楚地标识。那些达到很高高度的建筑将从大街逐层缩进，建筑正面在弗洛拉大街的直接高度不超过15.24m。建筑的密集程度将表现出同样尊重和地标建筑有关的规模，可能上升到邻近地产之上的高层建筑逐层缩进，以给较低建筑提供空气和光线。佐佐木英夫估计，第6街区中心林荫大道的公共设施改造，将延伸610m长，耗资将近1900万美元；美化邻近街区将为街区带花费将近2100万美元。这些数字包括全部项目，如铺设、种植以及自来水和下水道线路，加上比如喷泉等特别美化项目的花费。

佐佐木英夫安置了一个有着三个明显的艺术活动中心的街区：博物馆位于东南端，音乐厅在于中央，另外一组——有待定义——远在弗洛拉大街一侧。每一个中心的附近都会规划一座花园；在博物馆区一方，则是博物馆自己的雕塑园。

佐佐木英夫的规划显示了对零售以及帮助促进零售的设计和管理概念的极大关心。它将弗洛拉大街划分成三个明显的区域，将食品、零售店铺和每一区域的主要艺术机构联系在一起。因为博物馆十字路口将是艺术区首个完工的区域，佐佐木英夫报告特别详细分析了该地区的零售可能性，对于在哪些地方为博物馆顾客和酒店客人安置特定种类服务都做了建议。（崔梅尔克罗公司为LTV大厦首层用途所进行的规划，将实现许多上述目标）该规划建议，每一地区15%～20%的零售运作，应该和艺术主题有关。

为了鼓励建造零售和食品商店，该规划要求，将树木种植成交错排列的3排，人行道区域可用作咖啡馆和街道演出。沿着弗洛拉大街建筑的设计指导方针建议，将较低两层楼的50%用玻璃建造，75%用于零售或展示。该规划还讨论了一个稍后时间联盟会非常关心的问题：管理问题，比如建造分成阶段，开发一个复杂的租赁计划，以及熟练的公关技巧。这些努力将要求在早期每年投入35万美元，佐佐木英夫如此估计。

条例规定界限、设计规范和成本分担

佐佐木英夫总体规划得到了强烈的支持，因为所有联盟成员都参与了其制定。早在1983年，代表房地产所有人的蒙哥马利博士、市政府工作人员和律师们，就准备了一个街区创建法令，此法令得到了所有方面的赞同。1983年2月16日，市议会将其采用为法律，将艺术区规定为"总的来说，界限为伍德尔·罗杰斯高速公路，劳思大街，罗斯大道和圣保罗大街"。

第17710号条例陈述说，佐佐木英夫规划将作为艺术区开发的指导方针，并将规划的特定要求正式化。任何规划开发艺术区地产的房地产主，首先必须参考城市规划和开发主管的意见，以确保其规划提案和佐佐木英夫规划方案一致，并满足条例的正式要求。

市议会还授权和佐佐木英夫合作公司签订了一份价值44万美元的合约，为该区域的公共设施改造开发总体设计草案，以及弗洛拉大街标准街区的详细设计和建设文件。它还通过了一项有关街景改造的花费分担决议。

联盟已经达成一致，所有成员都应该承担改造该街区公共区域的花费。分摊的方案是建立在公共和私人开发汇合或重叠区域成本分割的基础上的。基本来说，城市会单方面承担那些被认为是标准城市责任的花费（街道铺设、自来水和下水道主线路，以及类似项目）。而特别艺术区设施将共同支付费用。在弗洛拉大街，城市将在公用通道12.19m范围内进行街道铺设，将负责安装下水道、道路镶边石和排水沟、护柱和街道路灯。在完成街道建设后和开发之前，城市将设立暂时性3.05m宽的人行道。

特定地块的新主人将只需支付直接沿着其地产正面进行的改造费用。这些花费包括铺设9.14m宽的人行道，种植3排树木（一排于暂时性3.05m人行道完工时种植），树木排水系统，灌溉，护栏和诸如长椅、凉亭和垃圾箱等街道设备。城市沿弗洛拉大街的工作可以在邻近地区改造之前完成，房地产主在自己开发项目建造时完成自己的协议部分。

周边和外围街道的建设也采取了与上述类似的费用分摊方式，市政府承担主要费用，私人业主支付植树及总体规划要求的路面铺装费用。一些作为公共设施的特殊景观，比如喷泉广场上的大型喷泉，则依照协议单独列支建造。

达拉斯艺术区

规划数据

构成部分——收入生成	第一期 1984 年完工	扩建部分
办公	120770m^2	1189120m^2
酒店		116m^2
餐厅		19230m^2
零售		27313m^2
构成部分——艺术/文化/开放空间		
达拉斯艺术博物馆	19509m^2	19509m^2
莫顿·H·迈耶森交响乐中心		24154m^2
达拉斯剧院中心	1858m^2	1858m^2
其他		
公共停车场		1651 车位
面积		24.7hm^2
总建筑面积	141208m^2	1390806m^2
方位	达拉斯市中心	
总开发商	各种/独立房地产主	
总规划师/城市设计师	马萨诸塞州，沃特敦，佐佐木英夫合作公司	
开发期限		至 2000 年
预计总开发成本（1984 年货币）		16 亿美元

管理规划确保营销、安全、维修和方案制定

至于前景，艺术区将至少被构筑成为对艺术和商业具备吸引力的场所，但是佐佐木英夫报告警告道，总体规划希望创建的氛围，不仅取决于安装便民设施，还取决于维护这些设施。假如成功的话，该街区将吸引繁忙的白天和夜晚用途，很可能城市公共卫生部门的人力和设施都无法和其齐步并进。佐佐木英夫警告道，其他城市已经出了差错，它们创造了高品质的公共空间，但是没有资金将它们维护在一流状态。“顾问小组于过去20 年在全国范围内的经验，”佐佐木英夫报告陈述道，“清楚地指出，公共开放空间的成功程度，在很大程度上取决

于维护方案的质量”。一个相关的担忧是，该交通繁忙的街区也需要优秀的保安安排，以确保声誉不受损失。

佐佐木英夫列出了其他几个管理问题，它们对艺术区的未来至关重要。应该如营销消费者经济中的任何其他产品或服务一样营销艺术区：安排各种各样有趣的公共活动将是一种重要的策略；另一策略是，在艺术区建造时，精心安排有效的媒体造势活动。该区的成功还取决于选择合适的零售服务，取决于恰当地安排这些服务，以及取决于吸引高质量的承租人——所有项目都要求联盟开发一项综合性租赁策略。

佐佐木英夫警告道，假如没有工作人员和官方支持，仅仅靠协调员是无法完成这些复杂任务中的任何一项的。仅仅广告、宣传和公共促销工作，用一组工作人员去处理，每年也需要花费35万美元来启动。仅仅为弗洛拉大街进行的合适维护，每年就可能会花费50万美元。为了成功，艺术区需要专业的管理，联盟需要决定如何支付和如何提供专业管理。

达拉斯艺术区

开发成本一览表

开发成本——收入生成	总计	私人	公共
办公	12.8亿美元	12.8亿美元	
酒店（1250间客房）	1.688亿美元	1.688亿美元	
餐馆	2070万美元	2070万美元	
零售	2940万美元	2940万美元	
小计	14.989亿美元	14.989亿美元	
开发成本——艺术/文化/开发空间			
达拉斯艺术博物馆	5240万美元	2760万美元	2480万美元
莫顿·H·迈耶森交响乐中心	7500万美元	3600万美元	3600万美元
达拉斯剧院中心	130万美元	130万美元	
街道改造	4290万美元	960万美元	3330万美元
小计	1.716亿美元	7750万美元	9410万美元
其他			
停车场			
1651公共车位	2040万美元		2040万美元
总计	16.909亿美元	15.764亿美元	1.145亿美元
其他可能			
居住	1.625亿美元	1.625亿美元	
表演艺术（歌剧，戏剧）	1.068亿美元	3950亿美元	6730万美元
于1982年由哈尔西恩公司规划			

来源：达拉斯中央商务区联盟
凯泽·马斯顿联合公司

项目数据：达拉斯艺术博物馆

位置	达拉斯市中心		
完工日期	1984 年 1 月		
建筑师	爱德华·拉蜡比·巴恩斯合作公司		
顾问	普拉特·博克斯·亨德森联合公司，顾问建筑师 基利－沃克公司联合迈里克·纽曼·达尔伯格合作公司，景观建筑师		
承包商	J·W·贝特森公司		
建筑成本	5000 万美元用于土地收购、施工、酬金和设备		
总面积	19509m^2		
内部面积分解	展览区		
	当代艺术	1115m^2	
	传统欧洲和美洲艺术	1421m^2	
	非西方艺术	1709m^2	
	临时性展览画廊	883m^2	
	扩展画廊	1394m^2	
	雕塑园	0.48hm^2	
公共教育设施			
	嘉维画廊	790m^2	
	教育庭院	1229m^2	
	导介厅	139m^2	
	审计及专业	1369m^2	
	修复和保护	93m^2	
	图书馆	5 万册	
	艺术仓库和服务	3205m^2	
	行政	557m^2	
	礼堂	465m^2	360 人
	画廊自助餐厅	483m^2	
	博物馆商店	232m^2	
外部特征	钢结构框架，混凝土地板；印第安那石灰石外墙		
内部特征	内部地面为石灰石、橡树和地毯，墙壁表面为石灰石以及油漆过的石膏		

项目数据：达拉斯剧院中心艺术区剧院（暂时的）

位置	达拉斯艺术区
完工日期	1984 年 2 月 14 日
建筑师	尤金·李（Eugene Lee）和阿特·罗杰斯（Art Rogers）
建筑成本	130 万美元
总面积	1858m^2
内部区域分解	400～500 个可能座位
外部特征	粮仓状金属结构，配有精致的大厅和服务设施
内部特征	弹性舞台区和座位安排；精致完美的大厅，售票处，卫生间和衣帽间区域

1982~1983 年秋天，联盟成员讨论了这些问题。那年春季，用国家艺术基金会拨款加上相称基金，城市发行了一个提案请求“以设立完成和维护艺术区设计理念所必须的管理组织”。该合约被一家纽约公司公共场所项目公司赢得，后者在1983 年 10 月递交了最终报告。

该报告热烈地赞同佐佐木英夫的推荐方案。“以公共场所项目公司的经验”，它说道，“坚强有力的领导机构可能是市中心街区或公共区域获取成功最重要的因素”。借助其他城市的经验，该报告指出，综合性管理“在市中心地区变得越来越受欢迎，因为市中心试图和郊区购物中心竞争生意”。达拉斯尤其需要好的管理，因为艺术区将是如此之大而多样化，还因为任何吸引行人的事物都相对在该市未受检验。最终，公共场所项目公司强调，好的管理对于保护该庞大的市中心开发中潜在被忽略的参与者——艺术的作用是不可或缺的。

公共场所项目公司报告中的绝大部分，被用于建议艺术家和艺术如何分担空间、方案制定，以及艺术区管理。该报告认为，管理应该集中在促进该区艺术的每一个方面。它应该为艺术家拨款，安排户外展览和演出。其租赁部门应该吸引画廊和其他以艺术为中心的店铺为其租户。它也应该同时支持暂时性艺术场所。它应该为在公共视野中工作的常驻艺术家商谈安排。它应该在所有公共场所规划演出，而不仅仅是那些为此用途开发的设施。

公共场所项目公司提议建立一个分成两部分的管理机构，机构的一方面被指定为贸易协会——也就是，在美国国内税收

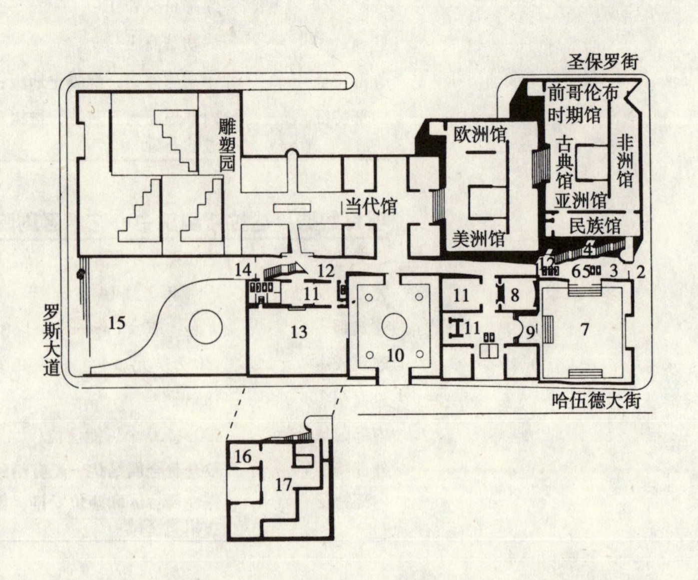

达拉斯艺术博物馆建筑平面图

1. 印刷、绘画、摄影和纺织品研究室
2. 停车场入口
3. 图书馆
4. 博物馆办公室
5. 礼堂
6. 问询处
7. 教育庭院
8. 方位剧院
9. 教育侧厅
10. 弗洛拉大街庭院
11. 博物馆商店
12. 障碍人士通道
13. 暂时性展览画廊
14. 罗斯大道入口
15. 博物馆广场
16. 创始人室
17. 画廊自助餐馆

项目数据：莫顿·H·迈耶森交响乐中心

位置	达拉斯地段，以珍珠街，芒杰街，克罗基特街和弗洛拉大街为界限	
计划开业	1988 年秋季	
建筑师	贝聿铭，贝聿铭合作公司，纽约	
顾问	声学家：拉塞尔·约翰逊，纽约亚拓顾问公司 成本：多伦多汉斯科姆顾问公司 机械和电力：纽约斯基林·赫利·克里斯琴森·罗伯森公司 生命安全：弗吉尼亚，斯普林菲尔德，罗尔夫·詹森联合公司 保安：康涅狄格州，威尔顿，约瑟夫·M·查普曼公司	
建筑管理	达拉斯，J·W·贝特森公司	
建筑成本	预计为 7500 万美元，包括基本大楼建筑、演出设备和酬金。	
总面积	24154m²	
内部区域分解		
从台口的表演平台深度		10.97m
表演平台宽度		前台 18.29m
乐队席层长度（台口到后墙）		舞台后部 12.50m 主地面层的 28.65m
最大乐队席高度	25.91m	
最大乐队席宽度	主地面层的 25.60m	
座位	2179 个	
化妆间	7 间小型私人的，4 间大型更衣室风格的	
大厅面积	3 层，共计大约 3995m²	
彩排室	一间合唱准备室，7 间多用途小型房间	
外部特征	基本规划是重叠几何形状的结合：一个砖石长方形（“鞋盒”音乐室）被倾斜地放置，有着玻璃和砖石广场（建筑的整体形状）包含公共和后台区，沿着环状玻璃晶体屋顶轮廓线围绕在 3 侧。整个建筑在其场地上有一定的角度。 交响乐中心的西侧是一座袖珍公园，其特征为树木、灌木、水作品、桌子以及座位和雕塑。	
内部特征	主要通道入口是封闭式地下停车场。它通向建筑的功能大厅入口，有售票处、衣帽间、公共电话、卫生间和 4 个大型会议或接待室。电梯和宽阔的楼梯通向宽敞的主楼层和第一层大厅。在主楼层大厅层有一家全服务式餐馆。演员休息室和后台也在这一楼层。 被命名为尤金·麦克德莫特音乐会大厅的音乐厅，是建筑师贝聿铭和音响师拉塞尔·约翰逊密切合作的结晶。音乐厅的焦点就是，在表演舞台后将有一个管风琴和管风琴盒，设计为既可以用作乐队当作协奏手段的演出，也可以用作独奏手段。四排合唱或观众席在演出台之后。演出台本身呈梯形。在音乐厅上方是主音响间，有 3 个侧面相接的音响室，其位置可以通过机械加以变更，以提升产出的音响效果。观众席分布在 5 个区：（1）主楼层；（2）主楼层楼厅；（3）第一层；（4）第二层；（5）第三层。第六座位区在演出台之后。所有座位将有着无障碍视线。 后舞台区包含一个音乐家休息室、一个音乐图书馆、客座艺术家更衣室、音乐主管套房、乐器储藏室、音乐家准备区、建筑维护储藏区。建筑的东部后侧包含了两层楼上的行政办公室。	

法则第501（c）（6）条款下创建——处理维护、保安和影响商业活力的问题。另外一面将创建为一个501（c）（3）条款中的非赢利机构，负责促进艺术活动。

该联盟于1984年春季决定了艺术区的管理机构。城市法律工作人员为3个独立机构草拟了公司条款和内部章程：

• 一个处理商务事宜，比如维护和租赁，以及指导艺术区中主要地产主和租赁人之间的关系；

• 第二个机构制定和执行政策，促进艺术区和区内活动，以及接受拨款；

• 第三家机构创建为成员机构，提供所有有关艺术区事项的公共元素能够被听取的论坛。最后一家机构提供了一个由利益方组成的相当大的团体，以帮助进行特别活动。

1984年6月5日，所有3家机构被特许为得克萨斯州非赢利公司。当前，3家机构的共同工作人员由中央商务区协会提供，等候联盟关于如何预算及支付的决议。

当前状态 停止争论

达拉斯艺术区项目历史清楚显示，它们花费了数年时间用于规划。达拉斯市民已经为其1.016亿美元公债投了赞成票，而且假如艺术区要达到承诺的话，他们还最终需要提供更多资金。他们被兜售了一个梦想，数年来一直在听大家讨论该项目，在实际上被要求保持耐心。至少还需要15年时间，艺术区规划的所有元素才能够建成并发挥其功能。所以问题就是，需要多大的耐心呢？答案部分将取决于公共方基于这样承诺接收的款项。

艺术区舞台上最初的表演者一直是最先鞠躬答谢的。1983年10月，达拉斯艺术博物馆向公众开放了其雕塑园。此首次展示是一种重要的象征——对于博物馆而言，现在已经拥有0.48hm^{2}用于展示其雕塑藏品——对于艺术区而言，其第一座公园现在已经发挥功效。雕塑园包含了石灰石水墙、水渠、橡树和紫藤——以及亨利·莫尔（Henry Moore）、托尼·史密斯（Tony Smith）、芭芭拉·赫普沃斯（Barbara Hepworth）、埃尔斯沃思·凯利（Ellsworth Kelly）和其他人的作品。

仅仅在三个半月之后，也就是在1984年1月晚期，造价5000万美元的博物馆在全国的欢呼声中开业了。评论家保罗·戈德伯格（Paul Goldberger）在《纽约时报》上撰写道：

达拉斯艺术博物馆的雕塑园，特征为里查德·塞拉（Richard Serra）的“无名”，资金来自国家艺术基金会的配套拨款和500公司
出处：丹尼尔·巴索蒂（Daniel Barsotti）

达拉斯艺术博物馆的新建筑……看起来像那种安全、设施完备的城市才可能建造的博物馆。它是一座巨大而不规则延伸的石灰石建筑，在其中心有着巨大的拱形场所，它还表达了一种自信，这种自信和大多数达拉斯东部居民具有的形象全然不同。这是一座暴发户式的博物馆，或是很出风头的博物馆，或是华丽的博物馆。此博物馆必定是由懂得艺术、理解不朽和尊重上述两者的人们建造的。

此画廊达拉斯艺术博物馆具有的展览场所，两倍于它在费尔帕克所拥有的，这还没有把博物馆外部的雕塑园计算在内。正如受托管理人和其工作人员希望的那样，建筑方案确实激发了人们慷慨捐助金钱和艺术品。

博物馆的第一组数字指出，1984年2月到5月的上座率为338389人次，而上一年同期在费尔帕克的数字则是73721人次。游客在博物馆商店和餐馆中购买和消费的金钱数量也急剧上升。会员收入将近翻倍，从1983年2月到5月的471135美元，上升到1984年早期的828755美元。这些统计数字清楚显示，搬迁入市中心对增加博物馆收入和扩展观众人数方面的影响引人注目。

在1984年8月，当共和党国民大会来到达拉斯，由当地艺术支持团体——500公司——赞助的一个为期两天的艺术节，

LTV 中心，位于奥利弗大街和罗斯大街东北角，开业于 1984 年 11 月，有着 157930m² 的办公、零售和停车空间。凸窗覆盖有灰棕色花岗石，上升至 44 层，然后是多层的、有坡度的玻璃金字塔，将大厦定义为一座 50 层的“钟楼”。在建筑基部的四周，是 20 座由罗丹、米罗、布德尔和其他法国艺术家创作的青铜雕塑

在艺术中心举行，展示了视觉和演出艺术家，以及来在当地餐馆的食物营业场所。成千上万的居民和游客参加了此首次被冠名为“蒙太奇”的庆祝活动，此活动表明艺术区能够真正成为其建设者们期望的“大众场所”。

艺术区获得一座剧院

1984 年 2 月，紧随艺术博物馆的开业，全国最好的地区轮演保留剧的公司之一——达拉斯剧院中心——在艺术区开设了一家暂时性剧院。其设施、粮仓状金属建筑占据了将近 1394m² 土地，包括了一个弹性舞台、大厅和支持场所。它花费了约 130 万美元资金，全部由私人捐助提供。

这座新剧院给达拉斯剧院中心提供了一个良机，可以在其位于海龟湾的最初建筑和位于弗洛拉大街的新而更具实验性的剧院间，交替进行演出。年轻观众对新剧院比对老剧院的反应要更热情，故该剧团相信，艺术区正是它可以继续发展的合适场所，进而成为地区剧院行动中真正的重要力量。

LTV 中心

1984 年年底，LTV 中心开业了，从而为艺术区提供了商业焦点。该建筑由 SOM 建筑师事物所所设计，拔地而起 50 层高，包含了 130060m² 办公场所。它被描述为“艺术区中的钟楼”，故构成了一个显著标识以及品质和兴奋的象征。

中心的经典外形覆盖有棕色抛光花岗石以及高效能反射玻璃。其两层的、玻璃覆盖的地面层分馆建筑，将容纳一系列餐馆和店铺。一家完全服务银行将服务于大厦和艺术区的商业

环境。

单纯从经济角度来看，在两座较小大厦内提供92900m^{2}办公场所，代价可能会小些。两座大厦应该可以满足达拉斯的标准建筑规范，但是不一定会提升艺术区的设计或者规划目标。为了支持艺术区的长期目标，特拉梅尔克罗（Trammell Crow）公司反而决定以一座高大钟楼的形式建造其办公大楼。结果此设计方案导致建造了一座更高、更紧凑形状的大楼，为诸如景观美化、广场、人行道、花园和喷泉等便民设施提供了最大化的地面空间。

为了进一步促进和支持艺术气候，特拉梅尔克罗公司收购了大量的法国雕塑收藏品，这些藏品注重的是人类形体。这17座雕塑包含了诸如奥古斯特·罗丹（Auguste Rodin）、艾米丽-安东尼·布德尔（Emile-Antoine Bourdelle）和阿里斯提德·米罗（Aristide Maillol）等著名雕塑大师的作品，现在矗立在LTV中心和达拉斯艺术博物馆附近的人行道、广场和喷泉之间。它们提供了从罗丹的代表作《加莱的公民》（Burghers of Calais）到琼·卡顿（Jean Carton）最近被委托制作的真人大小的雕塑间，一段法国雕塑的微型历史。

特拉梅尔克罗公司的高级官员们不愿将在商业建筑内陈列艺术品和租赁上获取的成功联系在一起，他们已经感觉艺术品的使用为项目设立了品质的基调：

> 假如我们使这些商业开发变成更加怡人的场所，人们可以在此工作，那么，从主观上，这将提升我们的建筑，并且有望使之保持最大和较高的出租率。

相对于和市场的承受能力而言，达拉斯的商业租赁和开发成本的关系更加密切。因而，带有便民设施的新建筑，比如LTV中心，很可能比过去几年里建造的建筑出租率高5%～10%。

特拉梅尔克罗公司打算使LTV中心成为艺术区内的全面合作伙伴，而不仅仅是被动地展示雕塑。它希望纳入季节性特别活动方案，以及称之为“午间聚会”的午餐时段娱乐方案，在此方案里，音乐家、舞蹈者和歌手将在经过专业设计和装备配备的场所进行演出，该场所位于面朝弗洛拉大街的分馆中。天气良好时，这些演出将扩展至户外，那里配备有灯光和音响系统。

LTV中心由此对艺术区的目标和贡献良多。哈伦·克罗

(Harlan Crow）个人参与了艺术区的规划，以及公司对艺术区视觉和表演艺术作出的贡献，提升了艺术区作为商业区的吸引力。

为艺术区增加艺术品？

1983 年的“公共场所项目”研究强调，艺术需要持续的关注才可以在艺术区存活下去。城市规划师们——许多空间需要触发了艺术区构想的机构——依然真切地意识到，该区的规划蓝图并没有为剧院、歌剧或舞蹈分配空间。尽管被城市调查的 7 个剧院集团、2 家舞蹈公司、一家歌剧公司和一家古典吉他社，都对艺术区持有赞同性意向，它们中的大部分还是不能确定，它们是否具有在那里演出的资本。

为了服务这些机构，也为了增加艺术区的多样性，城市留意那些能够容纳一个或多个额外设施的地区。这样的机会在 1983 年早期出现了，一位私人开发商决定不行使其一片占地 $2hm^2$ 多的地产的买卖特权，后者为博登公司拥有，位于弗洛拉大街，紧邻交响乐团地址。

尽管被提供了直接收购该片土地的机会，城市并没有能够快速地履行这样的经济义务。在市长和市行政官的要求下，中央商务区协会通过其新成立的伙伴公司——达拉斯中央商务区公司，于 1983 年 9 月 1 日以报道中的 2600 万美元收购了博登地产。

根据联盟和达拉斯中央商务区公司主席约翰·T·斯图亚德的看法，该收购是为了确保该片土地用于新的艺术设施，及为交响乐团音乐厅另外保留一小块土地。在达拉斯独立银行、达拉斯第一国际银行和达拉斯商业银行的及时而合作的努力下，该收购的资金筹集安排了两年时间。来自博登在该地区剩余地产直到 1985 年的租金收入，部分抵消了利息费用。其意图是，联盟持有该片地产两年，城市工作人员开发使用该地区的框架，而且它希望，发行新公债以购买该地产。假如城市购买了该地产，其未来 10 年的用途将被合约限制为艺术和文化。

联盟购买了该块地皮，也帮助了总体艺术区开发按照日程安排有序进行。现在，挑战变成了规划多种合适用途，为的是为 1985 年设计的公债发行活动能够获得足够的公众支持，并获得通过。用从各种各样艺术和非赢利机构筹集而来的资金，这些机构希望在博登地区为它们提供设施，剧院规划公司被委以合约，为该地区用途规划提供提案。

在1984年5月，顾问们的初步报告建议，为该地区艺术用途制定进一步的综合性规划，包括演出艺术设施，教育，历史展览和图书馆场所，媒体工作室和必要的停车和管理场所。该报告竭力主张，鼓励全区私人开发商，将商业性艺术和娱乐设施并入项目——以LTV中心的模式。

对于博登地区，顾问们建议，一座拥有超过2000座的新的歌剧或者芭蕾舞剧院大厅，将为达拉斯芭蕾舞团和达拉斯城市歌剧院提供理想的演出环境，使得它们可以扩大它们的演出季节和演出目标。这样的一座大厅将容纳百老汇巡回演出。其成本预计为8600万美元。也可以在此地区建造一座小型的、拥有750座的剧院，以取代达拉斯剧院这些在艺术区的暂时性设施。除了这两座剧院之外，顾问们还推荐，为一座450座的户外或庭院剧院预留空间。顾问们的报告最后极力主张，通过公债发行获得通过，以及和能够结合该地区艺术、办公室和居住用途的私人开发商之间合作关系，城市行使为艺术用途购买该地皮的机遇。

艺术区联盟在整个1984年努力工作，以确定能够获得广泛公众支持的艺术、教育和商业开发用途的范围。当此发生时，博登地区的公债活动将提供艺术区本身的第一次地产方面的全民公决。市行政官助理维克多·苏恩（Victor Suhm）解释说，1979年的艺术博物馆公债是因为它本身的长处才获得通过的，三年后的音乐厅公债从本质上可看作对达拉斯交响乐团的支持。

达拉斯剧院中心暂时性设施外部
出处：琳达·布拉泽（Linda Blase）

“现在，”苏恩发现，“要进一步——拥有一座剧院，一座多用途表演场所——将需要艺术区自身的人们拿出真正的一笔基金。他们需要将其理解为社区有价值的而且重要的便民设施——一座可以为此自豪的场所”。

达拉斯中央商务区联盟前主席詹姆斯·克洛尔（James Cloar）补充道：

从开始，从每个方面来说，达拉斯艺术区就是一种真正的合作关系。私人部门一直积极参与规划，大胆地提供建议，在实施工程方面充当财务领导。在塔尔萨，发生的就是达拉斯传统做法。

克利夫兰 剧院广场

案例研究10

项目简介

剧院广场的剧场项目是针对在克利夫兰闹市区创建文化街区，其方式为恢复该市首屈一指的购物大街欧几里德（Euclid）大道上的一批20世纪20年代的三家轻歌舞剧院和豪华电影院，并使之现代化。

当于1986年完工时，此综合艺术中心在单一管理实体下运营，可容纳约7000人。剧院广场由此构成了美国有史以来最大的剧院恢复项目。当前预计花费为2700万美元，用于恢复、运输费用和融资。

该街区将分阶段完成。包含1035座的俄亥俄剧院于1982年7月开业；包含3095个座位的州剧院的新舞台耗资700万美元，于1984年6月开业。它们容纳了3家常驻公司——克利夫兰芭蕾舞团，州克利夫兰歌剧院和俄亥俄大湖莎士比亚戏剧节。它们将在此豪华建筑内上演或举办形形色色的演出活动：歌剧、芭蕾舞、交响乐、当地保留剧目以及巡演的戏剧和音乐剧。剧院广场将吸引北俄亥俄广大地区的观众，观众人数有望在1988年前每年达到100万人。项目目标是成为中西部最重要的地区文化中心之一。

从剧院广场项目于1970年开工，其拥护者就相信，恢复剧院和更新周边环境，假如不将人们从市郊吸引回到市中心的话，是无法完成的。因此他们鼓励对该片占地$24hm^2$的商业区的附近建筑进行适应性使用，这片地区的界限为欧几里德大道和切斯特（Chester）大道，从东13街到东17街。

三家轻歌舞剧院获得新生，作为娱乐和购物恢复区的楔石

剧院广场值得一提，因为其最初推动力是恢复而非新开发，还因为其改造是由艺术机构和社区慈善事业共同指导的——以及凯霍加（Cuyahoga）县和克利夫兰市的重要参与。

该区大量的私人投资依然源源不断。但是私人开发模式已经设立：曾经容纳博维特·特勒（Bonwit Teller）百货商店的具有重要建筑价值的建筑，被改造成克利夫兰最大投资银行和经纪公司普雷斯科特，鲍尔暨特本（Prescott，Ball & Turben）公司的新家。古老的哈利（Halle）百货公司正被改造成为办公室。克利夫兰基金会已经购买了巴尔克利（Bulkey）综合大楼，并希望用其在商业、餐馆和零售用途获得的收入，帮助支持剧院和它们的常驻公司。

在1984年春季，就在州剧院重新开业庆典之前，克利夫兰基金会将其总部搬迁到了汉纳（Hanna）大厦，该大厦就在巴尔克利综合大楼和3家剧院的街道对面。由于重新安置，加上最近一些公司总部陆续搬进剧院广场，似乎可以确定的是，持续的经济支持、人员和政府部门业已参与进来，共同描绘剧院广场作为娱乐和购物街区的光明未来。

城市文脉
从观光区到贫民窟

克利夫兰位于伊利（Erie）湖的南面，当前人口总计为57.4万。构成“大克利夫兰标准都市统计区”的4个县有着190万居民，使之成为全国第19大都市地区。在20世纪60年代，克利夫兰的经济因为不断加剧的钢铁和汽车工业竞争而遭受损失。在70年代，因为税收基础受到侵蚀及高失业率，只有通过借款和削减基本服务，市政府才能够满足每年的预算需要。1978年12月，银行持有市政府无法偿还的1500万美元过期票据，克利夫兰成为经济大萧条以来第一个拖欠借款的城市。

财政危机使得克利夫兰选举人变得清醒，他们以行动对此作出反应，将政府置于一个更加健康的基础之上。1979年，他们选举了一位具备改革精神的市长——乔治·沃伊诺维奇（George Voinovich），他以前曾经担任过县行政长官。1980年，他们将市长和市议会任期延长至4年，将市议会规模从33人削减至21人。从1980年开始，沃伊诺维奇一直在改造该市的行政管理。到1981年晚期，标准普尔指数已经将克利夫兰公债信用度从怀疑级别提升到了投资级别，城市也于1983年成功地重新进入了公债市场。城市的财政状况逐渐变得健康。

剧院广场地区的命运便反映了该市的起起落落。该广场的主干线欧几里德大道，曾经是流光溢彩的流行娱乐和高级零售商业汇集的中心。两座百货商店博维特·特勒和哈利兄弟，加上许多上等阶层的专卖店，一年四季在白昼吸引着人潮，而且使得圣诞节购物之行成为一个大型活动，而剧院、餐馆和晚餐

宫廷剧院礼堂
出处：图片艺术公司

俱乐部每天晚上吸引着精力充沛的顾客。

剧院广场建造于20年代，有着大量的枝形吊灯、金叶和红色地毯，州剧院、俄亥俄剧院和宫廷剧院都由最重要的剧院设计师设计。作为一座轻歌舞剧院或豪华电影院的州剧院，以及作为一座供巡回演出公司使用的正统剧院的俄亥俄剧院，都由托马斯·兰姆（Thomas Lamb）设计，作为洛（Loew）公司的连锁店。宫廷剧院被乔治·拉普（C. W. and George Rapp）设计用作轻歌舞演出和播放影片，作为基思（Keith）连锁店的旗舰店。所有3家建筑现今都名列“国家史迹名录”。

当电视开始再造娱乐市场时，剧院广场剧院转变成为了电影院，在60年代晚期，它们全部停业。县政府非故意地加速了该地区的衰落，因为在50年代晚期，它决定不将边远地区的快速铁路系统和剧院广场联系起来。60年代，城市清理了市中心和伊利湖之间的广阔土地，鼓励湖滨附近后续的办公建筑的开发，进一步孤立了剧院广场。70年代，沿着欧几里德大道最重要的零售机构关门歇业了。衰退开始了。

艺术环境

克利夫兰艺术团体并不孤独

在世纪之交，克利夫兰活力迅猛增长，导致了人口、财富和影响力等方面随之快速增长。富有的克利夫兰人认为自己是都市人，他们通过支持新文化机构的方式表达着自己的市民热情——克利夫兰艺术博物馆，于1916年开业；克利夫兰管弦乐团（1918）；卡拉姆剧院（1915）——一家新拓展的安顿机构发起了该国第一家混合不同种族和黑人的戏剧公司；克利夫兰音乐学校福利团体（1912）；克利夫兰剧场（1915），它是全国最古老的专业常驻戏剧公司。

这些机构反映了顾客和艺术机构间的合作精神。就像R·L·达弗斯（R. L. Duffus）在其1928年出版的书籍《美国复兴》中描写的那样：“克利夫兰艺术博物馆是克利夫兰的核心，尤其是在组织和合作方面。它与该市任何其他事物都吻合……它并不扮演一种孤独的角色——没有人能够在克利夫兰完成这些工作——而是可以被命名为‘克利夫兰运动’的组成部分”。

尽管克利夫兰在20世纪60和70年代衰落了，社区表演艺术继续发展。克利夫兰芭蕾舞团和克利夫兰歌剧院诞生了，并且很快确立了强大的地区地位，正如大湖莎士比亚戏剧节一样。其他新的或者扩展团体包含了一个室内管弦乐队、小的现代舞公司和几家小剧团。这些机构中的许多缺乏合适的

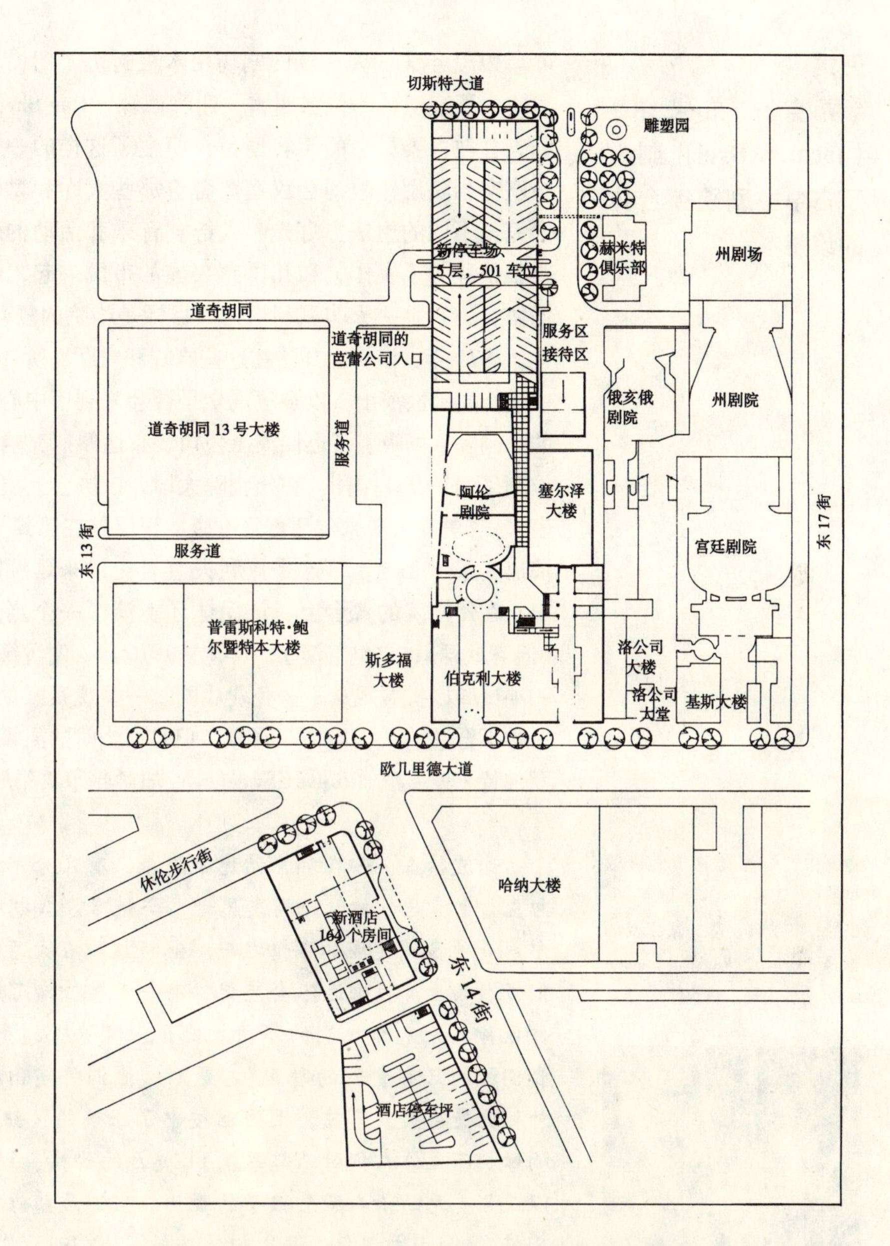

剧院广场总平面图，包括提议中的商业开发
出处：地标设计合作公司

演出场所，而这些场所可以促进它们的艺术发展和建立观众群。即使克利夫兰管弦乐团拥有冬季和夏季场馆，也因为市中心环境对于可以吸引广泛观众的新型节日音乐会的前景不明，而变得困惑。

由于上述所有团体都成为克利夫兰基金会的实际受益人，它们准备停止猜疑。此时，克利夫兰基金会提出这样的一个想法，即这些机构将剧院广场看作是永久的场馆，或是额外的表演场所。

开端
《贾克·布来尔》(Jacques Brel)刺激了市中心剧院综合体的设想

1970年，剧院广场的剧场用木板封上了门窗，欧几里德大道陷入了衰退，一位名叫雷·谢泼德森(Ray Shepardson)的克利夫兰教育委员会的年轻雇员，萌生了这样的一个想法，即将一座空剧院用作教师会议室。看着那些大厅和舞台，他有了一个完全不同的想法：灯光、人群、音乐和活动的幻景。谢泼德森很快辞去了工作，和几位感兴趣的市民一起，组建了剧院广场协会，它是一家非赢利机构，目标是剧院的复兴。

1971年，该协会开始在这些剧院和大厅场所外创建的夜总会中进行实验性演出，以观察观众是否会来到市中心。答案是肯定的。剧院广场吸引了巡回演出公司、布达佩斯交响乐团和来自塞拉利昂的一家舞蹈团。在州剧院大厅，该协会上演了自己的歌舞表演，《贾克·布来尔活着且健康，正居住在巴黎》。计划的3周演出变成了2年半，这是克利夫兰有史以来延续时间最长的演出。在州剧院的舞台上，该团体还上演了一个当地音乐滑稽剧《通宵歌舞》，它也上演了一年半。1976年，谢泼德森进行了另外一项试验以扩展观众——免费戏剧。一些观察家觉得，这传达了一种不合适的“实验性”形象，但是，当时的凯霍加县行政长官罗伯特·斯威尼(Robert Sweeney)却对此印象深刻：

> 谢泼德森……在那里站稳了脚跟，有几分不花一元钱就匆匆应付的意思。他让一群志愿者参与进来。我想《贾克·布来尔》是他最早完成的事情之一。他将该剧在大厅里演出，将人们吸引而至。我永远不会忘记，有一天他出现了，说他将办一件他称之为免费戏剧的事情。他说：“来吧，免费来看戏剧，我们收的只有食物的费用”。是的，他们将演出搬到了剧场之外！他使得大家震惊，因为他按中了正确的按钮，突然间，反响蜂拥而至。人们付不起每座11美元的价格、5美元的停车费以及8美元的请人照看孩子的费用。当谢泼德森(提供免费戏剧时)，他引起了第二层人们的兴趣，他们说：“或许，剧院广场的想法是切实可行的”。

提议中的灯光博物馆大厦效果图
出处：多尔顿，范·戴克及约翰森(Dalton, Van Dijk, Johnson)合作公司，建筑师

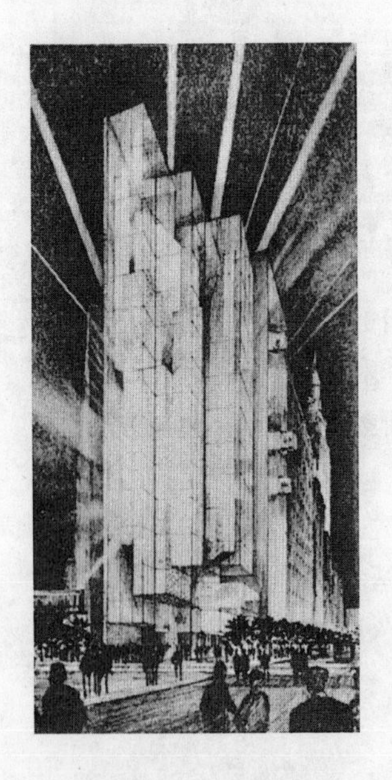

然而，剧院广场所需要的公共支持，远远大于人们来到市中心观看演出。它需要恢复剧院的资金，它还需要政治能力。剧院自身的事项，不仅仅是剧院中的演出应该被稳定地置于公共日程表中。

有两件事情帮助启动了该过程。1972年5月，包含了州及俄亥俄剧院的洛(Loew)大楼的业主们宣布拆毁该建筑，并建造一

座停车场的计划。克利夫兰青年联盟许诺给予25000美元来保护剧院（目前为止剧院广场筹集到的最大笔捐款），城市规划委员会同意通过否决许可切割边栏以让拖吊车将设备搬到该地的方式，将阻止这种破坏行为直至最后一刻。1973年，剧院广场基金会被组建成非赢利机构，为拯救行动、恢复和诸古老剧院管理筹集资金。

构想

建筑师建议连接剧院并创建广场

剧院广场的下一项援助来自于一位叫做彼得·范·戴克（Peter van Dijk）的建筑师，他于1973年被新基金会聘用，以评估三座剧院内部改造的花费。范·戴克确实向剧院广场所有人展现了令人叹服的眼光。他理解该地区的战略位置，位于公共广场向东仅0.8km处，在过去的一些年中许多店铺从欧几里德大道搬到该地区。它位于拥有1.9万名学生的克利夫兰州立大学向西也仅一个街区处，紧邻唯一的闹市居住中心的东南方，有4000人居住于高层中。

范·戴克的理念集中在该街区中心24hm^{2}的人行商业区上，该区大部分是在20世纪20年代建造的。它包含了4座剧院、几座办公大楼、零售商店和集中于街区后半区的停车场。范·戴克复兴克利夫兰世纪之交建筑迅猛发展为特征的设计方案，提议建造内部拱廊，为办公室员工和购物者提供遮蔽，免受恶劣天气的影响。他建议在分隔剧院大厅的墙壁上可以取得一些突破进展，将设施转变为单一的文化中心。他还提议在西侧的伯克利或是塞尔泽大楼进行一些突破性改造，在那里他展望移去古老的天窗，创建中庭以容纳精品店和就餐场所，更多的零售企业涌向名为道奇胡同的后街，然后连接一座新建的停车楼。顾客可以下车后步行去商店和剧院，而不会淋到一滴雨水或者

今天的道奇胡同以及未来的道奇胡同草图

一片雪花。

在欧几里德大道，在那些令剧院广场得名的空旷空间四周，他提议建造一座酒店、一座办公楼或是独立产权公寓大楼，以及一座“光明大厦”和博物馆，以纪念托马斯·爱迪生的杰出工作，及其随后发生在克利夫兰的光源技术方面的发展。诚如范·戴克所说的那样：

> 我们实际上是被聘来恢复剧院的，而不是进行主题规划。但是作为建筑师，我们说：这是20世纪20年代非常杰出的建筑。另外，这儿的用途也很好，而爱丽（Erieview）都市改造项目（一项20世纪60年代沿东第9街的项目，由贝聿铭设计）与此相反，后者缺乏办公用途。在这儿，你们拥有进行更加健康的改造的组成要素。剧院广场地区有一所大学、零售、银行、娱乐和联邦俱乐部——更重要的是，附近还有住房。大多数人不知道这些剧院建筑是如何套叠的。它们可以被互相连接，创建成一个人行商业区。

合作

克利夫兰基金会、市和县当局继续实施该构想

由范·戴克草拟的剧院广场构想的范畴和复杂程度，只有当它们被置于更广阔的闹市改造项目中时，才会具有意义。已经在未恢复的剧院中运作的方案，以新餐馆和零售的形式，很显然地在刺激收入。有些企业到来太早，故失败了，但是它们提供了令人信服的论据，即全方位的恢复工作将促进城市经济的全面健康发展。

县政府拯救戏楼广场

在20世纪70年代早期，当剧院广场项目在采取最初的实验性步骤时，克利夫兰市政府缺少经济开发部，其规划部门——正努力处理大量的社会问题——对地产问题关注不足。然而，最终，城市和县政府履行了这些服务，支持了剧院广场基金会追求的目标。

1977年11月，剧院广场基金会发现自己缺少必要的资金，故而无法行使购买洛剧院大楼的买卖特权，当时后者的业主们再次威胁要进行破坏。剧院广场基金会说服凯霍加县投资170万美元，为一项联邦政府资助的室内方案收购该座建筑，以及改造其办公场所。然后县政府将剧院回租给基金会。在建造和改造的前几年中，该为期40年租约的租金款项被放弃了。1978年1月，基金会从私人开发商那里保证了宫廷剧院的长期租约，由此首次使所有3家剧院都处于同一实体的管理之下。

县政府这一引人注目的行为极大提升了项目可信度，以至于1979年8月，克利夫兰市通过美国商务经济开发管理部，向县发放了314.7万美元的公共作品拨款。县政府则将该笔资金用于改造州剧院礼堂。

1980年，普雷斯科特·鲍尔暨特本公司作出了另一项公共支持贡献。它是一家投资银行公司，购买了附近的博维特·特勒大楼，加以改造作为自己的总部。购买和改造资金主要来自城市和县的低息贷款，包括联邦都市开发行动拨款城市发展行动拨款资金50万美元。美国住房和都市开发部同意，城市发展行动拨款贷款的偿还和利息支付，可以移交给剧院广场基金会管理；基金会可使用该抵押作为部分事业开发收入债券担保，为俄亥俄剧院改造提供资金。另外，普雷斯科特·鲍尔暨特本公司认购和担保了零售配置公债。

在20世纪80年代，市长、市议会主席和3位县行政官员宣布，剧院广场对任何克利夫兰获得的新联邦基金享有“优先权地位”。在那之后不久，350万美元的经济开发管理拨款被授予该县，用于为州剧院建造新的舞台（舞台用房）。

克利夫兰基金会提供风险投资

克利夫兰基金会将总计近200万美元的拨款，在过去的12年中直接授予了剧院广场基金会。它对现今在该街区演出的常驻艺术机构的支持，以及购买该地区的商业地产的行为，代表了多次合计才达到的一种额外投资。

克利夫兰基金会建立于1914年，是该国第一家社区信托，其资产现在超过了3亿美元。在堪萨斯慈善事业领袖米索里（Missouri）领导该机构25年后，霍默·C·沃兹沃思（Homer C. Wadsworth）于1974年成为主管。后者带来了一种新的企业精神，强调“在慈善事业中需要风险投资，正如在商业一样”。1975年1月，基金会建立了文化事务计划官员的职位。

时间安排上恰到好处：克利夫兰艺术援助正全力进行。克利夫兰芭蕾舞团和克利夫兰歌剧院于1976～1977年间上演了其首季专业演出，两者都得到了克利夫兰基金会的大力支持。基金会还促进了大湖莎士比亚戏剧节的发展。

基金会已经成为剧院广场首要支持者之一。然而它发现自己的热情在20世纪70年代中期变得动摇了，当时刚刚起步的剧院广场基金会经历了一次使命危机。这家新机构发现自己很

政府用于剧院广场资金一览表

截至 1984 年 7 月 31 日

	来源	总额（美元）
1979	国家艺术基金会和克利夫兰基金会（风险补助金）	500000
1980	经济开发管理（曾撤消后又恢复）	3500000
	城市发展行动拨款#1（普雷科斯特·鲍尔壁特本公司）	500000
	凯霍加县文化艺术补助	5000
1981	城市发展行动拨款#2	750000
	凯霍加县	3500000
	俄亥俄艺术理事会	7216
	凯霍加县文化艺术补助	15000
1982	国家艺术基金会（用于博物馆、光明大厦可行性研究）	25000
	俄亥俄艺术理事会	3654
	俄亥俄艺术理事会	250
	凯霍加县文化理事会	13000
1983	俄亥俄艺术理事会	55398
	俄亥俄艺术理事会	3000
	凯霍加县文化委员会	13000
1984	俄亥俄州预算份额（用于宫廷剧院的收购和改造）	3750000
	国家艺术基金会	25000
	凯霍加县文化委员会	13000
总计		12678518

难筹集用于三座遗弃多年剧院的资金，而对于大多数克利夫兰人来说，这 3 家剧院仅仅只是存在于他们的记忆当中。而且，还存在有这样的疑虑，即艺术顾客是否会在夜晚涌入克利夫兰市中心。

1974 年，剧院广场决定上演一部原创音乐剧《爱丽丝》(Alice)，此剧建立于《爱丽丝的梦幻城》的基础上，演出地点在未经改造的宫廷剧院大厅，并利用了克利夫兰基金会的认捐。该剧触发了人们些许兴奋之情，却在赢利前停止了演出。娱乐暂时转移到了未经改造的州和宫廷剧院的舞台上：首先，免费戏剧演出的是不知名的演员，其次，特价演出的则是诸如梅尔·杜美（Mel Tormé）和萨拉·沃恩（Sarah Vaughan）此类艺术家。由此而产生的经济成效，不足以维持纯艺术和娱乐对于将这些剧院作为家园的兴趣，以及“人民剧院”方案几乎令此脆弱的机构破产，因为其赤字达到了约 100 万美元。不再有实质性的私人捐助出现，关于剧院广场基金会能否履行收购州及俄亥俄剧院买卖特权的疑虑却与日俱增。

“幸运的是，有一种比现实更加令人信服的看法”，克利夫兰基金会艺术事务计划官员帕特里夏·詹森·多伊尔（Patricia Jansen Doyle）回顾到。“此看法来自（范·戴克的）总体规划，多年以来，克利夫兰基金会和机构广场基金会的关键领导层依然持有这样的构想”。

当克利夫兰基金会在1976年晚期重新开始资助剧院广场时，它集中于三个优先考虑事项：

• 使范·戴克完善其主体规划，制作幻灯片显示，准备更详细的剧院设计推荐方案；

• 使剧院广场基金会聘用其第一位带薪主管和其他管理工作人员；

• 通过劳思公司研究部门——美国城市公司——的研究，确认该地区开发规划的经济可行性，尤其包括伯克利或塞尔泽综合大楼。

1977年11月，克利夫兰基金会邀请了该城市6家艺术机构和剧院广场基金会，参加了一个长期合作规划程序。每一机构将开发自己的5年规划，考虑艺术和管理、观众、经济和设施需求，以及工作人员和董事会等方面的可变因素，它们都是获取动力所必需的。

基金会的进取心起源于如下忧虑，即所有这些机构有些刚刚起步，有些很脆弱，它们需要找到新的、更大的收入来源，以维持它们的计划。除了克利夫兰交响乐团之外，这些团体中没有一家确立了重要的公司支持。故而该基金会创建了顾问委员会，该委员会包括几家跨国公司的首席执行官们，以及法律和会计公司。此策略促使重要公司认识到戏楼广场开发对城市中心具有的潜在影响。

在1977年首次联席会议上，大家清楚地看到，每一家艺术机构要么在寻找新场馆，要么在寻找额外的演出场所，而剧院广场有着更多场所，却不知如何处置。结果就是，他们建立了一个设施规划委员会，鼓励每一家机构视察俄亥俄剧院、州剧院及宫廷剧院，而且说明何种规格适合于它们的演出。

一项严肃的设施规划努力接踵而来，它得到了国家艺术基金会和克利夫兰基金会拨款资助。这些都使得建筑师范·戴克、剧院及照明设计师罗杰·摩根（Roger Morgan）及音响师克里斯托弗·贾菲（Christopher Jaffe）继续参与这些规划。

剧院广场

项目数据

自然结构 构成部分——收入生成	
伯克利大楼/零售/其他商业	邻近剧院中心的特色零售可行性研究
办公	具有重要建筑价值的建筑改造
居住	不确定/尚在研究
酒店	被提议/尚在研究
多用途	文化用途附近的自然结构，为步行商业区的多用途上演开发创造了可能性
伯克利大楼	19826m² 净可租赁面积（NLA）
办公	9064m² 净可租赁面积
地面层零售	1814m² 净可租赁面积*
第二层零售/办公	1923m² 净可租赁面积*
地下室（大部分用作商业学校）	1200m² 净可租赁面积
塞尔泽大楼——办公	3344m²
阿伦（Allen）剧院	
礼堂	1273m²
大厅和圆形大厅	1208m² 净可租赁面积*
替换车库	510 个车位
被提议酒店	164 间客房
酒店停车露天平台	100 个车位
伯克利车库和零售中心入口庭院	

*伯克利长廊商场、第二层和阿伦大厅及圆形大厅可租赁空间减少到 49000 平方演出的零售和餐馆

构成部分——艺术/文化/开放空间	
州剧院	3095 个座位
俄亥俄剧院	1035 个座位
宫廷剧院	2700～3000 个座位
面积	27.6hm² 剧院广场区
	2.4hm² 剧院
	0.8hm² 伯克利大楼
位置	克利夫兰市中心
总开发商	剧院广场基金会 在克利夫兰基金会伯克利大楼项目组资助下，匹兹堡克兰斯顿开发公司正完成可行性分析。
总规划师	彼得·范·戴克，多尔顿，范·戴克及约翰森合作公司）
预计总开发花费（1984 年货币）	2700 万美元（收购剧院，改造和新的舞台用房） 380 万美元（伯克利大楼收购价格） 3150 万美元（伯克利大楼零售/商业开发改造）

来源：剧院广场基金会
克利夫兰基金会

该长期规划过程的最终结果是，6位参与者请求克利夫兰基金会提交一份风险拨款申请给国家艺术基金会，身份为“克利夫兰表演艺术联盟”。在参与该联合申请的团体中，有4个——克利夫兰芭蕾舞团、克利夫兰歌剧院、大湖莎士比亚节日，以及剧院广场基金会——所有团体都愿意在最终出现的剧院广场中心安家。

1979年10月，国家艺术基金会宣布将175万美元风险拨款授予该联盟。克利夫兰基金会追加了25万美元，筹集了总计200万美元。在此笔资金中，50万美元分配给剧院广场基金会消除累计的赤字，支持常驻和巡回演出艺术演出场所的建筑花费。

在拨款数月后，剧院广场基金会聘用了全国性顾问，以评估项目的资金筹集潜力和为中心制定运作规划。管理方面出现了一些变化，受托管理人委员会得到了扩大和加强。克利夫兰基金会公司顾问委员会的几位成员，同意在指导委员会服务，以筹集资金，并最终加入了董事会。

克利夫兰基金会提供了71万美元资金作为领导层馈赠——其历史上不受限制资金的最大笔拨款——以启动1980年的2000万美元的融资活动。它又为其授予50万美元拨款，以启动1983年的第二期融资活动。第一笔拨款资助了建筑工作和运作支持，在此期间，剧院很少产生收入。第二笔拨款支持了剧院广场中心的营销，以及预定知名巡回演出公司。

同时，剧院广场尝试购买伯克利/塞尔泽大楼未果，后者是一座包含了建造州剧院的舞台用房所需两块地皮的综合大楼。伯克利业主拒绝分开出售土地，由此将剧院广场中心又延期了两年。

1981年，剧院广场基金会最终谈妥了以380万美元购买伯克利大楼的买卖特权。该机构请求并且获得了克利夫兰基金会和乔治·冈德基金会基金，后者是克利夫兰最大的私人基金会，以支付购买买卖特权的花费，以及完成提交城市发展行动拨款所必需的建筑工作。当履行买卖特权的最后期限接近时，剧院广场领导们向克利夫兰基金会求助，请求获得要么是一笔拨款，要么是一笔低息贷款，以完成该收购。市长沃伊诺维奇在一封给基金会分配委员会的私人信件中，也表达了自己的请求。基金会同意。这些地产应该交到友好人士之手，但是最后断定，这些业主应该拥有比剧院广场基金会更大的资源。分配委员会最终决定，创建一个非赢利公司——基金会地产公司，还授权拨款390万美元给新公司——约主要资产的3/4和拨款的1/4。5位委员会成员被任命为新公司的受托管理人。

剧院广场

资本投资一览表（美元）

洛大楼收购	700000
俄亥俄剧院	3800000
州剧院	
礼堂	3600000
舞台用房	7000000
大厅和修饰	1050000
宫廷剧院	
大厦套房	600000
购置	600000
改造	7900000
电脑中心/中心票房	750000
偶然花费	1000000
资金花费总计	27000000

伯克利综合大楼

	公共/慈善资助资金（包含一些联邦资金）	私人	公共开发资金（工业收入公债）
收入来源	11384000	12950000	7172000
开发费			
酒店		14399000	
零售		9307000	
停车			7172000
入口		628000	
总开发费		31506000	

克利夫兰基金会由此成为美国第一家以其资产进行大型规划有关投资（PRI）的社区基金会。1969年的《税收改革法案》允许了私人基金会投资这样的赢利活动，只要那些活动支持慈善机构的计划利益。

基金会投资伯克利/塞尔泽大楼之后，在剧院广场基金会和克利夫兰市的帮助下，便开始了寻找开发商的工作。后者为哈尔西恩公司（一家开发顾问公司）制定的范·戴克主体规划进行了经济更新。

剧院广场基金会获得财政和管理力量

1980年的头5个月内，剧院广场基金会重新定义了其方案和管理计划。一家基于克利夫兰的世界性会计公司——恩斯特暨惠尼会计公司的首席运营官约瑟夫·H·凯勒（Joseph H. Keller），同意担任公司首席执行官的指导委员会主席，为剧院广场工作人员和受托管理人在其2000万美元的资金筹集活动中提供建议和帮助。以当前提供精密的资金流预测，克利夫兰票据交换银行许诺了循环信用线，以资助即将到来的建设期间的现金不均衡状态。

1982年7月，作为大湖莎士比亚节日经过全面恢复的家园，俄亥俄剧院重新开业了，它连续81.5h的演出《尼古拉斯·尼克贝》（Nicholas Nickleby），赢得了开幕季全国范围内的一片欢呼。就在同一个月，劳伦斯·J·威尔克（Lawrence J. Wilker）成为了剧院广场基金会的新主席。以前他曾经担任舒伯特剧院机构百老汇剧院的地产主管，还担任了该机构在其他6座城市持有地产的主管。

在1982年最后的一个季度中，剧院广场基金会工作人员和受托管理人针对由于延期和改造规格变化导致的预期花费增加，重新评估了他们的资金筹集目标和时间表。他们决定于1982年12月31日停止第一期融资活动，融资数额为1600万美元，第二期融资1100万美元，以支付额外的改造花费，并开始创建运作机制，如中心票房，剧院间通道，以及运作的工作人员。

到1984年12月，第二期融资活动达到了其89%的目标。两期融资目标共计2700万美元，现已筹集2400万美元，超过1270万美元来自政府资源，超过600万美元来自基金会和个体，以及530万美元来自商业。

规划

一个小的剧院区，而非节日营销

当克利夫兰基金会开始加速收购伯克利大楼时，它在其不习惯的地产主和开发商的角色中更加谨慎地继续前行。基金会出售了州剧院向凯霍加县扩展所需的几块地皮，由此将收购花费减少了330136美元。它聘用了该市主要商业地产公司——奥斯腾多夫－莫里斯（Ostendorf-Morris）公司来管理该综合设施，并且开始了延误已久的维护工作。两年内，入住率（除该综合设施未利用的阿伦剧院礼堂外）从84%上升到了95%。在第二年间，该地产提供的净回报为8%，第三年为12%，不包括资本增值的因素。即使没有任何其他事情发生，基金会显然做了一笔明智的投资。

同时，哈尔西恩公司为剧院广场文化区更新了经济可行性研究，而且联系了全国约40位潜在开发商。在那些表达了兴趣的开发商中，哈尔西恩公司推荐了两家以备仔细考查：一家已经开始获得全国性认可的当地公司，以及匹兹堡克兰斯顿开发公司。克利夫兰基金会和剧院广场的代表与两位候选公司进行了面谈。克兰斯顿得到了支持，因为其总裁阿瑟·齐格勒（Arthur Ziegler）在匹兹堡车站广场项目中获得了成功。

齐格勒和其合作伙伴罗伯特·克兰斯顿·卡努西（Robert Cranston Kanuth）确信，尽管克利夫兰市中心在周日晚和周末总的来说依然荒凉，“以在剧院广场上的投资，你们就拥有填补那里空白的可能。剧院提供了精神食粮。它们可以充当城市心脏里特色零售中心赖以支撑的场所”。他熟悉彼得·范·戴克的观点，包括其创建“光源大厦”的建议。

齐格勒认可该项目存在成功的潜在可能，而其公司将其看作为高风险的事业。因此，克兰斯顿只愿意在开始时进行有限投资；它愿意捐献出其合作伙伴的最初时间，但是希望重新获得建造前活动剩下部分的费用。此要求意味着，克利夫兰基金会必须授权另外一笔拨款，这次达到了378208美元——当项目实施时，便可以获得这样的一笔数目的款项。这笔资金中的实质性部分将资助建筑和工程，将从承包商那里获得受保障的建筑费用。

该开发合约于1983年11月29日得到了实施。它任命克兰斯顿公司为开发商；克利夫兰的多尔顿、范·戴克及约翰森合作公司和匹兹堡地标设计合作公司为建筑师，匹兹堡的纳瓦罗公司为承包商——上述所有公司至少都参与了开发前活动。齐格勒提议，在开始阶段，应该探索开发最大可能之形式，克利夫兰基金会也对此表示赞同。此安排意味着：

- 项目的潜在地点应该包括欧几里德大道和街区周边的整个步行商业区，以及一些关键然而利用不充分的地块。
- 潜在项目应该包含一座酒店和可能的公寓、独立产权公寓及特色零售/就餐设施，它们都拥有相联的车库。

在接下来数月中探索的问题如下：

- 开发商是否能够支付将塞尔泽大楼（一座世纪之交砖砌建筑）转变成4层中庭，周围围绕着店铺。就如原始的范·戴克规划中展望的那样？
- 塞尔泽大楼以及衰落中的伯克利车库是否应该被拆毁，这些设施用一层的食品区和零售购物中心取代，它们将包裹阿伦剧院的两侧？

项目数据：州剧院

位置	克利夫兰，剧院广场，欧几里德大道1519号
最初建造	1921年，托马斯·兰姆（Thomas Lamb），建筑师
完工日期	礼堂：1980年 舞台用房：1984年6月9日
舞台用房建筑师	图式设计和设计开发：多尔顿，范·戴克及约翰森合作公司 合同管理和建筑文件：霍格－威斯默（Hoag-Wismer）合作公司
舞台用房顾问	
机械和电力工程师：	拜尔斯（Byers）工程公司
结构工程师：	巴伯暨霍夫曼（Barber & Hoffman）公司
场地规划顾问：	奈特暨斯托勒（Knight & Stolar）公司
音响：	康涅狄格州，诺瓦克，贾菲（Jaffe）声学公司
剧院：	纽约市罗杰·摩根（Roger Morgan）工作室公司
承包商	克利夫兰，豪斯曼暨约翰逊（Hausman & Johnson）公司
建筑成本	360万美元——礼堂改造 70万美元——洛大楼 700万美元——舞台用房 50万美元——家居和设备
总面积	洛大楼——11853m^2
内部区域结构	

舞台	
栅顶高度	24.38m，82套辅助吊绳
前舞台高度	8.53m
前舞台宽度	15.85m
舞台高度	39.01m
从台口开始的舞台宽度	19.81m
礼堂	

乐队席长度（台口至后墙）	38.10m
最大乐队席高度	18.29m
最大乐队席宽度	33.22m
化妆间	适用于100位演出人员
乐队池	75位乐师
座位	3095个座位
大厅	97.54m长，11.28m宽，1100m^2
彩排室	(2) 13.41m宽，15.85m长；(1) 6.10m宽，9.14m长
外部特征	外观：独创性的艺术外部，石灰石、花岗石和大理石的表面覆盖材料已经被带图案的赤土陶砖取代。 舞台用房：混凝土框架；绝缘、白色金属嵌板，烤漆；白色砖砌地基；带灰玻璃窗的黑色幕墙
内部特征	和俄亥俄剧院分享洛大楼 州剧院以其宽敞的房屋而著名，装饰有壮观的罗马、希腊和欧洲巴洛克设计基调。Tiffany风格、后照明式玻璃出口标志散布于剧院每个角落。上升到中层楼的是两座雕刻精美的大理石楼梯。97.54m的大厅是世界上最长的。有着富丽堂皇的花格镶板顶棚、美国早期现代主义画家詹姆斯·多尔蒂（James Dougherty）所作的杰出壁画等装饰。有着8根巨大的红木圆柱；地板是佛蒙特州大理石和水磨石；楼梯间是佛蒙特州大理石和赤土陶

• 零售用途能否通过扩展入西侧另一方现存建筑的方式，包括第三侧？

• 阿伦剧院礼堂能否被转变成为零售空间或一些其他用途？

• 能否在步行商业区的西侧修建一座酒店，通过一条封闭的人行道连接零售/剧院区？

• 是否应该在欧几里德大道两侧修建一座酒店，地点就在地理上很近、但是又被车辆分隔的地区？

• 是否能够在停车场选址后，却为入口区留下空间——也为未来公寓或独立产权公寓开发留下空间？

1984年12月，克兰斯顿开发公司发布了由承包商保证花费的详细提案。该计划需要大型入口区或公园，以及伯克利大楼中8361m^{2}的可租赁零售空间和155个车位停车空间、164间客房酒店，带有取代塞尔泽大楼的食品区和零售购物中心。成本计划为3900万美元。然而，把预测中的私人基金、工业收入公债和支付资助在内，依然留下了数百万美元的资金缺口。

克兰斯顿团队开始制定减少花费的方式。1985年2月1日，他们带回了经过修改的规划方案，预计花费3150万美元，资金缺口大大缩小。融资计划假定可支持的城市发展行动拨款资金为520万美元，其中私人对公共的比率为2.5:1，还使用了伯克利车库的工业收入公债（假如私人融资不是那么有帮助的话），以及投资税信用当前受到了联邦税收改革提案的威胁。它还假定，城市和县会慷慨加入，认捐土地收购成本和建筑贷款，支付流动资本补助，开发入口区和酒店停车露天平台。成本预计，零售场所将从克利夫兰基金会租出，但是克兰斯顿也表达了考虑购买全部伯克利综合设施的愿望。融资依旧困难，但是更接近实现了。

规划当前包括了下列组成部分：

• 总计4552m^{2}的可租赁零售场所，将集中于现存伯克利大楼的第一和第二层。约60%将用于食品和饮料服务，40%用于非食品零售。

• 塞尔泽大楼将被保留作办公楼，但将于迟些时间用于零售扩展。

• 将建造510车位的停车设施，位置从切斯特大道延伸至阿伦剧院后部。这就要求拆毁现存的伯克利停车场。新停车建筑将通过一条封闭的人行高架桥和伯克利零售中心相联，该高架桥将建造于塞尔泽大楼和阿伦剧院之间。

项目数据：宫廷剧院

位置	克利夫兰，剧院广场，欧几里德大道 1625 号
最初建造	1922 年，C·W 和乔治·拉普（George Rapp）为建筑师
计划开业	1986 年夏季
恢复建筑师	多尔顿，范·戴克及约翰森合作公司
建筑成本（美元）	购买：600000 改造：7900000 大厦：600000
总面积	4361m²
内部区域结构	
舞台	
栅顶高度	24.08m，75mm，67 套辅助吊绳
前舞台高度	11.28m
前舞台宽度	17.07m
舞台宽度	22.25m，125mm
从台口开始的舞台高度	13.11m，150mm
礼堂	
乐队席长度（台口至后墙）	38.40m
最大乐队席高度	21.03m
最大乐队席宽度	36.27m
化妆间	70 间
乐队池	35 名乐师
座位	2700~3200 个座位

外部特征　外部大厅有黄铜票房，青铜大门

内部特征　大厅：整座剧院分布着 154 盏捷克斯洛伐的水晶切割克枝形吊灯；来自意大利卡拉拉的大理石；所有的步行区都上了灰浆，然后是斯卡基利亚釉面末道漆；来自纽伦堡的帝国青铜扶手安装时已经有 189 年历史。
礼堂被设计在距离“北京”号附近一座花园的后面。

• 将于赫米特俱乐部面前沿着停车场东侧的切斯特大道上，建造一座小型入口公园和景观车道。赫米特俱乐部是一座漂亮、红砖造就的建筑，坐落于剧院的背面，是一座聚餐俱乐部，在此商业人士们还可以欣赏业余戏剧和音乐剧演出。

• 将于欧几里德大道两侧东第 14 大街和休伦路汇入剧院广场的地方，建造一座 164 间客房的酒店。该地点现在容纳着一家餐馆、一家闲置的商店，以及店面停车场，大部分地皮为剧院广场基金会拥有。酒店将提供有限的餐饮、会议室、健身俱乐部和自己的停车露天平台。

项目数据：俄亥俄剧院

位置	克利夫兰，剧院广场，欧几里德大道1511号
最初建造	1921年，托马斯·兰姆，建筑师
修复完工日期	1982年7月
修复建筑师	彼得·范·戴克，多尔顿，范·戴克及约翰森合作公司
顾问	机械和电力工程师：克利夫兰拜尔斯工程公司 结构工程师：克利夫兰巴伯暨霍夫曼公司 剧院：纽约市罗杰·摩根工作室公司 灰泥图案：阿克米·阿森纳公司
承包商	邓巴建筑公司——恢复
建筑成本	380万美元——恢复和建设
总面积	洛大楼——11853m²
内部区域结构	
舞台	
栅顶高度	19.74m
前舞台高度	8.53m
前舞台宽度	12.57m
舞台宽度	22.69m
从台口开始的舞台高度	13.56m
礼堂	
乐队席长度（台口至后墙）	24.69m
最大乐队席高度	12.80m
最大乐队席宽度	23.47m
化妆间	5层，33位
乐队池	25名乐师
座位	1035个座位
外部特征	和州剧院分享洛大楼。石灰石、花岗石和大理石的表面覆盖材料已经被带图案的赤土陶砖取代
内部特征	现存最初的装饰从最大程度上被保留和恢复。大厅原来是意大利文艺复兴风格的，被大火彻底烧毁；顶棚从结构和形式上被恢复，以回忆往昔的模样。镶板顶棚和装饰灰泥粉彩；精巧的水晶枝形吊灯从古竞技场保存下来，从经过恢复的圆形屋顶悬挂下来；小的青铜和水晶突出烛台照亮了墙壁；淡绿色厚绒布座位搭配颜色鲜艳的台幕；新的混凝土地板置于原木地板上，增加礼堂的角度和改善视线；乐队席包厢可移动座位，可为残疾顾客移去或调整。顶级品质的电脑照明系统

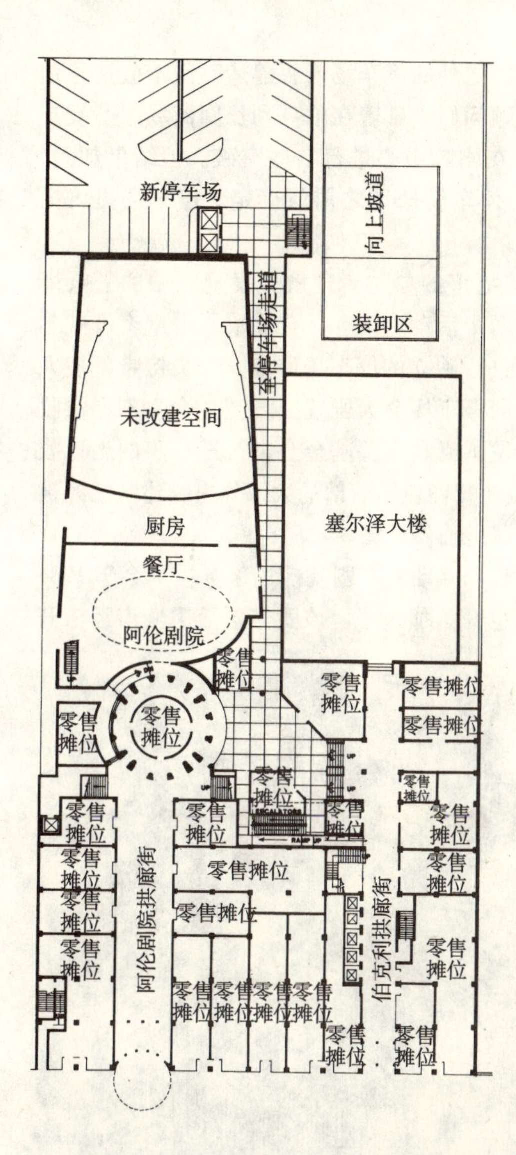

伯克利大楼地面规划，显示了提议的零售场所
出处：地标设计合作公司

伯克利长廊商场经过美化的黄铜精美物品和阿伦剧院的豪华影院环境为零售设施定下了格调。预计25家店铺将设立于遗弃剧院的长廊商场和大厅之中，其中有许多面朝一家U形的内部购物中心。其特色开放空间将是剧院的圆形大厅。剧院礼堂将被分区。看台下的区域将被转变成宽敞的餐馆，后者被另一圆顶和自己的环形看台装饰着。剧院看台自身可被分成两个小的影院，而对于前影剧院的主礼堂没有直接可用的计划，所以大家建议将其用作夜总会或者舞厅。

克兰斯顿开发报告表达了这样一种确定的信念，即各种各样的餐馆设施和娱乐场所，结合用餐、饮料和爵士、乡村、布鲁斯和流行音乐，将使得戏迷们趋之若鹜。剧院广场的挑战将是寻找多种合适的特色店铺和餐馆，它们将填补市中心和市郊购物机遇中的空白。克利夫兰市中心依然有着两家强大的百货大楼和各种各样的特色和折扣商店，然而却没有一流的、出售诸如书籍、音像制品、玩具和游戏、海报和印刷品、儿童服装和美国艺术和工艺这些物品的特色商店。

停车场规划也必须达成切实可行的解决方案。剧院广场基金会的代表催促建造一座1000个车位的停车场，而研究表明，400个车位规模的停车场将更加容易融资。原始计划需要将停车场建造成坐东朝西，位于道奇胡同和切斯特大道之间步行商业区的西端，从而在伯克利/塞尔泽大楼后留下较大空间，用于建造一座入口公园。但是土地成本变得过高，故停车场地点被旋转90°，移到了伯克利大楼之后，减少了提议中的入口区的面积，并且导致需要部分道奇巷地皮。

一个停车联合组织一直在请求剧院广场基金会，以获取赞助在紧邻剧院东面的街区修建一座停车场。此可能性具有相当大的吸引力，因为剧院广场基金会正持续经历运作剧院方面的经济紧张，因为剧院的花费远远超过了其收入。它希望从邻近街区的商业开发中获取收入来源，包括停车设施。

克利夫兰基金会将其开发商、建筑师和其他规划人员的时间，转向了探索此预料之外的停车场能否建造，而不会连累伯克利开发剩余部分。顾问们尝试着在伯克利长廊商场中开发有限的零售计划，同时在剧院中心进行一些突破。但结果却是，整个零售部分必须在停车场选址之前就确定。停车场提议失败了。

此插曲有助于使更多的参与者理解开发规划中的复杂事项。它还加速了另外两个活动。第一，它导致了由俄亥俄威尔伯·史密斯联合公司进行独立的停车场研究，此机构希望使人们消除这样的想法，即停车场会为剧院广场基金会立刻提供收入来源。第二，它激发了克利夫兰基金会进行进一步的土地收购。到1985年春季，步行商业区后部的大部分边缘建筑已经被拆毁，并且转变成为了地面停车场。

和当地政府的合作和互动，在剧院广场事务委员会于1984年中期被创建以后，也开始加速了。该团体包括了城市经济开

欧几里德大道从公共广场和终端大厦顶端到剧院广场的走廊，提议的酒店和办公开发在底部
出处：多尔顿，范·戴克及约翰森合作公司，建筑师

发主管、城市规划主管、县行政官员、项目开发商、剧院广场基金会主席、地区开发主管、文化事务规划官员和克利夫兰基金会行政官员。彼得·范·戴克和克利夫兰基金会律师也经常参与其中。

就在此团体中，首先讨论了基础设施的需要——尤其是改善街道照明和其他街道便民设施的需要。就在此，他们提出了城市和县支付入口区费用的想法。城市官员告知事务委员会，该是将剧院广场社区开发规划提交给市议会审批的时间了。此规划及伴随的不利因素和交通状况研究，已经于 1983 年完成，但是在等待一个切实可行的一揽子融资计划，以能够实施。然而，议会审批是必要的一个步骤，假如城市利用其征用权，收购修建停车场和入口区所需的任何剩余地块的话。

城市官员也一直在以其他方式工作着。经济开发部正帮助灰狗公交公司为其车站寻找新地址，此车站现在位于切斯特大道北侧，在提议的停车场地点的街道对面。灰狗公交公司的离去，将为公寓或者独立产权公寓开发腾出空间，并且将看上去和剧院及零售顾客不协调的乘客移去。当旅途巴士系统决定将其车站从切斯特大道北搬走时，市长沃伊诺维奇帮助克利夫兰基金会以有利的价格确保了旅途巴士系统的关键地块。

或许最重要的是，城市和县官员，以及剧院广场和克利夫兰基金会的董事会和工作人员代表，当克兰斯顿开发公司展示不同的规划和融资替代方案时，出席了每一次会议。“这依然是一个困难而复杂的项目”，城市经济部主管加理·康利（Gary Conley）说道，“但是克兰斯顿公司在帮助我们确定开发机遇和如何最好利用这些机遇方面，一直帮助良多”。

当前状态

重新开业的剧院将艺术带到市中心，从而激发私人投资

作为文化中心的剧院广场中的大部分已经成为现实。3 家被选定复原剧院中的 2 家——州及俄亥俄剧院——已经全面改造完毕，并在综合性层面上发挥其用途，其照明和舞台设备都非常先进。所有 3 家剧院通过在它们大厅公共墙壁上开辟通道及安装中央售票厅，被联合成为了一个单一的、完整的演出艺术和娱乐中心。

3095 个座位的州剧院于 1984 年 6 月重新开业，现在有着巨大的舞台、很大的乐队池、化妆间、后舞台区和装载平台，后者使得剧院能够应对具备较大演出阵容、全管弦乐和多场景变化的巡回演出。另外，耗资 700 万美元的舞台用房提供了 2 个大型工作室，每一个和舞台面积完全相同，由常驻芭蕾舞团和

州剧院大楼梯和枝形吊灯
出处：多尔顿，范·戴克及约翰森合作公司，建筑师

歌剧公司使用，后者在此设施中进行了其 1984 ~ 1985 年旺季演出。都市歌剧公司在其 1984 年和 1985 年春季巡回演出中使用了该剧院，克利夫兰管弦乐团于 1985 年春季在州剧院上演了为期三周的音乐会。

州剧院剖面图和新舞台用房
出处：多尔顿，范·戴克及约翰森合作公司，建筑师

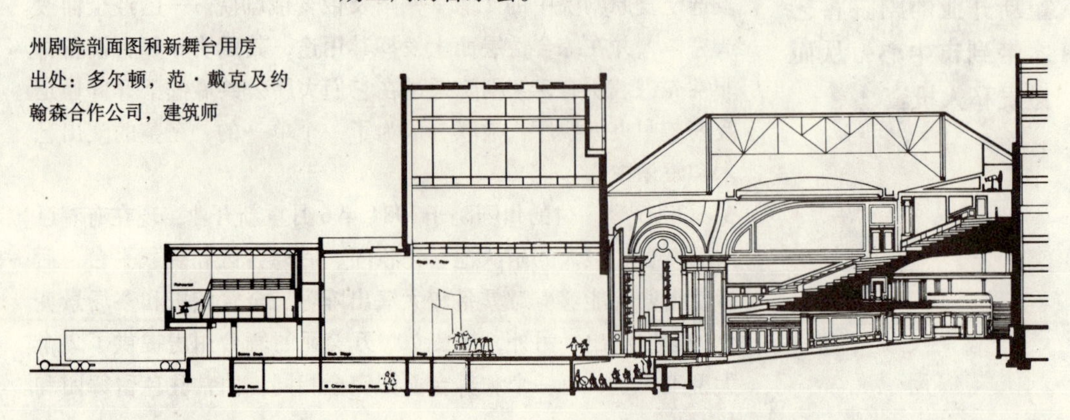

上图：州剧院礼堂
出处：大卫·图姆（David Thum）

下图：州剧院新舞台用房
出处：多尔顿，范·戴克及约翰森合作公司

上图：宫廷剧院大厅
出处：图片艺术公司

下图：宫廷剧院剖面图
出处：多尔顿，范·戴克及约翰森合作公司

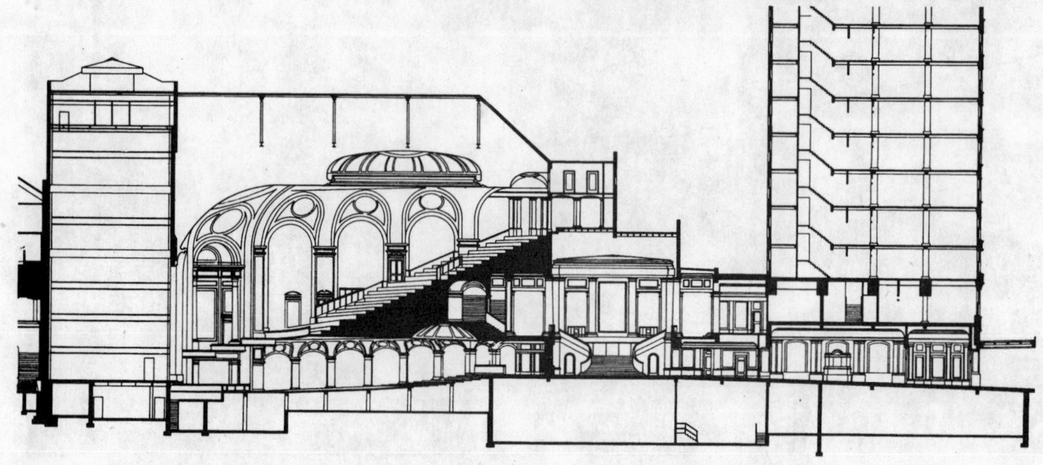

恢复前后的俄亥俄剧院
出处：多尔顿，范·戴克及约翰森合作公司，建筑师

1035个座位的俄亥俄剧院于1982年7月重新开业，每年5~6个月为大湖莎士比亚节日提供场馆。在剩下的时间里，它成为了种族和文化演出、在纽约市戏院区以外的戏院上演的戏剧演出、讲座和室内合奏的社区展示窗口。其1984~1985年演出旺季被许多北俄亥俄主要社区、街区和少数民族艺术团体预定。在剧院自己可使用的少数日子里，剧院广场基金会上演了数目有限的小型演出、合奏、独奏和讲座，以及儿童戏剧系列，后者由剧院和克利夫兰青年团共同赞助。

随着克利夫兰芭蕾舞团于除夕夜在州剧院上演《胡桃夹子》，到处都是华丽的帽子、气球、高声喧闹的人群以及3支乐

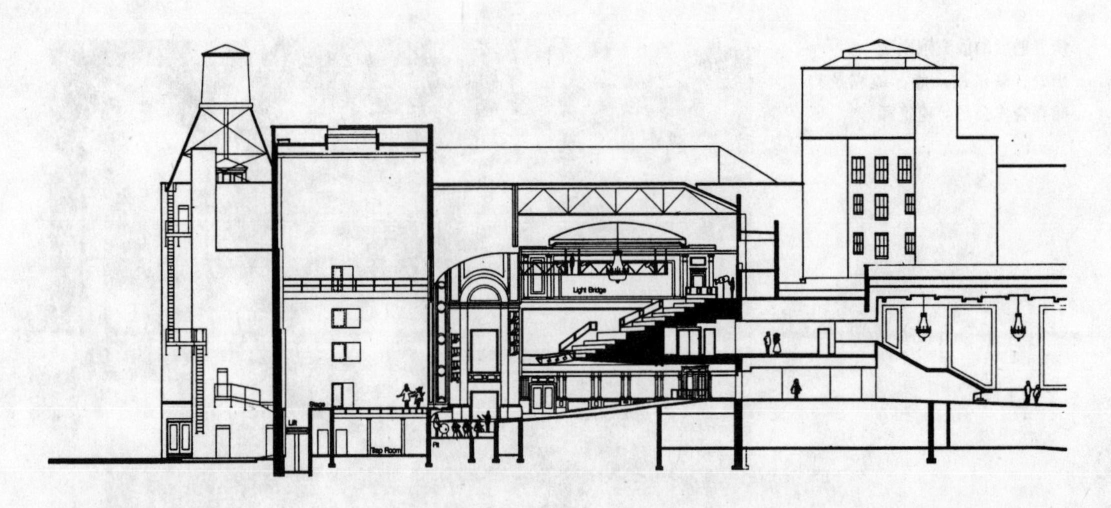

俄亥俄剧院剖面图
出处：多尔顿，范·戴克及约翰森合作公司，建筑师

队进行演出，加上焰火和一只胡桃夹子（取代了时代广场的球）以标记午夜，剧院广场正创建自己版本的时代广场。当从1984年进入1985年时，总共1800名付费顾客和大量寻欢作乐的人群汇合在广场上。

两座剧院的上座率数字表明，它们在1984~1985年吸引了65万人，这证实了当初的预测，即当3座剧院全面投入运作后，每年可吸引100万顾客。

1984年春天，3000个座位的宫廷剧院从其私人业主手中获得终身租约，购买价格已经确定，直至剧院广场基金会有购买设施的经济资源时为止。基金会从俄亥俄州得到了375万美元，用作宫殿剧院的恢复，该笔资金是通过凯霍加社区大学（凯霍加社区大学）的拨款而得来的。此安排将使得该大学每年可以享受免租金使用该中心，以举行大量的活动。

同样也在1984年，剧院广场基金会聘用了一家当地市场研究公司——策略决定公司，以集中精力和不同观众部分进行团体面谈，而在1985年，由克利夫兰基金会委托进行的一项艺术营销调查接近完成。它包括了和集中在大学界和剧院广场中18家艺术机构的忠诚顾客、偶然游客和不使用者的电话交谈。克利夫兰基金会调查和分析由两家全国承认的公司——纽约齐夫营销公司和克拉克－马蒂尔－巴托罗米欧公司提供。

就在同一周，州剧院开业了，一家色彩鲜亮的新餐馆在剧院广场开张了，菜单和侍者都灵活多变，不拘泥于传统。拥有超过200个座位的餐馆，在剧院演出前后都是人满为患，甚至在周一都很繁忙，而那时剧院几乎总是黑灯瞎火。6个月后，另外一家华美的餐馆也在街道对面开张了。

对剧院广场的重大私人投资，开始于经纪人普雷斯科特·鲍尔暨特本公司于1980年购买和改造长期空闲的博维特·特勒大楼。以前的哈利百货公司被城市开发公司转变成为了一系列店铺和办公室。7家公司、克利夫兰基金会和大克利夫兰医院联盟都将总部迁往剧院广场，给该地区带来了891位新雇员。

10家现存建筑已经被收购并改建，耗费5575万美元的投资。耗资总计达200万美元的改造工作已经在汉纳大楼和基思大楼进行。9家新餐馆已经开业，将223名雇员带往该区，代表了222.5万美元的投入。

有些人依旧在置疑将表演艺术机构带到市中心是否明智，这些机构可以较低的花费服务当地观众，此花费比在剧院广场需要满足的要低很多。然而，所有人都一致认可的是，此次搬迁代表了克利夫兰演出艺术的未来。正如丹尼斯·杜利（Dennis Dooley）在《直击北俄亥俄》中总结的那样：

> ……（克利夫兰）基金会的宏伟计划（将如此多的不同团体以不同的开发阶段置于耗资数百万美元建筑的同一屋檐下，当联邦资金已经干涸、公司资金很难获得时，几乎所有公司都有自己的内部问题）是否应该被实施的问题，这些评论家说，现在已经并不重要。
>
> “现在问此问题已经太迟了”，一位慈善家说道，他并不愿意透露姓名。“现在的唯一问题是，如何使之运转良好。因为现在它必须发挥作用了”。克利夫兰市中心的复兴，更不用说该地区最光彩夺目资产中一大部分的持续健康，其丰富的文化生活——以及由此在外来商业人士和其他团体眼中的克利夫兰城市形象，这些人士和团体是克利夫兰期望吸引而至的，要么作为游客，要么是永久定居——在很大程度上取决于剧院广场的成功。

匹兹堡　市中心文化区

案例研究11

项目简介

一个由霍华德·海因茨基金会充当先锋的公共和私人事业，后来因为匹兹堡市和阿勒格尼（Allegheny）县加入而得到加强，它已经激发了一个紧邻这些办公区古老市中心地区的商业和文化开发活动。阿勒格尼国际公司的新公司总部——两座34层的大楼，包含了120770m²的商业和办公空间——将毗邻海因茨大厅，也就是匹兹堡交响乐团的场馆，位于自由大道和佩恩大道、第6街和第7街间的街区。穿过第7街，新的2800个座位的贝尼登演艺中心是有着60年历史的斯坦利剧院改造而来，将补充海因茨大厅，并且为匹兹堡歌剧院、芭蕾剧院、城市之光歌剧院和舞蹈理事会，以及4出百老汇巡回演出剧目提供新场馆。

此两个相关的开发有望启动一个全面的文化和娱乐街区，此街区将最终包含5家或者更多剧院，以及超过7800个座席。该街区将从海因茨大厅和阿勒格尼国际公司沿着自由大道，扩展至新大卫·L·劳伦斯会议中心和会议中心酒店，为更多商业、娱乐和居住楼开发创造了一个“机遇街区”。通过创立一家新的公共/私人机构——匹兹堡文化资源信托，贝尼登中心和其他剧院将从本地区商业办公室开发得到资金。

贝尼登中心和阿勒格尼国际公司综合设施的第一期计划于1987年完工。每个项目的土地和融资已经就位，预计总开发成本超过1.4亿美元。假如没有对方的话，该中心的综合设施都不会被建造。对匹兹堡演艺活动增加导致的强大市场进行确认和证实，则补充了公共和私人支持市中心开发的目标。私人房地产项目不仅仅为改造剧院的公共和慈善资金提供了金融杠杆：在接下来的60年中，部分办公楼年收入将被用作为周边地区文化开发提供种子基金的捐赠基金。

把商业开发与文化开发整合在一起，形成了共同视野

迄今为止项目的成功已经决定于两个因素：确认企业领导和当地政府持有的共同视野；定义可行的第一个项目，它有着规模和规划影响，动力建立在各种各样的参与者以及资金可信度的基础之上。共同视野的确认，开始于接受两个相互依赖的目标：通过增加文化活动提升城市生活品质；通过保留现存公司、吸引新职业和新发展，继续匹兹堡的经济开发。

城市文脉

政府及商业继续以激进的姿态刺激发展

匹兹堡都市地区——包含了223万居民——于20世纪70年代末期开始了经济过渡，从钢铁转向了制造业，然后是金融、卫生、电脑科技和机器人业。

30年前，市长大卫·L·劳伦斯（David L. Lawrence）发现，当地商业社区对于该座当时被巧妙地喻为“烟雾弥漫的城市”的复兴，持有许多共同目标。私人方面于1943年组织了社区开发阿勒格尼讨论会，和市政府合作构思和实施一系列的复兴活动。除了成功地减少空气污染外，这些努力还包括了建造传递中心，它是最早的城市改造成功范例之一。

这些事业的影响是引人注目的：该城市干净、崭新的形象，改变了国家和当地人对待匹兹堡的态度，另外的市中心开发接下来持续了整个60年代，包括办公楼和便民设施，比如新体育场，为匹兹堡交响乐团改造海因茨大厅等。

开发时代在70年代早期结束了，由于城市经济和政治结构方面发生了一系列的变化。钢铁业和重工业的倒退导致了经济压力。改革市长彼得·弗莱厄蒂（Peter Flaherty）和以开发为导向的政策彻底决裂，尽管这些政策一直被其前任执行。他将政策重点转向了社区的社会问题。

从70年代中期开始，城市面临了双重需要，即尽可能多地保留其老经济基础（尤其是保护其作为第三大公司总部所在地的地位），和吸引新职业，尤其是发展迅速的白领服务业。因此，市长理查德·卡利朱里（Richard Caliguiri）领导下的匹兹堡政府，再次和当地商业机构一起促进市中心的开发，市长提倡公共投入，此投入会加速匹兹堡经济发展。

在70年代中期，几家关键商业单位承诺继续留在匹兹堡，

斯坦利剧院室外细部

创建新总部和房地产开发项目，在这些开发项目中，有牛津广场、PPG 广场和梅隆银行中心。当地政府在促进这些项目开发中扮演了重要的角色。比如，阿勒格尼县政府使得土地变得可以利用，资助了一次开发商角逐，并最终导致了牛津广场的创建。匹兹堡城市再开发当局帮助菲利普·约翰逊（Philip Johnson）征用地皮，后者设计了 PPG 广场多街区综合设施。对于梅隆银行中心而言，城市协调了一份复杂的 4 方协议谈判，作为一块单一的开发地皮，此协议结合了几条城市街道、城市再开发当局征用的地产、一座新的港务局地铁车站和美国钢铁公司拥有的土地。

由城市规划部和其都市设计顾问乔纳森·巴尼特（Jonathan Barnett）准备的城市中心创新性开发改造政策，为这些私人改造项目制定了公共框架。阿勒格尼讨论会建立了一个经济开发委员会，后者为一个顶级顾问小组，它为该地区经济基础多样化制定了目标（从开发先进的科学技术能力，到改善该地区的生活品质）。

随着匹兹堡公共、私人和非赢利部门同意恢复它们的激进角色，从而为展示充满活力的进取精神搭建了舞台。每一方面都准备着投入时间、精力和金钱，以实现共同的目标。

艺术环境

文化迅猛发展，超过了其设施的承受能力

匹兹堡演出和视觉艺术在该地区的生活品质中扮演了重要的角色，并且直接或间接地为经济实力作出了贡献。一份 1982 年由匹兹堡和阿勒格尼县文联委托进行的研究发现，相对于相同数量和质量的明尼阿波利斯市/圣保罗和圣路易市文化团体而言，匹兹堡 20 家主要文化机构为该地区经济贡献了更多的直接消费。（此两个地区总共代表了匹兹堡标准都市统计区两倍的人口。）

该市超过 200 家文化机构主要和创造性艺术和表演艺术有关。尽管它们中的许多规模较小，主要根基就在当地，仅仅为该区一部分服务，如南城区或东城区，但是各种各样的团体都在全市或地区建立了支持者群体。但是除了管弦乐团、歌剧团、芭蕾舞团和城市之光歌剧院之外——这些机构中没有几家具备市中心总部。许多机构将总部设立在市中心东部的奥克兰或者谢迪赛地区，群集在卡内基艺术学院，或设立在附近的匹兹堡大学或者卡内基－梅隆大学校园附近。匹兹堡公共剧院是一家倍受欢迎和尊重的专业公司，在阿勒格尼河北侧一处城市拥有的设施中占据了空间。假如这些团体能够在市中心进行演出或

海因茨大厅
出处：本·施皮格尔（Ben Spiegel）

展览，它们就能够逐渐扩大市场，将更大地区包括在其中。

在20世纪上半叶，匹兹堡曾经支持了丰富多彩的文化生活。7家正统剧院在市中心一度繁荣，主办了音乐剧、戏剧和轻歌舞剧巡回演出，并培养了当地欣欣向荣的演员、制作人、音乐家和艺术家群体。这些剧院是匹兹堡早期发展为大都市中

海因茨大厅花园广场

心的催化剂。有些剧院已经不在了——尼克松剧院是最后关闭的——而一些剧院，比如富尔顿、传递中心或者沃纳，已经被转变成为了影院、健身俱乐部或者零售中心。

海因茨大厅的创建，表明了演出场所逐渐消逝这一趋势的可能性逆转。在1969～1970年间经过改造，该大厅的活力和成功为新都市中心总部和餐馆、其他改造设施的建造，提供了巨大的动力。以前，洛斯佩恩影院和剧院被霍华德·海因茨基金收购和改造，后者是一家主席为H·J·海因茨二世的基金会，也是匹兹堡主要的商业及慈善机构之一。新的后台搭建完毕，使得建造新的彩排间和化妆间成为可能。

1979年，附近的海因茨大厅被创建了，不仅作为大厅的附属建筑，而且——当匹兹堡交响乐团不使用时——作为公众景观都市绿洲。这些改造资金花费中的很大部分——约为2000万美元——由海因茨基金会捐助，作为给城市的赠礼。此项投资带来的回报，是对匹兹堡市中心文化和经济环境的难以估量的

海因茨大厅花园广场外部景观，它是艺术区的一处开放空间组成部分

巨大正面影响。海因茨大厅可以容纳2867人，现在已经全部被匹兹堡交响乐团、匹兹堡歌剧团、芭蕾舞剧院、城市之光歌剧院、舞蹈理事会和一系列的巡回演出作为场馆预定。

在某种意义上，它还变成为了自身成功的牺牲品。它所容纳的这些团体的艺术和经济潜力，因为大厅的场所有限和座席安排冲突而受到束缚。对于百老汇巡回演出来说，该大厅的经历说不上成功；其舞台设施对于演员班底庞大、布景巨大为特征的首轮演出来说，则是不够的；匹兹堡只能够支持比较老的、减小演员阵容的此类演出。尽管此类能够吸引观众的演出市场依然存在，相对于宣传和前期花费所要求的巨大投入，部分问题必定是短期内缺少此类演出。

附近未经改造的斯坦利剧院，长久以来一直是处理这些问题的潜在资源。它有着较大的场馆容纳能力（超过3000个座位），以及安排更长期演出的能力，但是它同样也受限于其舞台尺寸，这使得它只能将演出局限在摇滚音乐会和小规模演员班底的巡回演出，这和海因茨大厅比较相似。然而，其舞台用房后部的停车场和附近可利用的地产，增加了它于70年代末期的改造潜力。控制这些至关重要的邻近地产的需要，以及处理维护问题的需要（此问题已经开始威胁斯坦利剧院的壮丽的内部装饰），在确定其重新利用可行性方面增添了紧迫感。

开端
海因茨基金会召集了一个规划小组

1979年，阿勒格尼社区开发讨论会资助了佩恩暨自由大道地区都市设计研究项目，后者是一个针对市中心被疏忽地区的大型规划和设计分析项目。作为一个坐落于邻近内三角办公区的阿勒格尼滨河区多用途地带，佩恩暨自由大道地区包含了具有重大历史意义的19和20世纪早期展示亭建筑，以及不怎么珍贵的商业建筑和地面停车场。这些建筑中的一些长期由企业入住，而其他的——尤其是沿着该市主干线街道之一的自由大道——容纳着成人书店、色情剧院和其他不受欢迎的用途。在自由大道的一端，该地区还容纳有匹兹堡新的会议中心和接近另一端的海因茨大厅，以及其他几家被确定为存在改造潜在可能的古老剧院。

因为和城市规划官员的密切合作而获得援助，佩恩暨自由大道地区研究项目提倡街景改造、历史保护、滨河区便民设施和居住楼开发。其主要建议中的两项是在海因茨大厅附近建设表演艺术区和强化城市在会议中心附近建造一座新酒店及相关开发的建议。此两个项目被理解为相联的自由大道主干道复兴

经过改造和扩建，斯坦利剧院将容纳匹兹堡歌剧团、芭蕾舞团和城市之光歌剧院公司。同时，它将提供适合全班底、首演百老汇音乐剧和流行音乐会演出

的刺激措施。拥有该酒店地皮的匹兹堡市，于1980年资助了一次选取设计和开发合作伙伴的角逐。胜出的项目设计方案是由格兰特－自由开发集团提议的办公楼和酒店综合设施，该集团是一家当地和全国性建筑师和开发商联盟。此设计方案于1983年10月被授予2100万美元的联邦都市开发行动拨款，并于1984年12月破土动工。

34层阿勒格尼国际大厦总部模型展示，科恩－佩德森－福克斯建筑师事务所设计

在1980年夏季，阿勒格尼讨论会请求巴克霍斯特·菲什·赫顿·卡茨（Buckhurst Fish Hutton Katz）公司带头实施市中心演出艺术区提案。该公司是一家纽约规划和都市设计公司，其合作伙伴指导了佩恩暨自由大道地区研究项目。作为这次努力的组成部分，该公司被霍华德·海因茨基金会聘用，以帮助确定基金会在未来开发中的可能角色，而该基金会是佩恩暨自由大道地区研究项目的主要捐助者。为了帮助公司做好此项工作，巴克霍斯特·菲什·赫顿·卡茨公司的合伙人欧内斯特·赫顿（Ernest Hutton），和康韦公司的威廉·康韦（William Conway）、房地产顾问、韦伯斯特暨谢菲尔德公司合作伙伴多纳德·埃利奥特（Donald Elliott）以及法律和施工顾问组建了一个顾问小组。此最初团队还包括了纽约市建筑师理查德·温斯坦（Richard Weinstein），他和多纳德·埃利奥特一起，曾经为现代艺术博物馆构思规划方案，在此方案中，私人居住楼开发为博物馆画廊空间扩建一倍提供了杠杆。

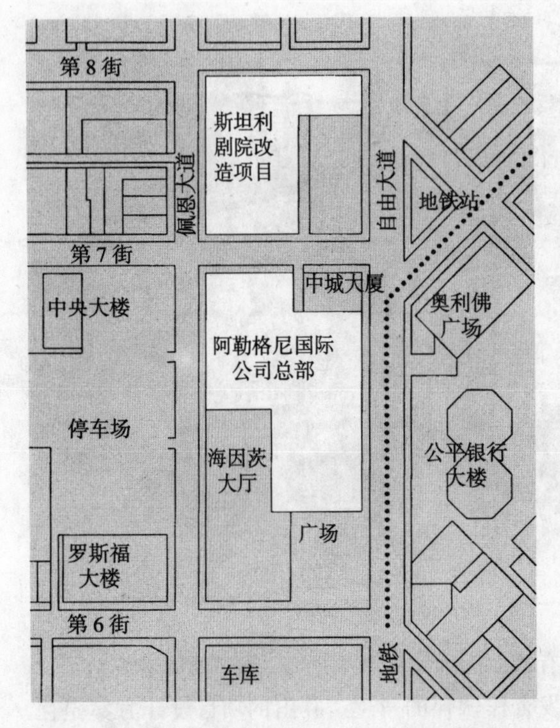

文化区地皮规划图

霍华德·海因茨基金会在支持这些顾问研究的过程中，认识到自身对于保护在海因茨大厅以及邻近广场的投资既得利益。从此利益中产生了两个必然目标：

- 找到最好方式，满足海因茨大厅演出机构和其他演出艺术团体空间扩展的需要；
- 确定最好方式，改善该地区的自然面貌，以及使之成为吸引人的人行环境。

尽管这些只是慈善目标，基金会同样也有经济目标：在其投入项目资金上赚取公平回报，由此所得额外收入可用于慈善目的。在加入项目组前，基金会已经采取初步行动建议了慈善目标。当地皮可以收购时，它已经开始了收购海因茨大厅邻近街区的单独地产，尽管除了保护大厅的紧邻环境之外，并没有长期巩固和开发计划。

项目组的首要角色是和基金会受托管理人合作——实质上，是作为项目相关工作人员——确定和实施达到文化和物质目标的方式。

构想
办公大楼收入启动文化区开发

霍华德·海因茨基金会已经委托进行了几项研究，这些研究表明，不仅仅是参与了海因茨大厅的机构，连匹兹堡的团体也需要更多的演出场所——而且，假如它们能够获得更多演出场所的话，就能够吸引更多观众，在艺术方面获得更大发展。事实已经很清楚，佩恩暨自由大道地区能够变成新娱乐、商业和居住楼开发的机遇地带；一个市中心文化区，特征是有着多家剧院和演出场所，将餐馆、店铺和画廊、公园和街景改造联系在一起，并且重新关注滨河区。新街区的开发将：

- 鼓励建造新文化设施，这些设施将帮助运作现存的或是正在出现的演艺团体；
- 通过鼓励多样用途和设施的手段，激活市中心地区，而这些用途和设施将有助于清理自由大道，提供办公楼和未来居民楼开发刺激；
- 通过提供具备吸引力的附近地区让游客流连、用餐、购物或是享受演出，支持会议中心和规划完毕的邻近酒店；

• 创建新的、可见度高的地区地产，以将工作岗位和商业企业留在匹兹堡地区。

和佩恩暨自由大道对应的地区，将包括12个街区，从传递中心改造区延伸至会议中心，从自由大道北延伸至阿勒格尼滨水区。它将包括不仅仅是海因茨大厅和提议改造的斯坦利剧院，还有其他剧院资源、适合改造的建筑以及潜在的开发地皮。该地区只有一部分处于都市改造论证阶段，海因茨基金会的顾问们由此规划，该地区的未来发展应该发生在私人市场。他们建议建造由市场驱动的开发项目，这些项目发生在公共部门改造和开发控制的框架内，并将由战略规划的“催化开发”加以激励，而且公共和私人部门都将参与这样的项目。

提议文化区规划说明，显示了潜在的剧院、商业、办公和景观改造开发

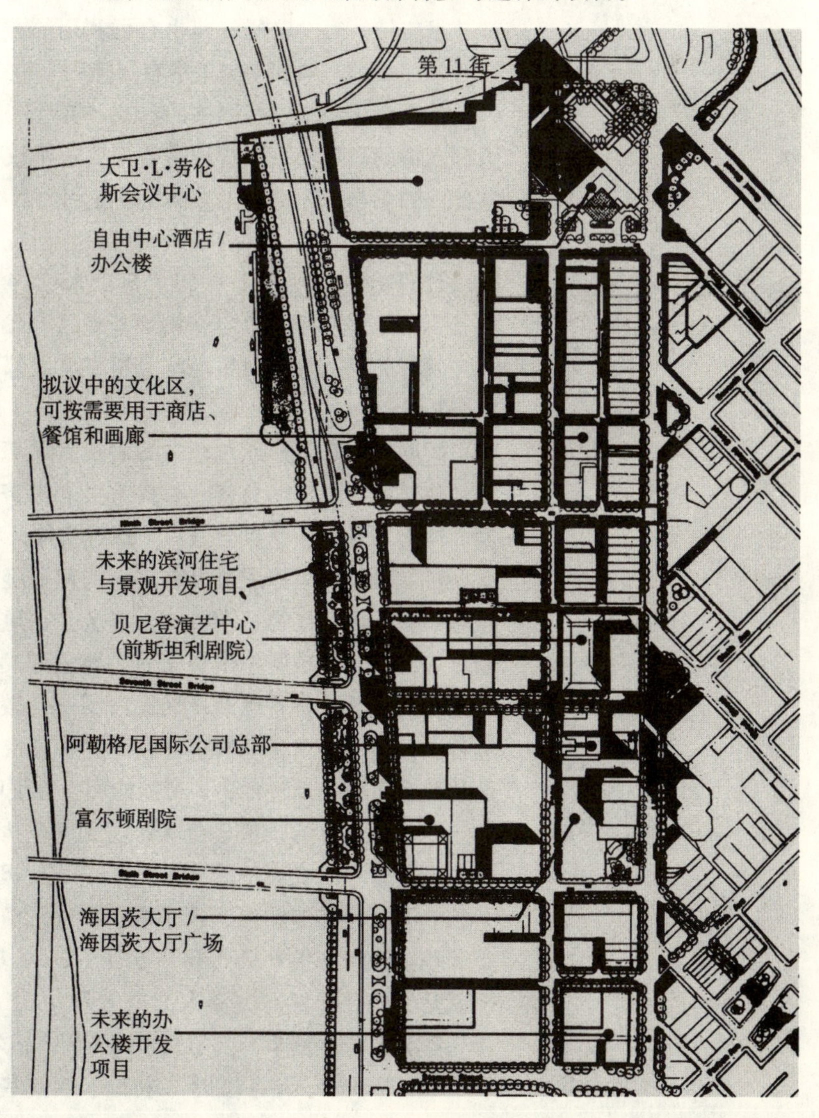

除了演出艺术场所之外，该提议中地区还提供了在2000年前支持建造185800~278700m² 的新居民楼、酒店、办公楼、停车场和开放空间开发的潜在可能。其便民设施将包括街道景观改造，比如新树木、铺设和照明；容纳俯瞰滨水区公园和人行道的新市场；沿着自由大道和佩恩大道的改造建筑中的新用餐场所、俱乐部、剧院和店铺。

为了实施这样一个综合性的远景规划，需要全社区共同努力：不像海因茨大厅，此项目不可能由单一基金会来完成——或者甚至是慈善资源组成的联盟。匹兹堡市通过规划部和城市再开发当局，具备可获取的权限和能力。阿勒格尼县，因为其和城市共同的培育地区经济和文化发展的目标，能够贡献资金和技术支持。宾夕法尼亚州也有可利用的方案和机构。依靠来自各方的帮助，联邦参与的潜在可能则是进一步的可能资源。

但是为了请求这些团体的参与，需要一个能够产生自身动力和支持的具体项目。这种需要则要求不仅仅是慈善事业和公共部门的参与，还有私人方面及以赢利为目的投资者的参与。

从该顾问小组准备的一系列可行性研究中，出现了最初催化项目的轮廓。从1981年10月到1983年4月，在研究了长达18个月后，这些研究囊括了海因茨地区开发潜力的物质分析和该开发有关的风险和回报经济分析，以及邻近文化区构想的方案分析。

顾问们审查了形形色色的海因茨大厅街区方案，包括一系列的物质选择、市场分析、替代方案和经济计划。然而，霍华德·海因茨基金会董事会是一个慈善实体，每年仅仅举行2~4次会议。尽管其个体成员具有多年的商业经验，有些在房地产领域具备经验，作为一个机构，基金会在地产开发方面毫无经验可言，它也不准备作出快速而必要的开发决议。顾问们对于基金会的角色分析，逐渐发展成为了一个教育过程，在此教育过程中，顾问小组帮助董事会在经济责任层面上和行为进程方面达成合意，在此进程中，可能的回报会证明潜在风险。

一旦达成合约，基金会就建立了一个执行委员会，该委员会由受托管理人威廉·雷（William Rea）担任主席，将监管两个独立但又相关的顾问工作小组：第一，商业房地产开发，由雷和基金会经济主管狄克逊·布朗（Dixon Brown）监督；另一个就是文化区开发，由商人威廉·博伊德（William Boyd）监督，基金会执行董事小艾尔弗雷德·W·伯尔·威沙特（Alfred W. Burr Wishart，Jr.）则予以协助。当这些委员和顾问小组举行常规会议时，这些决策难题得到了缓解。

这些大规模分析带来的结果就是，基金会在1983年1月决定完成收购该区所有剩余的可用地产——大约$2787m^2$的古老4层展示亭建筑。这些经济交易使得基金会现今持有的土地数量翻了一倍，并且使得其经济费用增加了两倍。通过结合潜在的新开发项目或者可能的改造现存建筑，通过从邻近地区转让过剩的开发权，结果是，将会拥有可以建造超过$92900m^2$商业场所的地皮。

完成地皮召集的决定，结束了超过两年以来时断时续的针对可用个体地皮举行的谈判，使得海因茨基金会承担了公司的义务，并且采取积极的行动方针。作出继续前进的最终决定更加困难，正是因为成功耗时太久。基金会执行董事伯尔·威沙特是这样描述此过程的：

> 从第一次购买开始，我们花费了超过两年时间收购地产。我们的工作还因为一些漏洞和谣言而变得更加复杂，这些漏洞和谣言使得土地价格上涨，有些地产主甚至变得很顽固。事实上，在某一特定阶段，我们预测到了一种抵抗，它使得项目开发存在变得不可行的确定无误的可能性。比如，在1981年中期，一位开发商启动了地产上的酒店开发谈判。在一位参与者的怂恿下，一篇未经授权的出版社文章立刻将该地皮上的关键地块的价格提高了一倍。

海因茨大厅街区开发方案，最初是建立在纽约市现代艺术博物馆独立产权公寓大厦使用的方法基础上的。被用于公共文化用途的、来自商业项目的收入，将采取两种形式：协商参与私人地产开发，以及将开发项目分配给地产税收的项目资助人（否则它将直接流入公共部门）。在纽约的项目中，这些替代税收的款项被用于特定公共用途——资金建设和博物馆扩建画廊空间的持续运作。而在匹兹堡，它们将被用于文化区开发。

这个构想可由阿勒格尼讨论会的代表加以说明，这些代表熟悉公共和私人方面的要求，以及可能的反映，可作为最终公共和私人合作伙伴的共同愿望。初步建议结合了几个主题，随着未来的提炼，将成为项目的关键卖点：

- 定义经济上可行的、海因茨大厅街区上超过$92900m^2$的私人商业开发项目；
- 确认市中心文化区作为可获得公共支持的文化和商业开

发目标；

• 将两个目标联系在一起的方式，为的是短期规划将启动长期开发过程。

在此阶段，项目顾问还没有确定斯坦利剧院为第一阶段优先开发项目，此阶段是和商业项目直接联系的。他们只是提议使用私人地产开发的回报，经过10～20年，改造剧院和进一步开发文化区。项目也没有纳入具体的当地或者联邦融资机制——城市—县公债，或是联邦都市开发行动拨款——而这成为最终一揽子计划的重要组成部分。海因茨大厅街区上的商业综合设施，比斯坦利剧院的空间权加上之后最终提议的规模要小一些。这些必然但是没有预料到的细微之处，一旦公共和私人参与者参与的话，将超出合作规划的范畴之外。

霍华德·海因茨基金会在房地产投入了超过1200万美元，而手头没有一位开发商。他们拥有的只有一个信念，开发的经济和政治基本理由是如此强烈，我们便可以招聘自己所需的合作伙伴。受托管理人愿意承担此风险，仅仅因为此特定缘由：一个是他们接受为项目制定的慈善目标，也就是说，建立文化区和由此匹兹堡获得利益。其他的理由则是，他们一致认为，这些目标证明了基金会的创新和企业家方式。

由经济研究联合会暨布兰尼根－洛雷利（Brannigan-Lorelli）于1983年进行的艺术市场研究证实，基金会的诸项目标是切合实际的。当地观众需要各种各样的演出，从大型歌剧到戏剧试演。将匹兹堡和其他拥有类似地理特征的都市地区（如巴尔的摩，圣路易斯和克利夫兰）进行比较，结果表明，在人均基础上，匹兹堡拥有的演出和活跃公司要少很多。其中一个原因就是，匹兹堡拥有的演出艺术设施要少得多，不仅仅是戏剧设施，还有音乐、舞蹈和百老汇巡回演出戏剧设施。其他城市有着更加完备的设施——不仅仅是大型演艺场所，还有各种各样的1500个座位、500个座位和250个座位规模的剧院。它们大型剧院的舞台容量是优秀的。

一份详细的匹兹堡市场分析审查了供和求的因素。一份关于观众喜好的综合调查，评估了匹兹堡对于未来各种各样演出的潜在需求。此次市场调查达成了下列几条结论：

• 文化演出的售票数量可以增加几乎50%（每年净增加45万张票），假如有着合适的设施和演出活动的话。

• 这些票务销售将支撑多达5000个新的或经过改造的剧院座位。

• 市场支持各种各样的演出活动，从流行音乐会和百老汇巡回演出，到当地或巡回演出歌剧的旺季。

• 观众最迫切的需要是百老汇音乐剧——它是开发演艺市场最基本的基础之一。

此次需求调查的结果，结合匹兹堡和其他城市剧院场所分布的比较，对艺术设施提出了一个长期方案的建议：

• 首先应该优先考虑的事情是改造斯坦利剧院。结合海因茨大厅，此新剧院赋于匹兹堡市两座大型演出场所（比如目前由克利夫兰、圣路易斯和巴尔的摩支持的，以及当前费城正在考虑的）。该剧院可以容纳歌剧、芭蕾舞、城市之光歌剧院、大型舞蹈演出和音乐剧巡回演出。到那时，海因茨大厅将变成纯粹的交响乐演出场所。

• 小型或戏剧演出需要一座具备大约1500个座位的剧院（富尔顿剧院经过改造后）。

• 戏剧试演需要一座或两座具备200个座位的场所。

• 最后，作为一个后期项目，应该提供一座500个座位的应变剧院，供不在市中心的当地或者地区剧院团体使用。

因此，匹兹堡需要的是分阶段进行演艺开发，同时关注供和求，为新剧院场所提供开发支持，同时发展观众的刺激措施。由于其他城市，比如巴尔的摩已经发现，一旦“至关重要的大量”场所、演员和观众被建立，市场内部发展活力将提供剩下的动力。当地团体和演员便有了发展的环境，当地观众也可前往欣赏全国性的精彩演出。

合作

海因茨基金会招募合作伙伴

建立合作关系，并结束为最初的斯坦利剧院暨阿勒格尼国际项目举行的谈判，在不到12个月的时间内完成了，对于这样巨大规模的项目而言，这是一个相对短的时间了。时间压力本身要么是来自于外部事件，要么来自于内部的日程安排要求，在谈判成功中证明是一个重要因素。这些事件和要求包括租户入住日程安排、公共资金的最后期限，以及特定关键的具备买卖特权地产有限的“适用性窗口”。

一旦霍华德·海因茨基金会董事会引进当地公共部门、主要租户和开发商，合作便开始了。由此产生的合作关系是通过各方不断的洽淡，让当地、州和联邦政府在项目的物质计划和相应的财务计划，以及额外的私人捐款和参与等方面都达成一致，从而展开工作。

在1983年4月早期，在海因茨大街街区一周的最终地皮控制期限内，基金会主席H·J·海因茨二世会见了市长理查德·卡利朱里，和盘托出了项目目标和政策。市长的回应是直接的，也是热情洋溢的：该计划符合城市的短期和长期发展目标；它将改善城市的生活品质，提升税收基础，加强作为公司和商业中心的地位。

然而，许多问题出现了。首先，城市担心替代税收的方法，通过此方法文化区将保留办公楼税收款项（这将要求州和当地

新的有2800个座位的贝尼登演艺剧院，将是对现存的斯坦利剧院仔细恢复之后的产物，保留了华美的细节，同时扩建了舞台后的支持空间

立法机构的批准），将和城市现行税收政策冲突。创建独立公共/私人机构来花这些钱，也就是现代艺术博物馆模式的另一特征，也激发了类似的政策反对意见：城市更倾向于使用现行的机构，特别是那些总部设立在该地区的。对于基金会来说，它关注的是，没有提议机构的潜在征用权，斯坦利剧院扩建和改造需要的地皮将会失去。关键地块之一的潜在买家已经开始和建筑的私人业主谈判了。

在接下来的一个月中进行一系列的商谈之后，城市提出了一条建议。市长高级秘书戴维·马特（David Matter）和城市再开发当局主席约翰·洛宾（John Robin），和欧内斯特·赫顿见面了。假如斯坦利剧院地皮能够私下里控制，其改造为海因茨大厅街区商业开发创造条件的话，城市将支持为商业和剧院联合开发项目向联邦政府申请城市发展行动拨款。而且，城市将请求县政府的帮助，支持由城市和县会堂管理机构发行750万美元的公债，进一步支持剧院项目。对于基金会来说，它保证筹集相同数量的基金或个体慈善捐助。在和市长及阿勒格尼县委员会主席托马斯·福斯特（Thomas Foerster）的下一次会面中，证实了该县对于参与项目的潜在兴趣。

这种新方式取决于现存的管理机构和团体的经济和管理资源，被证明是公共部门对基金会原始提议的创造性和授予特权的回应。在接下来的4个月中，他们举行了进一步的会议，并且达成了一系列另外的协议：通过买卖特权挥着收购，基金会有责任建立对斯坦利剧院地皮的控制；实施项目手段的形式——新匹兹堡文化资源信托，一家私人非赢利机构，将接收和投资城市发展行动拨款偿还资金；确定允许长期将这些资金用于继续开发市中心文化区。

此一系列协议最终被制定成为了书面文件，是对详细说明各方角色和责任的意图的初步陈述。然而，在此阶段，就城市而言，项目在很大程度上还是停留在理论上：没有大型租户，没有开发伙伴，没有直接动力。这些重要参与者的存在和身份都被严格保密，直到相同的一系列谈判完成，这些谈判在基金会代表和阿勒格尼国际公司之间是同时进行的。

招募阿勒格尼国际公司

在和城市成功接触后，霍华德·海因茨基金会项目组马上就和阿勒格尼国际公司主席和首席执行官罗伯特·巴克利（Robert Buckley）进行了会见，阿勒格尼国际公司是一家以匹兹堡为基地的公司，生产消费品和高科技工业特色产品。阿勒格尼国际公司当前租赁的场所（位于海因茨大厅街区对面的双奥利弗广场）将于1986年过期，故它已经发起了在全国寻找新世界总部场所的活动。

巴克利（他同时也是匹兹堡交响管弦乐团董事会主席）对于海因茨基金会将商业和文化开发相联系提议的回答，就和卡利朱里市长那样积极而毫不犹豫。假如该笔生意具有经济意义，阿勒格尼国际公司也能够按照安排入住办公场所，它将不仅仅是首位租户，而且还是办公综合设施的开发参与者——还有一个共识就是，同时会对斯坦利剧院进行改造，并且进一步恢复周边街区。

在接下来的两个月中，基金会顾问们和阿勒格尼国际公司的代表进行了会面，以制定出经济安排。一份租约于1983年8月被签署，为开发设立了初步框架，而此租约在稍后的最后租赁文件和联邦城市发展行动拨款协议中有待详尽阐述。

基本的组织很简单：霍华德·海因茨基金会作为提议的办公场所的拥有者，将把办公地产以固定年租金出租给阿勒格尼国际公司或其开发商。进而，开发商向文化资源信托支付一笔额外固定款项，至少为每年25万美元，加上建立于协商数目基础上的项目年净资金流的5%。阿勒格尼国际公司和其开发合作伙伴也将支持城市发展行动拨款申请，允许办公开发参与剧院改造项目。（将提议第二笔850万美元的城市发展行动拨款资金用于剧院改造本身。）

巴克霍斯特·菲什·赫顿·卡茨公司代表基金会为地皮开发设立了基本设计标准。这些标准描述了地产主需要的都市设计关系，既是为了建造综合设施自身，也是为了邻近建筑，构成了转达给阿勒格尼国际公司的地皮一揽子计划的组成部分。在和阿勒格尼国际公司谈判过程中，他们还规定，阿勒格尼国际公司将和一位经验丰富的合作伙伴组建团队开发此项目，以及它将从基金会编辑的一份优先名单中选取合作伙伴和建筑师。在这些标准和协议的基础上，阿勒格尼国际公司选取了一位总开发商——芝加哥都市投资和开发公司，以及一位项目工程师——来自纽约的科恩－佩德森－福克斯建筑师事务所。

部分组合成整体

在1983年8月，参与者已经全部召集完毕。城市和县被告知，以前仅仅存在于理论意义上的文化区项目已经成为现实：它不仅仅有真正的租户、开发商和建筑师，还有开发目标和项目最后期限。就在这一点上公共部门的承诺将承受检验——也成功获得通过。没有领导、工作人员的帮助和来自城市和县资金，项目就不可能进行下去。对于基金会和阿勒格尼国际公司的经济风险是巨大的。但是城市和县承担如此大规模义务所造成的政治风险，也是同样巨大。城市已经参与了会议中心酒店地皮的城市发展行动拨款申请。这笔拨款被请求了几乎两年，最终还是延期了，也推迟了进一步的经济协议。再一次申请拨款会竞争激烈，其前景也是令人怯步的。当地公债提供的750万美元（城市和县各出375万美元）也构筑了一项重大义务。在县政府方面，局势非常微妙，因为当时其发行公债能力正在接受公债认购者的审查。这些担心最终都被解决了。

到现在，阿勒格尼讨论会一直在充当着促进者和中介人的角色，通过它公共和私人进行着沟通。然而，现在，城市建立了公共/私人特别小组担任项目协调委员会。在市长高级秘书戴维·马特领导下，每周举行一次会议，此团体包含了海因茨基金会和阿勒格尼国际公司的顾问和代表、阿勒格尼国际公司及其法律顾问、项目主开发商和建筑师，以及城市当局的关键成员。

该团体的主要问题是组织城市发展行动拨款申请书。开发商、地产业主、城市和联邦政府之间的一系列的详细技术协议，帮助确立了本城市发展行动拨款框架。最终拨款总计为1700万美元（已经申请了2010万美元），其拨款依据为，向城市授予850万美元用于办公综合设施建造（主要用于购买邻近剧院地皮上方的空间权），850万美元用于剧院改造。每一笔拨款（实际上是低息长期低利贷款）都需要偿还给文化资源信托，用于进一步的文化区开发，而城市则作为中介人。剧院偿还的款项将采取对其演出实行免费或减价的方式；办公楼偿还的款项将包括协商固定款项和按比例参与费用，应该每年向文化资源信托予以支付。

由于斯坦利剧院改造为城市发展行动拨款和公共参与提供了证明，控制该剧院和邻近3处地产成为了义务。因而通过阿勒格尼讨论会（起着即将组建的文化资源信托代理人的作用）获取了买卖特权，一旦会堂管理机构公债和私人捐助就位，它们就会立刻受收购资金支配。

匹兹堡文化区

项目数据

物质结构		
构成部分——收入生成	第一阶段	扩建部分
阿勒格尼国际公司（总计）	60385m²	120770m²
办公	49237m²	100332m²
零售/餐馆（1 到 2 层）	2787m²	5574m²
区内未来开发 办公/零售/居住/酒店/停车		185800m²
构成部分——艺术/文化/开发空间		
海因茨大厅	2847 个座位	2847 个座位
海因茨大厅广场	1115m²	1115m²
贝尼登演艺中心	260m²	260m²
阿勒格尼国际公司广场	929m²	929m²
未来开发		
富尔顿剧院		1600 个座位
其他剧院（1—3）		600～1000 个座位
开发空间		1115m²
其他		
停车位	90 个	690 个
位置	匹兹堡市中心	
容积率（FAR）	7.5（以及另外的开发权转让）	
开发期限	第一阶段：1984～1986 年；第二阶段：1987～1989 年	
预计总开发成本	第一阶段：1.3 亿美元；第二阶段：1 亿美元；长期：3 亿美元	
开发参与方	阿勒格尼国际公司房地产开发公司 林肯地产公司 霍华德·海因茨基金会	
项目建筑师	科恩－佩德森－福克斯建筑师事务所 副建筑师—阿勒格尼国际公司建筑 麦克拉克伦·科尼利厄斯暨斐洛尼－贝尼登中心	

来源：巴克霍斯特·菲什·赫顿·卡茨公司

为了获得物质上和经济上都可行的办公室开发地皮，在维持海因茨大厅服务渠道的同时，项目建筑师和开发商们决定，所有的现场建筑都应该移走。办公室开发的主要目的是，根据详细历史保护标准提供复兴斯坦利剧院的方式；然而这又要求，办公开发地皮上的建筑必须拆毁。移走穆斯（Moose）大厅的需要尤其困难，因为它具备了重大建筑价值，有着华丽的古典复兴外观。在和当地、州和联邦历史审查委员会经过一系列的谈判之后，签订了一份协议备忘录。此备忘录规定了采取各种各样的制约手段，包括保护大厅的手工制品和沿着自由大道创建邻近历史区。

办公和剧院项目规划和设计得到批准，项目日程表安排得也很紧凑，主要是因为各合作方之间的完全合作。在项目开始前，城市已经启动了项目区大型分区远景规划，包括几个创新步骤，它们影响了文化区规划的形式。这些措施包括新转让开发权标准（允许将海因茨大厅和斯坦利过剩空间权出售给邻近办公综合设施，由此为剧院改造筹集资金），新的都市设计标准（包括设立新高度限制，构筑从高大的内三角办公大楼到低层滨河建筑之间井然有序、以景观为中心的过渡地区）。在这些新分区标准的基础上（这些标准对综合设施的规模和设计都起了重大影响），城市和开发商才能够使得办公和剧院综合设施项目获得批准，作为新规则下提交的第一个项目。

该项目于1983年11月18日被公布。到该月底，和州长理查德·索恩伯勒（Richard Thornburgh）及其经济开发委员会举行的会议，确立了州政府对项目的支持。另外还举行了第一次当地城市发展行动拨款申请公共听证会。在12月间，在市议会面前又举行了一次公共听证会，以匿名的9票对0票支持城市资助城市发展行动拨款，以及支持750万美元的会堂管理机构公债发行。在此进程的3天内，阿勒格尼县行政官以3票对0票的投票结果，支持保证他们的份额。最终的城市发展行动拨款申请于1984年1月31日被提交。最终的规划委托和市议会批准，包括在历史保护方式和地皮规划问题上达成的协议，于2月和3月获得了成功。在1984年3月31日，他们宣布，美国住房和都市开发部已经授予项目1700万美元的城市发展行动拨款。该项目至今终于成为了现实。

匹兹堡文化区

开发成本一览表

	总计	公共	私人
阿勒格尼国际公司办公综合设施	2亿美元	850万美元	1.915亿美元
贝尼登演艺中心	3700万美元	1600万美元	2100万美元
海因茨大厅	1400万美元		1400万美元
海因茨大厅花园广场	200万美元		200万美元
未来剧院开发	2000万美元（预计）		

私人慈善支持

在另外进行一番建筑和经济研究之后，斯坦利剧院改造的预算被确定在了3700万美元：超过2000万用于建造，1200万美元用于剧院和邻近土地和建筑收购，剩下的款项用于五花八门的费用和融资费用。整个项目融资（除了最初海因茨大厅街区的土地捐献之外）的风险投资是由霍华德·海因茨基金会担保的，它担保将筹集额外的1200万美元款项。到1984年春季，大量的社区捐助产生了超过2400万美元公共部门捐款（1700万美元的城市发展行动拨款和750万美元的当地城市/县会堂管

项目数据：贝尼登演艺中心（斯坦利剧院）

位置	匹兹堡，第7街和佩恩大道	
计划开业	1987年早期	
最初建造	1928年，霍夫曼·赫依公司，建筑师	
建筑师	麦克拉克伦·科尼利厄斯暨斐洛尼－贝尼登建筑师公司	
顾问	巴克霍斯特·菲什·赫顿·卡茨——项目规划 布兰尼根－洛尔利合作公司——剧院顾问 经济研究合作公司——艺术市场顾问 博尔特，贝拉尼克暨纽曼公司——音响顾问	
承包商	还未选定	
建筑成本	3700万美元	
	土地收购	1200万美元
	改造	2100万美元
	费用/融资/等等	400万美元
总面积	$9940m^2$	
内部区域分解		
	栅顶高度	24.38m，104套辅助吊绳
	前舞台高度	10.97m
	前舞台宽度	17.07m
	从台口开始的舞台高度	24.08m
	舞台宽度	43.89m
	乐队席长度（台口至后墙）	30.48m
	最大乐队席高度	24.08m
	最大乐队席宽度	43.89m
	化妆间	21个，容纳225人
	乐队池	80名乐师
	座位	2800个座位
	大厅尺寸	底层：7.62m宽，24.38m长 主大厅：13.72m宽，26.82m长 上层：8.23m长，5.49m宽
外部特征	贝尼登演艺中心就是改造过的斯坦利剧院。该剧院建于1928年，为古典复兴风格，将被扩建一个大型的、有22.86m深的后舞台和6层的支持建筑，提供更多的彩排空间和化妆间。其外观被设计成为和附近的19世纪展示亭楼建筑以及经过仔细改造的剧院外观融为一体	
内部特征	改造工作将扩大和改善舞台、增加化妆间和彩排设施、提升照明、暖气、空气调节及外观，包括新的后舞台和侧舞台区域。古典恢复装饰和其他20世纪20年代的大型影院类似。装饰华丽、镀金的内部、圆形顶棚以及壮观的前舞台拱门	

管理机构公债），以及超过1.3亿美元在邻近办公综合设施上的私人投资。

当然，1200万美元太多了，任何一家基金会都无法捐助。海因茨基金会的意图是，为项目充当催化剂，吸引来自其他资源的支持。建立社区基础的努力开始于1983年夏季，他们向各种各样的匹兹堡基金会进行了展示，希望获得慈善支持，3家有足够资金支付斯坦利剧院初步买卖特权或收购费用的基金会作出了反应：来自克劳德·沃辛顿·贝尼登基金会和匹兹堡基金会的维拉·Ⅰ·海因茨基金会的100万美元，以及匹兹堡基金会自身的50万美元拨款。1984年6月，贝尼登基金会的受托管理人投票决定另外向斯坦利剧院项目举行拨款——这次是进一步的400万美元。这些慷慨赠礼的结果就是，剧院被更名为贝尼登演艺中心。

尽管直到1985年早期，剧院开发资金的要求和申请依然突出，但是也收到了另外的200万到300万美元的支持意向。大家期望，其他的捐助，包括来自全国基金资源的拨款和当地以实物支付的服务和设备，将填补任何剧院资金的剩余缺口。还有人表达了未来在该区开发项目的兴趣，比如改造1500座的富尔顿剧院。

规划

阿勒格尼国际大厦和贝尼登中心催化艺术及历史区发展

合作努力导致的第一个项目是由两个部分构成的多用途开发。邻近海因茨大厅的商业地产开发，将不仅为文化开发提供经济刺激，而且为匹兹堡市中心提供大型建筑作品。耗资3700万美元的斯坦利剧院改造将极大地扩展城市的演艺设施。现在处于最终设计阶段的每一个项目，都将于1986年晚期完工。

34层的阿勒格尼国际公司世界总部大楼被设计成为了双子塔楼形状、分两期进行的办公和零售的综合设施。建筑师科恩－佩德森－福克斯建筑师事务所在城市规划部和巴克霍斯特·菲什·赫顿·卡茨公司准备好的指导原则下工作，已经创造了一份杰出的设计方案。每一座塔楼将包含总面积为60385m^{2}的地面空间，总计可达120770m^2。当前经过批准的规划要求在每一座塔楼中进行办公开发，并由引人注目的地面层大厅及酒店和零售加以连接。为了回应城市开放空间和地皮环境的要求，两座塔楼将面朝自由大道上的一座新公园，该公园位于第六大道末端的景观长廊，和塔楼所在地遥遥相望。此公园将平衡该地区对面的海因茨大厅广场。

当斯坦利剧院改造完工时，它将保持2800个座位的容纳能力，但是将提供经过扩建和改造的舞台空间、化妆间和彩排设施，以及经过提升的照明、暖气和空气调节条件。它将提供一个宽敞的新后舞台和侧舞台区——是当前的舞台用房容积的3倍还多——以及位于自由大道的、新的6层服务大楼。此建筑将容纳两间和舞台同等大小的彩排大厅，其中公共面积增至原来的两倍，为自由大道公共使用的偶尔性实验性剧院。

其结果将是，此剧院的舞台和服务设施可以和全国大部分剧院相媲美。其特征将为一流的照明、音响和现场电视演出设计，使得任何一周内演出多达3场不同歌剧或是全班底演出成为可能。

项目数据：海因茨演艺大厅

位置	匹兹堡，佩恩大道600号	
最初建造	1927年，于1968~1971年被转变为交响乐大厅	
建筑师	麦克拉克伦·科尼利厄斯暨斐洛尼，改造建筑师（1968~1971年）	
顾问	海因里希·凯霍尔茨（Heinrich Keiholz），奥地利萨尔茨堡人，音响顾问（1968~1971年）	
承包商	梅隆-斯图尔特公司	
建筑成本	1968~1971年改造：1000万美元	
总面积	12727m²	
内部区域分解		
	栅顶高度	21.95m，46套平衡布景和11套机械动力布景
	前舞台高度	10.36m
	前舞台宽度	15.85m
	从台口开始的舞台高度	9.75m，加上舞台后部储藏区域
	舞台宽度	25.15m
	乐队席长度（台口至后墙）	30.48m
	最大乐队席高度	27.43m
	最大乐队席宽度	27.43m
	化妆间	14个，容纳85人
	乐队池	60~70名乐师
	座位	2847个
	大厅尺寸	45.72m长，15.24m宽
	彩排间	3个
外部特征	对古老的洛斯佩恩豪华影院的改造，使之具有了美观的古典复兴外观，特征是复杂细致的陶瓦细部，以及标志着大型公共大厅场所的半圆形的窗户。邻近剧院便是海因茨大厅广场，一处绿树掩映的绿洲，有着水墙、雕塑和可移动的座位。该广场在没有被交响乐演出预定时向公众开放	
内部特征	匹兹堡交响管弦乐团场馆。 布瑞切乳白玻璃和拉文托大理石，红色长毛天鹅绒，晶莹剔透的水晶，以及色彩艳丽的金叶主宰了大厅的内部空间。264个新的枝型吊灯从维也纳进口而来。两座大型画廊/会客室区在底层。侧翼包括了管弦乐彩排间和两层的合唱和舞蹈彩排间	

早期的图解建筑学、用途和成本研究，证实剧院改造花费大约新建剧院成本一半的可行性。详细的经济规划表明，以专业管理和专业品质的演出活动，贝尼登中心不需要外界支持来维持潜在使用者的可行租赁水平。因为它可以利用，也解放了海因茨大厅最初作为音乐会设施的功用。

该剧院将由文化资源信托管理，后者于1984年作为一个非赢利公司而成立。其12名成员组成的管理委员会，包括了市长、市议会议长、县行政长官委员会主席和9名由匹兹堡基金会和阿勒格尼国际公司社区开发公司提名的市民。利用公共和私人捐助及来自办公楼的收入，该信托将：

- 启动和协调文化区开发过程，此过程将刺激和实施与城市、艺术团体、土地拥有者和潜在开发商关联的项目；
- 提供文化区服务和促进活动，包括协调组建的艺术团体和教育机构；
- 促进公共利用该区及其资源的广阔渠道（包括对年青人和老年人的减价票务销售，以及参与为匹兹堡公立学校创建具有创新精神的演艺课程）；
- 开发和管理贝尼登中心，规划和实施该区未来剧院开发。

对阿勒格尼国际公司综合设施和贝尼登中心的经济影响分析预测，市中心食品、停车和零售消费将每年增长超过580万美元。票务销售有望总计达到750万美元，给城市娱乐税收增加了额外的75万美元（许多来自观众和市外）。在项目完工后，城市、县和学校区有望每年在新房地产、停车和商业特权税方面收入超过250万美元。

贝尼登演艺中心纵向区域

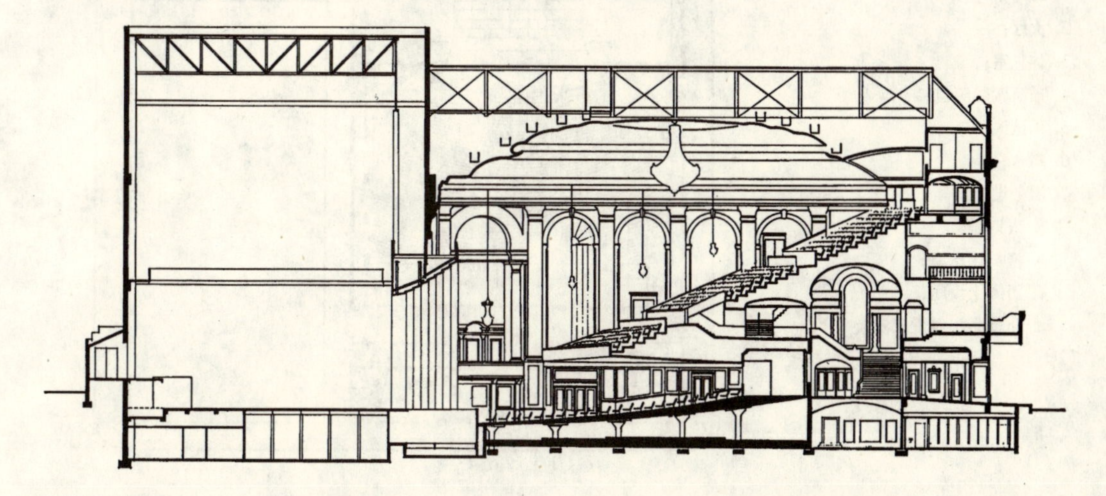

贝尼登中心之外的未来文化设施开发计划给该区增加2000个剧院座位，这使得另外可销售超过30万张入场券。此项额外的剧院改造或建造，将每年另外给城市带来42.5万美元的娱乐税收。

该区潜在的各种各样的地皮、地面停车场和有濒临倒塌建筑的地区，给进一步改造或者开发办公、零售、酒店、居住楼和停车设施提供了大量的机遇。这些地区的加速发展，以及保护和改造项目，因有文化资源信托而成为可能，它们将提供数百万美元的额外投资、建筑薪金、从属花费、食品和零售消费，以及当地税收收入。

当前状态

一期工程正在进行

阿勒格尼国际公司综合设施的第一座建筑和贝尼登中心改造工作，有望在1985年早期破土动工，并于1987年早期入住。阿勒格尼国际公司项目在1984年夏经历了一次管理方面的变动，阿勒格尼国际公司聘用了一个新的主开发商——达拉斯林肯地产公司，后者是一家经验丰富、具备进取精神的地产开发公司，专门从事多用途开发项目。科恩－佩德森－福克斯建筑师事务所依然是建筑师。建筑工地已经清理完毕，所有现场建筑被拆除，有用的东西被重新安置，地面被平整。

文化资源信托的一个特殊剧院开发小组委员会——包含了商业顾问、资金参与者和演出团体委托人——成为勒贝尼登中

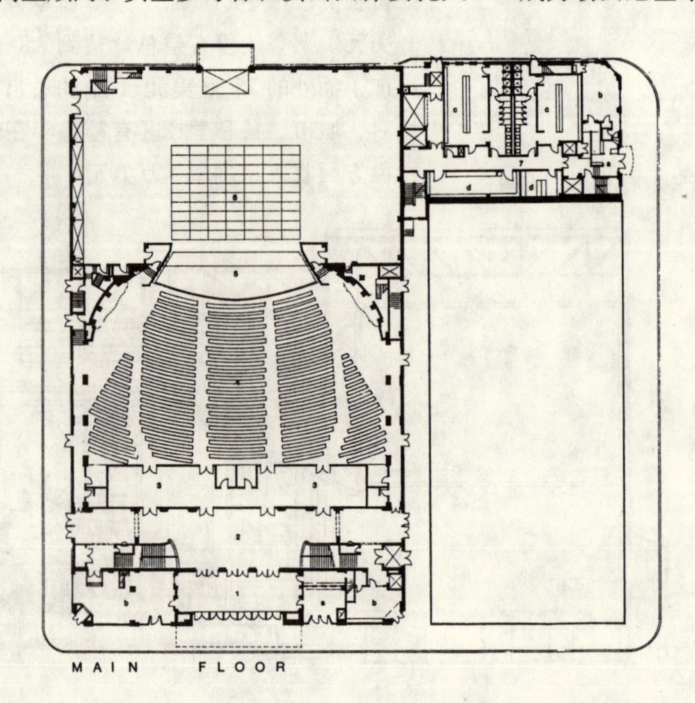

贝尼登演艺中心地皮规划图

图例

1. 前厅：
   a. 票房；
   b. 零售场所
2. 大厅；
3. 休息室；
4. 乐队席层座位；
5. 乐队池；
6. 舞台；
7. 服务设施：
   a. 入口；
   b. 演员休息室；
   c. 团体化妆间；
   d. 化妆品、假发和戏装

心改造的最终认可实体。因为斯坦利剧院是具备国家名录资格的历史建筑，改造工作根据严格修复标准进行。当地、州和联邦审计局参与了维护原先建筑风格和装饰方面的工作，而由建筑师解决一系列的音响和剧院问题，这些问题将毫无例外和影院改造为正统剧院息息相关。

在自由大道的另一端，自由大道中心是一座邻近大卫·L·劳伦斯会议中心的办公、酒店综合大楼，于1984年晚期开始建造。该市还宣布了在沿着自由大道的会议中心和剧院区之间区域正式建设历史区的计划，提供税收刺激和其他方案来帮助改造这个重要地区。

文化区开发的全方位重要性，将于首批项目完工时体现出来，并将为市场扩张提供证据。启动阿勒格尼国际公司综合大楼二期工程的时间安排，将由市场供求来决定。其第二座塔楼对于文化区的未来至关重要，因为许多信托收入有望来自阿勒格尼国际公司项目二期工程的参与费。

从自由大道望去的阿勒格尼国际公司综合大楼。海因茨大厅广场坐落在其突出位置，海因茨大厅则坐落在其左侧

由于贝尼登中心接近完工，富尔顿剧院的买卖特权也将到期。1984年，霍华德·海因茨基金会代表信托谈妥了富尔顿剧院为期3年的买卖特权，当时富尔顿正被用作影院。规划方案要求将富尔顿改造为文化区的第三座剧院，为巡回演出戏剧、舞蹈和其他演出活动提供场所，它们需要的是海因茨大厅和贝尼登中心无法提供的亲近感。其改造工作以及进一步建造剧院场所的工作，将取决于未来匹兹堡演艺团体和观众的需要，还取决于公共和私人对于信托的资金筹集支持。

该信托资金已经保证支持邻近自由大道历史区的研究和改造。此次修复努力的成功，经过一段时间后，将发挥满足阿勒格尼国际公司暨贝尼登项目和会议中心办公和酒店创造的店铺、餐馆和画廊市场需求。由于出现了其他的酒店、办公、居住、停车和开放空间需求，该信托将和当地土地拥有者、公共官员、私人投资者和慈善资源合作，促进开发闲置或未充分利用地皮。

动力，风险和个性

在完成了设计和开发过程之后，匹兹堡合作者们回顾了他们学到的几点经验：

海因茨演艺大厅现今是匹兹堡歌剧院、芭蕾舞团、城市之光歌剧院和交响管弦乐团的驻地

• 复杂可能是一种积极因素。招募必要的、各种各样的参与方，则要求项目必须满足多方目标。这些目标的相互关系——没有办公楼，剧院就不能诞生，反之亦然；私人资金必须搭配公共捐助——导致了一种建立在附带义务上的杠杆策略：承诺取决于各方的相应行动。

• 一个主要参与方必须首当其冲地启动和实施该程序。附带义务的和谐结合构成了一项重要的工作。尽管没有任何人能够协调这样庞大的项目，一个机构必须投入许多组织上和经济上的资源，确保项目获得成功。在匹兹堡，因为基金会目标和项目目标一致，霍华德·海因茨基金会承担了这个关键角色。现在，基金会已经将大部分的协调责任移交给了文化资源信托。

• 各参与方的巨大风险必须用吸引人的、可获取的回报加以抵消。文化开发对于经济开发的关系不仅必须澄清，还必须得到证实——以逻辑、统计和义务加以证明。对于经历政治和经济资金风险的公共部门而言，必须以简单、确定无疑的方式，向选举人和媒体传达公共价值观。对于经历时间和金钱风险的私人租户或开发商而言，传递适销对路商品的能力，必须使其股东和经济赞助人一目了然。

• 个性的作用不应该被低估。机构由人管理，有着强烈个性的领导可对规划和实施过程起着正面的影响，从制定目标和项目方向，到面临行动必要时作出困难的决策。

令人欣喜的是，在阿勒格尼国际公司暨贝尼登中心项目上，可以立刻召集到目标和参与方的合适组合。需要将构想实现的是一种催化作用，以专注而执着的基金会的形式，它刺激了高瞻远瞩的当地政府、开明的公司承租人及合作伙伴之间的同样重要的合作。阿勒格尼讨论会执行董事鲍勃·皮尔斯（Bob Pease）是这样总结的：

> 最重要的是，项目有幸拥有多位强有力的领导者。他们包括H·J·海因茨二世、市长理查德·卡利朱里、市长高级秘书戴维·马特、阿勒格尼县主席罗伯特·巴克利和信托主席罗伯特·迪基（Robert Dickey）三世。他们在必要时的持续参与和关键领导，就是匹兹堡巨大成功的缩影——公共和私人合作，多年以来提供了地区经济发展和生活品质改善的动力。

巴尔的摩　内港

案例研究12
项目简介

巴尔的摩著名的市中心恢复项目——查尔斯中心的成功，导致在内港周围促进了一系列野心勃勃的开发项目，而内港是城市发源地巴尔的摩港口上端的一个U形盆地。不但在其面积上，而且在公共使用上，内港改造都构筑了更大规模的成功。它包含了96hm² 土地，并且将主要文化、休闲方面的令人向往之处与商业、居住结合在了一起。

内港开发项目启动于1964年，正在分7个阶段完成，并由同一家私人非赢利机构代表城市加以管理——查尔斯中心－内港管理公司——它处理查尔斯中心开发相关事谊。在过去的数年中，他们筹集了总计达2亿美元的公共经费，以收购和清理土地及吸引大量的私人投资。这些资金包括了联邦拨款1.5亿美元，以及城市公债发行总计5000万美元，后者由巴尔的摩市民于1964～1984年批准通过。海港海岸和突堤的公共设施改造，将水域边缘从衰落中的库房改造成为了游戏场、停车场、人行道和一个小船船坞。麦凯尔丁广场则是通向内港的门户。

在该地区，已经建造了9栋办公大楼，另外还有5栋正在建设。已经建造了一座凯悦酒店，另外还会建造4家豪华酒店和5家中等规模的酒店，所有酒店的建造都受到了1979年完工的巴尔的摩会议中心的刺激。居住楼开发包括豪华独立产权公寓、市内二层楼或三层楼多栋联建住宅、老年人的补助住房和城市奥特拜因自耕农场区，在此地区，海港向西3个街区的一块占据了3个街区地皮上的100栋房子，被以1美元的价格出售给了买主，后者将搬入这些建筑，并且将使得这些建筑达到良好的规格。

公共和私人部门持续投资，在该市曾经衰落的滨水区创建博物馆和休闲场所

然而，该地区的标志并不在于其商业和居住楼开发，而是在于公共和私人文化和娱乐设施，这些设施建造于滨水区的四周。这些设施构成了尤其强大的吸引力，使得巴尔的摩人和游客以创造记录的数字来到曾经破旧的内港。这些设施中的大部分，是在巴尔的摩精力充沛的市长威廉·唐纳德·谢弗（William Donald Schaefer）的12年领导之下鼓励、规划和建造的。这些设施的中心是港湾广场，它是由劳思公司开发的项目，在两个玻璃建筑中以娱乐的形式展示购物和用餐。此市场俯瞰“星座”号驱逐舰，后者是美国海军最古老的战舰。马里兰科技学院博物馆和巴尔的摩国家水族馆也坐落于滨水区。一座夏季音乐会展示亭占据了水面上的一座突堤，邻近水域的一个古老电厂正由六旗公司循环利用，作为室内历史主题公园。

这些投资和想象力带来的结果就是，巴尔的摩逐渐经历了城市复兴——被全世界的游客们当作复兴的范例，以及城市便民设施的价值所在。内港已经成为文化和休闲目的地。

城市环境
查尔斯中心树立改建范例

今天的巴尔的摩拥有人口78.7万，而其享有的商业和城市精神卓越复兴的美誉，则是开始于30年前。在20世纪50年代，巴尔的摩是一处污秽的障碍之地，人们宁愿驾车以交通拥堵所能够允许的最快速度逃离此地。它远远不是理想的旅行目的地。商人和商业及城市领导们目睹家庭、工业和市中心零售商们迁出该市，迁至巴尔的摩县郊区。

1954年，商业领袖们认为该是为城市未来采取措施的时候了。一家大型百货公司连锁店的执行副总裁J·杰斐逊·米勒（J. Jefferson Miller），将市中心商人、银行家和市民团体联合成立了市中心委员会，该委员会开始审查美国处于类似处境的城市是如何尝试解决问题的。几乎在同时，来自整个都市区的商业高级官员们组建了“大巴尔的摩委员会”，其目标和市中心委员会的极其相似。

在一次合作努力中，这两个团体筹集了22.5万美元资金，“大巴尔的摩委员会”组建了一个规划委员会，后者是一

上图：1956年的巴尔的摩内港区。将成为查尔斯中心的区域在上端右侧

下图：20世纪80年代早期的内港。6号突堤展示亭（白色帐篷状建筑）在该图下端右侧。电厂在两个码头之外的地方。电厂附近的码头是巴尔的摩国家水族馆。在盆地右侧远端是美国驱逐舰“星座”号，侧面和港湾广场的两个展示亭相接。内港盆地的左角耸立着马里兰科学中心

出处：M·E·沃伦（M.E. Warren）

个配备了全部工作人员的非赢利性专业规划机构，为市中心设计主题规划，它们不从属于市政府任何机构。利用从私人那里筹集来的资金，委员会得以聘用几位主要专业人士，由戴维·A·华莱士（David A. Wallace）（现今是费城华莱士·罗伯茨暨托德公司）领衔，他不直接参与该市政治。1958 年 3 月，该委员会呈交了一份命名为查尔斯中心的 13.2hm² 土地规划。

同时，城市创建了巴尔的摩都市改造和住房局，到 1958 年 11 月，在展示查尔斯中心规划不到 8 个月后，便进行了一次公债发行投票，请求巴尔的摩市民批准 2500 万美元的流动资金，用于建造查尔斯中心。公债发行获得了通过，市议会于 1959 年 3 月采用了查尔斯中心规划，作为完全改造优先考虑的规划。查尔斯中心后来又成为了一个耗资 2 亿美元的开发项目，还因为其 14 个街区地面上的办公大楼、餐馆、零售店铺、酒店、住房、停车场、喷泉、雕塑和人行天桥系统和广场，赢得不计其数的建筑、规划和景观方面的奖励。

邻近查尔斯中心南部边缘，在巴尔的摩滨水区，依旧是一片衰落的旧码头、产品批发市场、仓库和铁路调车场。巴尔的摩商业滨水区的扩展和现代化刚刚为东部和南部提供了绵延 67km 的海岸线，该地区曾经提供多种用途突堤就已经被淘汰了。尽管其金融区内两个街区的开阔水域极具吸引力，内港还是陷入了废弃的状态。该片土地形成了一个“U”字形状——而对于城市和商业区来说，这是一个未曾满足的挑战。

文化环境

科学和戏剧在市中心寻求空间

激活市中心的规划，从一开始就聚焦于演艺活动方面，而非视觉或者音乐艺术。该市已经拥有 3 座大型艺术博物馆——巴尔的摩艺术博物馆位于市中心北的约翰·霍普金斯（Johns Hopkins）大学附近，以及皮尔博物馆和沃尔特斯艺术博物馆，两者都位于城市中心地区。它们中没有一家在 20 世纪 50 年代寻找新设施。巴尔的摩交响乐团被安置在略微过时、但依然在发挥作用的利瑞克剧院，该剧院就在距离沃尔特斯艺术画廊不远处。

然而，查尔斯中心规划并不要求建造一座演艺和电视综合大楼。1961 年，最近被拆除的福特剧院（巴尔的摩可用于百老汇戏剧巡回演出的唯一设施）的拥有者莫里斯·梅凯尼克（Morris Mechanic），接受了在查尔斯中心和巴尔的摩街角处建造一座新剧院的谈判优先权。

莫里斯·梅凯尼克的规划需要建造一座多层阶梯式建筑，并且带有地下车库、地面零售场所和地面上的剧院。然而，在他从事该项规划时，莫里斯·梅凯尼克意识到，假如它必须自己购买土地并为建造提供资金的话，在剧院上他将无法做到收支平衡。所以，城市查尔斯中心管理公司将地产估价 50 万美元，每年给梅凯尼克的租金为 6%（3 万美元），只要该建筑主要用于现场戏剧演出。

梅凯尼克找到了一位经常获奖的建筑师来设计剧院，他还聘用了印第安那布卢明顿印第安那大学剧院的设计师约翰·约翰森（John Johansen）。约翰森提议建造一座大胆的建筑，该建筑为定点浇筑的混凝土建筑，耸立在查尔斯中心广场的上空——完工时，该剧院将设有 1600 个座位，耗资 450 万美元。1964 年，梅凯尼克和城市签订了租约，建设开始了。

查尔斯中心在市中心的对手同样也吸引了马里兰科学院的注意力，后者于 1957 年开始寻找场所，以建造一座博物馆。该院于 1797 年由一些经常集会讨论哲学和自然历史的绅士们创立，已经积累了一系列的鸟类标本和稀有岩石藏品。这些藏品在全市许多地方进行了展示，最后被安置在一个古老的烟草仓库里，这个仓库为科学院的长期支持者 F·A·戴维斯暨桑斯公司（F. A. Davis & Sons）拥有。科学院成员们一直在城市中心以北的约翰·霍普金斯（Johns Hopkins）大学和巴尔的摩艺术博物馆附近地区寻找地皮，现在开始考虑市中心地址了。

新开发的规划者们也开始考虑文化因素了。巴尔的摩前住房和社区开发行政官员 M·J·（杰伊）·布罗迪（M. J. (Jay) Brodie）是这样陈述他们的基本理由的：

艺术和文化是美国一项正在发展壮大的产业。研究表明人们现在有了更多的闲暇时间——比人们需要的时间更多——不管有多少的录像带或是有线电视频道，人们依然有外出和他人会面的基本需要，外出到空旷地区、去看他人和被他人发现的基本需要……以及尝试新的、不同活动和拓宽经历的基本需要。……它们是永恒的、真实的人类反应，假如你以激动人心的方式在它们之上或是四周建造都市环境，你将获取利益。

项目数据：莫里斯·梅凯尼克剧院

位置	巴尔的摩，查尔斯中心	
完工	1967 年	
建筑师	约翰·M·约翰森	
顾问	1976 年的内部改造：罗杰·摩根联合公司和阿姆斯特朗/蔡尔兹室内设计公司；1976 年的声音系统顾问：剧院科技公司和奥特斯·芒德洛（Otts Munderloh）	
承包商	乔利建筑公司	
建筑成本	150 万美元（1976 年修复）	
内部区域分解	前舞台宽度	13.72m
	前舞台高度	9.14m
	从台口开始的舞台高度	12.50m
	航高	19.05m
	乐队池	40 名乐师
	化妆间	总计容纳 55 人，包括合唱室；乐师间可容纳 42 人
	座位	1601 个
	电梯	7.62m×1.83m，在中心后墙

合作

查尔斯中心—内港管理公司，文化机构和商业

1964 年，大巴尔的摩委员会在市长西奥多·R·麦凯尔丁（Theodore R. McKeldin）的激励下，抓住了内港展示出来的机遇，和城市规划部、都市改造和住房局一起，将查尔斯中心的部分动力转移向了海港盆地四周的衰落地区。1964 年 9 月，他们宣布了一份《内港规划书》，计划用 30 年时间改造占地 96hm^2 的广阔区域，开发住房、社会和文化设施，以及酒店和办公大楼。该规划还决定在沿着一座连接市政厅和内港的宏伟的购物中心，建造市政府大楼。

在宣布规划之后两个月内，人们就内港项目两项公债发行进行了投票。这次，选举人拒绝了 450 万美元的市政府大楼建设一揽子计划。然而，他们批准了 200 万美元用于开始实施内港计划的剩余部分。

- 建造办公设施，作为查尔斯中心南部和东部向内港的延续；
- 开发东部和西部的高层和底层住房，而且价位变化幅度很大；
- 沿着盆地海岸线建造一座城市公园，包括了休闲、文化和娱乐设施。

随着内港的创建，也诞生了一个新的实体，它将是美国其他城市改造项目的范例。此实体便是非赢利性质的查尔斯中心—内港管理公司，依照合约它起着城市代理人的作用，代理

城市进行规划、提案、谈判和管理此改造过程。

构想

公开宣传使大量市民向市中心聚集

在建造其新剧院的过程中，莫里斯·梅凯尼克不幸去世了。他的家族想方设法使剧院得以建成，并于1967年1月开业，其剧院管理当时登记了8000名预定者，并成功引进了顶级百老汇演出。不幸的是，随后演出质量逐渐下降，预定也逐渐减少，剧院逐渐垮掉了。1975年，查尔斯中心广场上的这处文化展示场所几乎变成了一座播放X级电影的影院。

由于巴尔的摩市持有要求梅凯尼克家族只能将其用作正统剧院的土地租约，城市接管了剧院，创建了非赢利的管理实体——巴尔的摩演艺中心。巴尔的摩促销和旅游办公室的执行董事桑德拉·希尔曼（Sandra Hillman）成为了巴尔的摩演艺中心主席，后者利用从城市得来的72万美元，改造了剧院内部，改进了音响和视域轮廓。该中心聘用了一位百老汇制作人，将一流的剧目预定回到巴尔的摩。接着它举行了一次大型公共午餐会，当地媒体进行了大量报道，在这次午餐会上就签下了多达2000预定者。

从那时起，莫里斯·梅凯尼克剧院就一直成功，现在还一直在赢利运作。桑德拉·希尔曼将这次峰回路转归因于好的作品、胜任的管理、公平的定价、管理层许诺作品并上演作品的可信度，以及大量的公开宣传。梅凯尼克剧院为内港区域类似的私人或者公共合作者创立了一个先例。

在20世纪70年代早期，梅凯尼克剧院步履维艰，城市首

约翰·约翰森的莫里斯·梅凯尼克剧院，它是一座拥有1600个座位的设施，为百老汇巡回演出而设计。餐馆和零售店铺占据了底层

出处：M·E·沃伦（M. E. Warren）

巴尔的摩地图，显示了查尔斯中心和内港改造区域的地理位置

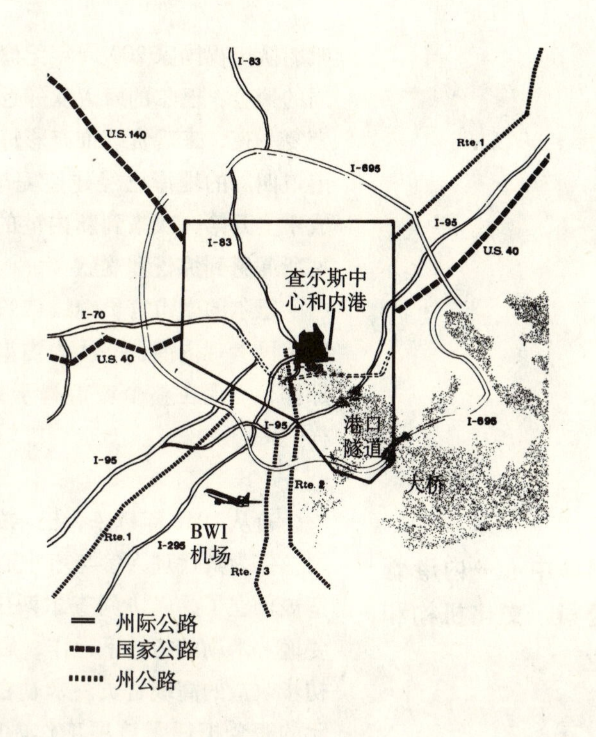

次尝试着制定政策，使得巴尔的摩人前往市中心。巴尔的摩市场公司在1970年组建，为的是强调该市不同种族居民的共性——意大利人、希腊人、波兰人、立陶宛人、其他欧洲民族和黑人。

为了使这些紧密团结的团体“和那些与他们不同的人们融合、成婚和分享空间”——用桑德拉·希尔曼的话来说——城市组织了其第一次公共博览会。他们将其安置在中立地盘上——查尔斯中心广场——他们还预料会有大量人们参与，博览会还附带有食品、文化色彩和当地娱乐项目。桑德拉·希尔曼的工作人员组织了大量的志愿者服务和媒体配合，以开发兴趣和创造惊喜。在其随后的15年中，巴尔的摩城市博览会每年都改变地址，现在已经吸引了超过150万人。

部分出于博览会的过快发展，桑德拉·希尔曼领导促销和旅游办公室，在巴尔的摩市中心启动了一系列的其他活动。在夏季的周末，一系列的民族节日激活城市在内港四周开发的公共场所。巴尔的摩的不同邻近街区被鼓励将自己的食品、工艺品、舞蹈和其他传统活动带到市中心来。特许经销商被告知，他们可以保留周末经营所得利益，而桑德拉·希尔曼办公室将配备所有的音响系统、椅子、桌子、脚手架和技术人员。

在1975年，巴尔的摩内港举行了高桅帆船节，也就是国际

帆船队庆祝国家200周年纪念日。几乎整个城市进行了为期一周的聚会，巴尔的摩人从邻近街区和郊区来到内港，日复一日，夜复一夜，来观赏装饰有彩灯的船只，并和水手交谈。到此时，港口四周的堤岸已经建造完毕，许多街道改善设施也已就位。成千上万第一次来到新内港的巴尔的摩郊区市民，都因为其所见所闻感到惊讶和欢欣。

巴尔的摩市官员继续依赖于利用公共活动，来鼓励巴尔的摩市民参观内港，并认为内港就属于自己。正如希尔曼所说的那样，“现在整个城市属于每一个人。在 1970 年，却不是这样”。

合作
查尔斯中心—内港管理公司，文化机构和商业

自从1956年以来，巴尔的摩市都在使用一家私人非赢利公司，作为其代理人参与市中心改造项目。查尔斯中心管理办公室被创立了，以协调查尔斯中心建筑事务，并且一直在 J·杰斐逊·米勒的指导下运作，后者是1954年带头对百货公司进行初步改造的高级官员。米勒在被说服放弃退休后，以每年 1 美元的薪金担任了该项工作。1965 年，米勒以及其副手马丁·L·米尔斯波（Martin L. Millspaugh）和城市签署了一份合约，创建了查尔斯中心—内港管理公司，继续管理查尔斯中心的完工，监督内港项目的规划和执行。

查尔斯中心—内港管理公司归属该市都市改造和住房委员会管理（住房和社区开发部的前身）。自诞生以来，它就被证明是一个高效的工具，将昂贵的开发规划快速通过了市政府渠道。

该市按月给公司预付资金，公司用此资金支付自己的花费。城市用于管理查尔斯中心和内港改造项目的花费，总计达到了有关公共资金的2%。

查尔斯中心—内港管理公司的工作，因为城市宪章和自身的评估委员会而变得更加高效。杰伊·布罗迪（Jay Brodie）解释说：

> 巴尔的摩和其他城市在开发方面最大的不同，是有幸拥有一位强有力的市长，以及城市评估委员会，后者由市长控制。（谢弗市长坐镇该委员会，并任命了剩下 4 个席位中的两个。）评估委员会仅仅批准给开发商的土地或建筑销售或租赁意向协议；市议会也仅仅履行批准改造项目全局性规划的工作。需要应付的人更少，机制更简单。这对于开发商是非常有吸引力的。

巴尔的摩市博览会每年吸引150万人。而这只是该市每年举办的几个公共活动之一

布罗迪解释说，像查尔斯中心—内港管理公司这样的非赢利机构，仅仅是为了城市的利益而工作，因为他们能够一心一意地关注某一特定区域或邻近街区，不受所有的政府约束的限制，被开发界看作更理解开发商们的能力、兴趣和局限——这在谈判桌上则是一种优势。

米尔斯波依然是查尔斯中心—内港管理公司的主席兼首席执行官，在过去的20年中亲眼目睹了城市角色以其他方式发生了转变。在环境行动学会1979年的手册《向巴尔的摩学习》中，米尔斯波解释说，在50和60年代，城市的主要角色是和商业社区合作，规划改造区域；然后开发商加入适合自己的规划框架，换取公共和私人部门的支持。既然联邦资金已经发生了巨大变化，查尔斯中心—内港管理公司便充当更加活跃的中间人，制定出应对开发商和城市的方式方法。

然而，米尔斯波相信，查尔斯中心—内港管理公司遵循的基本开发程序今天依然适用。他将其概述如下：

1）确认机遇；

2）收购和清理地皮，在合适的地方创造环境、安装基础设施；

3）招募开发商——通过个人接触或者竞选程序；

4）在城市和开发商之间谈妥交易；

5）和开发商的建筑师合作，批准开发商计划；

6）协调开发商承包商和城市服务之间的建设事宜（街道改造、电力、下水管道等。）

马里兰科学中心

查尔斯中心—内港管理公司遵循了这个一般性程序和马里

兰科学院合作，在内港海岸线上建造第一座新建筑。在盆地的北端，邻接莱特大街的就是一块这样的地皮，它可以提供一览无余的水域景观，而且邻近内港主体规划计划的其他三座展示亭的地皮。城市给科学院提供这样的地皮用作建造自己的科学中心。沿着盆地的北侧，邻近就有一块地皮，被专门预留作为未来扩建之用。

科学院聘用了爱德华·迪雷尔·斯通（Edward Durell Stone）来设计建筑，并且在1965年公布了其规划方案。城市和科学院于1970年签署了最终意向协议，州立法机构也批准了将州资金用作博物馆建设。建设花费并不向城市发行公债，它不需要选举人投票通过。进而，1971年9月，几乎没有人注意到，巴尔的摩人破土动工了。

然而，到基脚、打桩和一些钢筋就位时，通货膨胀开始了，先前拨出的资金已经不够。建设停顿了11个月，故科学院向州立法机构求助，以获取更多资金完成工程建设。最终，利用总计达到600万美元的州公债，建设于1972年12月重新开始。

此外，还出现了设计问题。斯通规划的建筑外层覆盖有绳索状线条分隔的混凝土。当资金成为问题时，它们决定将外观改为较为便宜些的红砖。然而，建筑刚刚完工，博物馆看上去很像带有围墙的堡垒。《预言》杂志记者詹姆斯·贝克（James Beek）写道“该建筑的军事意味是如此的严重，你会得出这样的印象，它可以承担马里兰中心地区的任何三座其他建筑，而且会不费吹灰之力地赢出”。科学中心于1976年6月开业，此后不久詹姆斯·巴克斯特伦（James Backstrom）来到中心。他认为，内港的第一座文化设施对内港提出了上座人数的问题。巴克斯特伦表明，博物馆开业时，还存在着一个心理障碍：

> 普拉特大街（北方）是金融区和南方肮脏、下流、贫困潦倒地区之间的一个强大的界限。（在人们心中）这是一个古老的哥伦布式的想法——你扬帆航行得太远，然后脱离了地球的边缘。许多人永远不愿意来到这里。

第一年付费入场的观众只有接近6.3万人。中心的参观者流量曾经被计划为每年40万人。

马里兰科学中心进一步的问题，是其在该地区的定位。最初大家期望该建筑邻近三座零售亭，后者与莱特大街平行。可是当劳思公司提议开发零售场所时，三座零售亭变成了两座，

马里兰科学中心，位于内港盆地边缘，由爱德华·迪雷尔·斯通设计。肯尼斯·斯内尔森（Kenneth Snelson）的《东部着陆》（Easy Landing）雕塑出现在前端
出处：萨拉·W·巴恩斯（Sara W. Barnes）

而且它们的位置北移，为的是一座建筑和莱特大街平行，而另一座和普拉特大街平行。此次重新设计留出了305m的空地——从现在的港湾广场所在地南端到科学中心的一条长长的人行道。中心现在不是零售区域的锚地，反而看上去像一个遥远的岛屿。即使其面向莱特大街的入口，看起来也位置不对。

尽管港湾广场的重新定位孤立了科学中心，特色零售最终还是在博物馆参观者中有着积极的意义。巴克斯特伦保留着一张图表，上面记录着过去8年间的参观人数和内港举行的重要活动。港湾广场刚刚开业，中心的参观人数便急剧上升，而且一直在增长，即使在冬季的数月中。巴克斯特伦断定：

> 港湾广场一直是经济发动机。我们本身并没有足够的吸引力。即使我们以前处于我们现在的水准，有着很好的展品、方案和活动，中心也不会获得成功……几乎对于多用途区域具有生态意义，正如这里发生的一样。它们确实必须一致发挥功效。它们就像食物链上的连接，或是科学生态中的那些种类的事物。像科学中心这样的建筑只能做这么多了。一旦港湾广场开业，毫不夸张地说，就像有人开了灯一样……那灯就是人群。

劳思公司建造港湾广场

到1977年，查尔斯中心—内港管理公司及促销和旅游办公室，非常成功地使得内港变成一处令人向往的公共场所，以至于有些人不愿意允许私人开发商进行下一期的开发。具有讽刺意义的是，公共部门的一个主要目标——将私人资金吸引到内港地区——受到了巴尔的摩人的质疑，因为他们现在觉得内港是“他们的”。

港湾广场食品亭提供了自带午餐或是观看人群的场所。港湾广场的零售亭、美国驱逐舰"星座"号和贝聿铭设计的世贸中心在远处可见
出处：M·E·沃伦

当劳思公司开始商谈现在的港湾广场所在的地皮时，附近商户也发出了反对的声音——尤其是那些面临竞争的餐馆业主们。不同的市民也表达了自己的担心，内港将被建筑团团围住，公众将不容易接近。根据米尔斯波的说法是：

一块场地规划已经完成，反对之声大作。我们知道我们有一场争辩了。我们都认为，将不得不举行公民投票，而且觉得，必须把设计方案揣在手中，以便向人们展示港湾广场的未来模样。否则，反对者们将轻而易举地把港湾广场描述成一个超级大百货公司，将阻挡所有的内港滨水区。这就是本·汤普森（本杰明·汤普森联合公司的首席建筑师）来开始实施设计方案时的情形。建筑模型在全民投票前及时完成了。

该项申请最终于1978年进行了全民投票，目的是使得该条款被加入到城市宪章中，禁止在内港沿岸建造更多的建筑。由于在巴尔的摩可以申请或者市议会要求全民投票，市议会再次

提交了一份宪章修正案，规定禁止在内港四周建造任何其他建筑，未来的港湾广场地区和马里兰科学中心的未来扩建地区除外。从科学中心到世贸中心剩下的土地将作停车之用。市艺术修正案获得了通过。

今天，该片水域景观得到了保护，附近餐馆的生意比港湾广场开业前更好了。在其开业的第一年，港湾广场和其咖啡馆、食品市场和特色店铺吸引了 1800 万游客。

巴尔的摩国家水族馆

1974 年，小罗伯特 · C · 恩布里（Robert C. Embry, Jr.）——当时的巴尔的摩市住房和社区开发官员——访问了波士顿的新英格兰水族馆，之后向谢弗市长建议，内港应该具有一座水族馆，作为主要景点之一。市长访问了新英格兰水族馆后认可了这个想法。此时，查尔斯中心—内港管理公司拾起了其作为供给系统的角色。

根据米尔斯波的意见，“有时，这就是这些公共或者非赢利项目在巴尔的摩得以建成的方式。某人有了一个构想，然后

巴尔的摩国家水族馆，彼得 · 切尔马耶夫设计，有着热带雨林式的屋顶
出处：格雷格 · 皮斯（Greg Pease）

在巴尔的摩大西洋珊瑚礁展览馆的国家水族馆中，一个潜水员正在给一条彩虹鹦鹉鱼喂小虾。该馆是美国最大的珊瑚礁展览馆，环形的展区用 1230m^3 水喂养了几千条热带礁石鱼
出处：理查德·安德森（Richard Anderson）

告知市长。市长会说‘是的，我们就这么干吧。’然后该构想回到我们这儿，我们来做初步规划，做经济和物质方面的规划”。

联邦政府的兴趣在于征求将巴尔的摩水族馆授予全国水族馆地位的意见，取代位于美国商务部地下层中原来的国家水族馆。经过大量谈判之后，国会于 1979 年决定，巴尔的摩水族馆可以使用“国家”这样的名称，但是必须在名称上加上“巴尔的摩的”。作为回报，城市不请求联邦政府拨款建造或运作该项目的一期工程。

剑桥七协会公司的首席建筑师彼得·切尔马耶夫（Peter Chermayeff）曾经设计了新英格兰水族馆，被聘用为水族馆建筑师。同时，查尔斯中心—内港管理公司聘用了格拉德斯通联合公司，后者是一家华盛顿特区的经济顾问公司，它将对设施进行开发分析。

城市评估委员会批准通过了这些设计和市场研究所需资金。和该建筑师和顾问公司的合约，首先与市长及市议会进行了商谈，后者通过住房和社区开发部行使用途。那时，查尔斯中心—内港管理公司成为了代表政府监督合约的委托人。查尔斯中心和内港的所有公共改造——街道、堤岸和公园——都以类似的管理安排进行了规划。

水族馆下一个进展就是组建一个顾问委员会，该委员会由市长任命，并且包括了当地设计、开发和建设领域的专业人士，以及诸如新英格兰水族馆主管之类的专家。在查尔斯中心—内港管理公司监督下开发了水族馆概要设计方案之后，顾问委员会承担了和剑桥七协会及格拉德斯通联合公司代理人的角色，并且在住房和社区开发部的全面管理之下工作。

最初，考虑中的水族馆土地包括了港湾广场地皮和马里兰科学中心之间的地区。随着设计规划的进行，那块地皮证明问题很多，原因在于该建筑的高度（有着雨林式中庭的水族馆高度为 48m）。在设计审查的过程中，米尔斯波和其他人建议将水族馆模型搬到 3 号突堤，很显然，该位置对于水族馆更合适。

建筑的初步预计为 1500 万美元。规划者们希望发行 750 万美元公债为建筑筹集一半资金，另一半则利用巴尔的摩当初出售机场给马里兰州时预留的资金。这项融资计划证明是不完全受欢迎的。许多巴尔的摩人，由于没有意识到机场销售的 750

万美元在法律上要求用作资本项目，认为这笔钱应该用于增加警察或消防人员的工资，或用作街区改善。但是在市长谢弗组建了水族馆公共教育市民委员会后，公债发行方案于1976年11月获得通过。

杰伊·布罗迪认为水族馆公债发行的争论是值得的：

公众对于公债发行的批准可能是一次痛苦的经历，但也是令人吃惊的……（公债发行）使得城市意识到，必须使市民相信这些事物是有用的，他们应该承受这些花费。

已经使公债发行获得通过的市民委员会，要求他们被指派为水族馆董事会。市长同意了，并且任命一位当地商人小弗兰克·A·冈瑟（Frank A. Gunther, Jr.）为此非赢利机构的主席。冈瑟有一个这样的想法，即水族馆应该自负赢亏。此目标意味着水族馆不负债向公众开放，收取足够的门票费用，支付自己的运作费用。它还意味着招聘人员，及每年水族馆开业前有营销人员就位。最后，它还意味着，到巴尔的摩的公司社区和基金会去，请求大量的资金。冈瑟和其董事会发起了一个融资活动，希望企业会资助水族馆的特定组成部分。公司纷纷报名资助展示会，或属于"水吸收"方案，提供收购、安置和维护水族馆鱼类和其他动物的资金。此外人们还捐助了以货款服务，包括法律、建筑、建设、营销、会计和公关服务。

当切尔马耶夫设计方案的投标到来时，最低报价为1900万美元——比规划的1500万美元费用高出400万美元。当完工时，实际建造花费为2130万美元，加上150万美元用于加固其下突堤的费用，该项工作由联邦拨款资助。董事会通过创新的公司捐献方案、来自基金会的捐助、来自城市的经济帮助和开业前的会员宣传活动（此活动导致招募了2.8万名会员）等手段，补足了630万美元的资金缺口。今天，冈瑟说道：

我们并没有预测到今天我们拥有的这种成就。我们只是一路前行，做到不负债，为的是我们打开大门的时候，我们不负债……此项目是你在公共和私人合作关系所能发现的最好范例，也是巴尔的摩赖以著名的原因，是市长谢弗促使了项目的发生。他不仅帮助和激励我们，而且我们之间形成了一种互相尊重的关系，他让我们运作这场表演。

规划

公共支出及住房确保了市民的赞同

当内港全面规划于1964年的公债发行全民投票中获得通过后，巴尔的摩人就不再批准今日内港中容纳的任何特定文化组成部分了。反之，针对沿着突堤上和海岸线周围的休闲、文化和娱乐设施的“都市游乐场”，该规划为其商业和住房开发提供了指导原则。文化构成部分也不再依靠商业构成部分。而是两者都依赖于该区域的初步公共开发。此项政策证明对吸引私人投资者是极其重要的。

劳思公司董事会主席兼总裁马赛厄斯·J·德维托(Mathias J. DeVito)证实了以公共改造政策开始的重要性——新突堤、街道、护堤、小船码头、人行高架桥、人行道、公共绿地、公园和游戏场所，并且带有观众看台：

> 通常人们认为是港湾广场创造了内港，而且是使该地区起飞的组成部分。那不是千真万确的。我们是最后一批来到这里的。当我们决定实施港湾广场项目时，凯悦酒店已经在建造了，水族馆也已经批准，科学中心已经建成，世贸中心已经建成，海港已经很完善了。我们只是已有成功的楔石。但是假如我们没有大量的活动和市民对于海港该地区的潜在兴趣的话，我们当初是不会进入巴尔的摩的。

1980年，当40万名巴尔的摩人来参加两座展示亭的开业仪式时（这两座展示亭位于一座露天演出场所侧面，并以玻璃

一艘希腊船只停靠在劳思公司港湾广场的食品展示亭之后，后者由本杰明·汤普森联合公司设计。横穿莱特大街的背景就是凯悦酒店，左侧就是麦考密克香料厂，从1889年来一直是巴尔的摩地标建筑

上图：内港水上巴士经过“星座”号，驶向围绕在内港四周的文化和娱乐景观

下图：6号突堤是用莫里斯·梅凯尼克剧院赚取的利润建造的。在夏季多达3200人会聚集于此欣赏音乐会

封住四面），他们见到了其他3处已经完工或者正在建造的新景观：

- 横穿莱特大街向西，拥有500间客房的凯悦酒店令人兴奋的设计已经可见。
- 再向西一个街区，巴尔的摩新会议中心已经完工。
- 在3号突堤尽头，向东一小段距离，巴尔的摩国家水族馆将于1981年6月开业。

1981年，用莫里斯·梅凯尼克剧院赚取的利润，巴尔的摩演艺中心开放了位于水族馆东侧的6号突堤展示亭。这是一座由威廉·吉利特（William Gillet）设计的永久性帐篷状建筑，在其遮蔽下可就座2000人，在老突堤上种植的草坪上还可就座1200人。从7月开始到劳动节，每周有几个晚上，这里都会举行形形色色的音乐会。

不同文化、餐馆和零售实体的合作努力，加强了他们的个体力量。从5月到10月，水上巴士会载着游客在该区停泊数次——水族馆、科学中心、港湾广场、“星座”号、游戏场、电厂和小意大利。他们正在计划开发一种一次性售票体系，以覆盖内港几处景观的门票费。港湾广场已经数次收到国家艺术基金会拨款，支持“常驻”音乐家和艺术家。它还资助水域边举行的周日傍晚夏季音乐会。

发电厂

最近给内港的文化盛宴添彩的是拥有3栋建筑的发电厂，它曾经为巴尔的摩的有轨电车系统提供燃煤得来的能量。被查尔斯中心—内港管理公司以165万美元的价格收购之后，它被1964年规划选定为拆毁对象。然而，查尔斯中心—内港管理公司对历史建筑恢复感兴趣，于是在1979年建议保留该发电厂。将发电厂改造为一座酒店的规划证明是不可行的，于是大家决定将其用作娱乐中心。查尔斯中心—内港管理公司的规划和研究主管杰夫·米德尔布鲁克斯（Jeff Middlebrooks）描述了再开发机构希望房地产给内港综合项目增添的是：

我们知道，我们需要某种纯娱乐部分，但是我们不能肯定什正被改造的发电厂，将很快变成内港的一座都市娱乐中心。马克·迪·苏维洛（Mark di Suvero）的雕塑《天空下》和《一家人》（*Under Sky/One Family*）位于图的前端。
出处：萨拉·W·巴恩斯

么样的娱乐才适合这样的环境。我们需要继续吸引我们的当前参观者市场——各种各样的老年人，带孩子的中年夫妇，20多岁约会的人，以及幼儿——但是我们没有原型。我们出了一个说明，说明我们所不需要的事物——不是住房、酒店或者办公用途。

1982年12月，城市接受了由六旗公司（Six Flags Corporation）提交的建议方案，后者是一家主题公园全国运营商。六旗公司提出建造一个室内的、世纪之交的成人娱乐公园，不仅仅是非同寻常的，它的规模合适，可以很好处理该古老建筑的实用性。4根巨大烟囱从建筑中间拔地而起。大量的铁制和混凝土地脚伸进了中心地带。拆除这些残余的花费将是巨大的。故六旗公司提议围绕这些障碍物进行规划，并将它们用在最后的设计方案中。该公司还准备全面负责该笔2500万美元到3000万美元的项目开发花费，因为它将内港看成其“城市娱乐”概念的理想之地，可以吸引25岁到40岁之间富裕的成年人。六旗公司一直在寻找一个地区，那些新的多用途开发项目已经开始将成年人吸引到市中心来的区域。对于此类都市位置重要的要求是，无犯罪的氛围、足够的公共停车场和公共交通，以及人行便民设施。

1983年12月，一份开发协议被签署了。城市同意将土地和发电厂出租给六旗公司20年，可续租3个20年。该协议认定，在发电厂457m范围内将计划建造650个新停车位。在六旗公司实现了具体制定数目的收入之后，城市将获得任何总收入的5%。巴尔的摩还将所有票务收入的10%（以城市娱乐税的形式）。该项目有望为该市居民创造200个工作岗位。

拉里·米勒（Larry Miller）、加理·戈达德出品公司和查尔斯·科伯联合公司——设计师和建筑师——已经在10684m^{2}面积和几层楼内创造了一系列的作品，这些作品都遵循一个19世纪展示厅的主题，此展示厅承载了一位虚构人物菲尼亚斯·坦普尔顿·弗拉格（Phineas Templeton Flagg）的创造发明。

发电厂计划于1985年夏季开业，在其运作的第一年有望吸引大约145万名观众——大约70%的成人和30%的儿童。票价将定于成人7.95美元、儿童5.95美元，外加城市娱乐税。该发电厂在夏季从上午10点营业至晚上8点，每周7天。在剩下的季节里将从上午10点营业至傍晚6点，每周5天（周一和周二不营业）。该建筑一次可容纳3000人，平均停留时间长度预计为3个小时。六旗公司将设有预定制度，可接纳大型团队，为的是游客可以购买当天稍晚些的票。由此，游客不用排很长的队伍，可以先参观内港的其他景观，然后按照票上规定的时间回到发电厂。

在傍晚，营业时间过后，发电厂可用于会议、当地公司和其他大型团体租赁和旅游。其普拉特大街音乐厅的夜晚将充斥着现场演员、饮品和小吃食品。

根据米德尔布鲁克斯的看法，六旗公司和发电厂提供了一个“正确的公司在正确的时间出现在了正确的建筑当中”的案例：

我想，它将会成为其他城市的范例……这种产品将无法复制，因为这座建筑的原因，但是其中的一些想法却可以复制。它很适合我们的组合。我们正尽力做的事情之一，就是将其从白昼旅行目的地转变为通宵达旦的旅游目的地……旅游走进城市是一种崭新的事物，也是一种极好的事物……在1983年夏

发电厂的内部模型显示了展示中心的主大厅。该新设施有望每年吸引145万游客

季，920万当地游客每人在巴尔的摩花费约48美元。这笔花费总计达到了5亿美元，这还不计算另外的400万本市游客和来自该市各县的人。巴尔的摩正在建造更多的酒店，而我们的工作就是让酒店住满客人。我们需要增加游客停留的时间长度，提供规划更多的活动，让（游客在此过夜）物有所值。发电厂将使得游客在（内港）的平均停留时间从4小时达到6小时，这就离我们的目标更近了。

随着建造更多的酒店、住房、发电厂改造，以及新的影院播放一流影片，城市在为内港区刻意构建24小时的活动周期。

办公、酒店和住宅

在经过20年的精心开发之后，巴尔的摩的办公市场最终沿着查尔斯中心—内港区域四周起飞了，并且最终超出了该地区。在最近《巴尔的摩》杂志的一篇文章中，埃里克·加兰（Eric Garland）指出“通过实施会议中心和国家水族馆这样的景观，该市已经准备好将周边地区土地用于开发……私人市场蜂拥而入”。1984年，24座办公大楼、零售中心和酒店或处于规划阶段，或正在建造，或最近刚刚在市中心开业。和许多其他城市相比，A级办公场所的租赁价格依然处于中等水平；根据马丁·米尔斯波的统计，查尔斯中心和内港两个街区的半径范围内，租金上涨了约20%。

新的住房也被加入了内港区。在查尔斯中心南部和内港西部建造了中等成本和低成本的高层公寓以及低层的二层楼或三层楼多栋联建住宅。这些建筑中有些是提供给老年人的住房。在奥特拜因自耕农场区，城市将破败的住房以1美元的价格出售给了愿意入住并修缮它们的居民。豪华独立产权公寓莱特大街西侧的海港办公楼和酒店旁边开盘了。沃尔特·桑德海姆（Walter Sondheim）强调了住房对于内港成功的长期重要性。

查尔斯中心和内港并没有被打造成荒芜沙漠中的绿洲之类的事物。假如这些项目不是建造在一个将大部分努力都花在住宅修复的城市的话，我和其他许多人本将和市中心开发毫无瓜葛……即使在内港没有进行任何项目的时候，我们仍然有一大群人待在这儿的原因之一，便是它没有抛弃城市：巴尔的摩依然觉得内港是城市的组成部分。

巴尔的摩内港

项目数据

物质结构		
组成部分——收入生成	项目1海岸	增建部分——具体细节有待决定
办公	167685m²	
住房	683单元	
零售	51253m²	
娱乐/休闲/游艺		
内港小船船坞	158个码头	
小船出租		
潜水艇Torsk		
美国驱逐舰“星座”号		
水舞台		
发电厂	8361m²	
构成部分——艺术/文化/开发空间		
国际馆	0.024hm²	
巴尔的摩公地	1.764hm²	
公共码头	165直线米	
人行道	0.996hm²	
麦凯尔丁广场	3.116hm²	
芬格码头	0.169hm²	
游戏场	2.589hm²	
马里兰科学中心	3716m² 展示区	350个座位 天文馆
巴尔的摩国家水族馆	26662m²	
6号码头展示馆	2000个座位	
公共艺术品博物馆和街景		
其他		
停车	5795个车位	
面积	38hm²	121hm²
总建筑面积	218944m²	
容积率（FAR）	14（办公场所）； 9（酒店场所）； 1.5（餐馆和零售）	
位置	巴尔的摩，海港盆地	
总开发商	查尔斯中心—内港管理公司	
开发期限	1967~1984年	
预计总开发成本	6.47亿美元	17亿美元
开发费用（1984年）	6.47亿美元，包括6160万美元的公共区域花费	

来源：查尔斯中心—内港管理公司

内港

开发成本一览表	私人	公共
办公	1.13 亿美元	2100 万美元
零售	3160 万美元	
娱乐/休闲/游艺	3960 万美元	3620 万美元
酒店	2.532 亿美元	
住房	7610 万美元	
场地费用	500 万美元	1420 万美元
公园/公共区域		
公共设施		
住房资金		
总开发成本	5.14 亿美元	7140 万美元

查尔斯中心

项目数据	
物质结构 组成部分——收入生成	增建部分
办公	185800m²
住房	656 单元
零售	39947m²
酒店	700 间客房
构成部分——艺术/文化/开发空间	
带有喷泉、人行高架桥、雕塑和种植的 3 座公共广场	3.24hm²
莫里斯·梅凯尼克剧院	1600 个座位
其他	
停车	4000 个车位
面积	13.36hm²
总建筑面积	650300m²
容积率（FAR）	典型 FAR：±18 平均 FAR：5；
位置	巴尔的摩，中心城区，中央商务区
总开发商	查尔斯中心—内港管理公司
开发期限	1959～1985 年
预计总开发成本	1.95 亿美元
开发费用（1984 年）	1.95 亿美元，包括 3500 万美元的公共开发费用

来源：查尔斯中心—内港管理公司

然而，巴尔的摩必须尽力保存一座市中心零售设施。在过去的 10 年中，一座大型百货公司在市中心查尔斯中心和内港之间建造了一座新设施。查尔斯中心还在规划规模稍小的零售开发和现存店铺的重新配置。劳思公司正在规划港湾广场普拉特大街两边“更高品质的零售”。此项目被称之为港湾广场的加

查尔斯中心

开发成本一览表	私人	公共
办公	7880 万美元	1880 万美元
零售	170 万美元	
酒店	1130 万美元	
住房	4350 万美元	428 万美元
娱乐/休闲/游艺——莫里斯·梅凯尼克剧院	450 万美元	
场地费用	500 万美元	1420 万美元
公园/公共区域		
公共设施		
住房资金		
总开发成本	1.398 亿美元	6558 万美元

勒里，计划于 1987 年完工，将包括 4 个地下层的大约 1200 个停车位；下面 4 层 13006m^2 的零售场所；6 层楼上的 600 间客房；最高 17 层楼上 23225～37160m^2 的办公场所。

沿着水域边缘到发电厂的东面，查尔斯中心—内港管理公司正在规划更多的景观、酒店，以及可能的一座航海活动中心，扩建东部大道直至 5 号和 6 号突堤上的一座大型广场。在此之外，再向东，预期建造更多的住房，并且结合其他用途。

随着 1973 年联邦 1 号都市改造法案的终止，改造内港的主要机制也发生了变化。在代替前者的社区开发街区拨款体系下，城市现在只是在其每年收到的 2800 万美元中，分配 100 或 200 万美元给内港。扩建和新地皮开发的费用，必须来自租金或参与地租费用，以及城市拥有或控制地产的交易和销售。

巴尔的摩在吸引联邦资金方面一直颇具进取心，并且因其被授予的 54 笔都市改造行动拨款（纽约名列第一，为 60 笔）在全国排名第二。米尔斯波强调，今天在巴尔的摩见到的私人投资，假如不是过去利用了大量公共资金的话，或许就不会具备可能性。但是现在大量的资金投入已经就位；未来开发资金的增额将在 90% 上取决于私人资源。

当前状态

全国性旅游目的地及范例

1980 年 7 月，巴尔的摩市的心理发生了转变，当时劳思公司开放了港湾广场，这个一座耗资 2200 万美元、由两栋大楼构成的零售和餐馆中心，位于水域边缘，总面积达 13471m^2。随着全国性的新闻报导，以及多种杂志的描述，预计 40 万人聚集在了内港，以观看其开业仪式，巴尔的摩知道该市已经变成了全国旅游目的地。

当国际水族馆于1976年进行规划时，没有人能够预测内港地区20世纪80年代早期将会产生什么样的合力。格拉德斯通联合公司将其预测建立在这样的假设之上，即内港将依然是巴尔的摩的市中心景观，其周边各县却不会成为成熟的全国性旅游目的地。弗兰克·冈瑟（Frank Gunther）回忆道：

我所见到的第一个真正迹象，或许是我们低估了我们将来的会达到的规模，那发生在1981年春季，也就是在开业前的4~5个月。我带着吉姆·罗思（劳思公司创始人）穿过建筑……在那之后，我们开始谈论该建筑。他问我，“你预计交通流量会达到多少？”我回答说，“我们有机会每年吸引多达60万人”。而他说，“人数将是那的两倍”。听到这之后，我知道我们又有一系列麻烦了。我们如何才能应付那么多人呢？所以我们联系了马里奥特和迪斯尼世界的工作人员，他们帮了我们的忙。第一个完全历年，我们接待了超过150万游客。

水族馆刚刚开业，那些大量的游客群是一件好坏参半之事。水族馆的海豚在开放的水池里游动，这些水池被设计成从其上和其下都能观赏的形式。但是海豚无法承受呆在一个被如此多的人包围的鱼缸当中。兴奋的观赏者发出的噪声使得它们患上了胃溃疡，最终不得不将它们从建筑中移走。根据主管J·尼古拉斯·布朗（J. Nicholas Brown）的说法，令公众失望的是，随着海豚的离去，水族馆不再展示大型海洋动物了。“就因为这个，我们不是一座完美的水族馆”，他悲叹道。

令人惊讶的第一年同样多产生了200万美元收入。劳思公司的市场研究表明，港湾广场的首批游客中有11%来到内港，都将水族馆作为其首要目的地。

今天，水族馆的单张成人票价为5.75美元，20人或更多人组成团体中的3~12岁儿童票价则降至2.25美元。巴尔的摩的学校团体则免费。入场券收入占到了国家水族馆年度450万美元预算的60%~70%。

尽管该建筑当初的设计工作人员为66人，但是水族馆现在拥有超过120名雇员，尽管员工人数有了增加，员工区还是不得不被转变成游客行李寄存处以及出租折叠式婴儿车储藏室。另外，还需要更多的厕所。内部栏杆、地毯以及墙壁磨损严重。从其开业的每一年起，水族馆每年都不得不停业10天。

水族馆还存在内部交通格局问题。当前的水族馆将入口和出口设计成交叉状态，以至于高峰期时整栋建筑都会堵塞起来。为了克服此难题，水族馆已经减少了主要时段的入场人数，还限制工作时间之后的大型团队租用。

董事会和工作人员现在谈论的是“二期工程”。“最初的水族馆是在私人和公共部门的合作之下建成的”，冈瑟说道。“现在，我确信，假如州政府不能成为全面合作伙伴的话，我们将不会有一个大型的二期工程”。此阶段将包括新办公室和员工研究室、一间教室、海洋哺乳动物水池和室内圆形剧场。员工和董事会正在审查4号突堤上的一处地皮，它和现存的建筑比较接近。预计建设成本平均为2000和4000万美元。冈瑟承认，仅仅添加一处非常有限的场所，水族馆就能够生存下去。然而，他补充说：

> 我想，最初由市长和其他人构思的水族馆，对于城市来说是一种休闲和教育营销工具。现在，它成为了整个州的重要经济问题。去年，来自州外的70万人参观了水族馆……我们需要的是以最尖端水族馆科技建造的二期工程。

水族馆还帮助马里兰科学中心提高了上座率。“人们来到这儿，上午去水族馆参观，在港湾广场吃中餐，或在拉什菲尔德野餐（邻近科学中心），下午就来这儿。他们痛痛快快地过上一整天”，巴克斯特伦说道。科学中心提升了展品品质，开发了一个教育拓展方案，甚至主持了女童子军活动，她们在建筑中露营。为了让游客知晓展出内容和中心正在营业，博物馆现在在建筑外部朝向港湾广场的一面悬挂巨大、颜色鲜亮的横幅，宣告当前的展品内容。这些横幅还起着使得建筑粗糙的外观变得柔和的功效。一座大型、高耸的雕塑——肯尼斯·斯内尔森的《轻易着陆》(*Easy Landing*)，坐落于博物馆的北侧，吸引着游客的注意力，还有助于将游客从港湾广场吸引到博物馆来。

最近的数字表明，这样的拓展方案是有意义的。在第一年(1976~1977年)，科学中心在门票收入中赚取了10.4万美元，占当时总预算的30%。仅仅在1984年的两个月内——7月和8月，博物馆赚取了17万美元的门票收入。现在，它的预算是每年200万美元，其中70%通过赚取的收入来满足。

现在还在规划一项新的增建场所，来帮助纠正博物馆当前不合适的定位。这座3层的、耗资280万美元的建筑由巴尔的摩科克伦、斯蒂芬森暨唐克沃特公司设计，将是一座全玻璃建筑，面向港湾广场，外形像一个巨大的橱窗。每层的看台都可以俯瞰海港。

1984年11月，该博物馆和巴尔的摩艺术博物馆、沃尔特斯艺术画廊，以及皮尔博物馆一起，共同申请发行总计490万美元的城市公债。该公债获得了通过，给科学中心提供了150万美元资金。他们又筹集了75万美元私人资金，加上来自州立法机构的75万美元，资助了新场馆的建造。

项目数据：巴尔的摩国家水族馆

位置	巴尔的摩，内港
完工日期	1981年8月8日
建筑师	马萨诸塞州，剑桥，剑桥七协会 彼得·切尔马耶夫（Peter Chermayeff），主建筑师
顾问	展览构造：费城展览中心公司； 栖息地展示建造：波士顿斯韦德勒公司的加登·格罗夫（Garden Grove）
承包商	建造：马里兰，陶森，怀丁－特纳建筑公司 电力：巴尔的摩J·P·公司 机械：巴尔的摩普尔及肯特公司
建筑成本	2.13亿美元
总面积	10684m^2。水族馆水池容纳超过3785m^3的淡水和海水

项目数据：马里兰科学中心

方位	巴尔的摩内港南岸	
完工日期	1976年6月13日	
计划开业	增建场馆：1986年4月	
建筑师	最初建筑：爱德华·迪雷尔·斯通 增建场馆：巴尔的摩斯蒂芬森暨唐克沃特公司	
顾问	增建场馆：西雅图洛斯基·马夸特暨内肖尔姆公司	
承包商	最初建筑：统一工程公司 增建场馆：海港建筑公司	
建筑成本	最初建筑：600万美元 增建场馆：2.8亿美元	
总面积	最初建筑：9847m^2 增建场馆：929m^2（净面积）	
内部区域分解		
	展览	2973m^2
	天文馆	1858m^2
	办公	1394m^2
	教育	1394m^2（非办公室）
	储藏，工作室	
	机械	2230m^2
	新场所	929m^2（大厅/流通/展览）
外部特征	棕红色砖块空心墙建筑，钢制框架的大型、吸引人的屋顶露台	
内部特征	80%的公共区域铺设地毯；灵活和完备的展览照明系统；灰浆或无遮蔽砖块墙面	

巴尔的摩经验

（马丁·米尔斯波）将内港的成功归因于其内部平衡：

1）老人和年青人的平衡。内港确实不怎么吸引十几岁的青少年，除了一次这儿没人的时候……13岁以下的小孩和成人作为家庭一起来参观，这就是美国快速增长的人口。也就是婴儿潮一代和他们的孩子。

2）昂贵景观和负担得起的景观之间的平衡。水族馆和科学中心——那些你们进去后，携带一家5口，可度过很长一段时间的景观——通常是昂贵的。但是还有些地方几乎不用什么花费就可以参观的。在港湾广场，你可以花很多钱，也可以什么钱也不花。

巴尔的摩依然是一个收入相对有限的城市。但是，市领导们以创造精神和勤奋努力，取得了真正的经济发展。该市给其市民增加了丰富经历，极大改善了其面貌。几项卓越品质促进了城市的成功：

• 坚强的领导。在该市战后改造历史上，尤其是围绕市长谢弗任期的过去13年中，城市有坚强的市长领导。市长指导开发过程，促使公共和私人部门的合作。商业领导的当地官员表现出了显著意愿，他们愿意花费大量的时间并且承担为履行创造性改变而带来的风险。评估委员会的审批程序使得城市可以采取果断行动，即使在面临反对意见的时候也是如此。

• 领导层的延续性。绝大部分参与了巴尔的摩复兴工作的关键人员，都参与项目很长时间。

• 行动的偏爱。巴尔的摩市领导一直希望创造自己的建设标准，以及承担实质性的风险。

• 优势和劣势的现实评估。从20世纪50年代以来，巴尔的摩一直面临其经济劣势，此劣势建立在其作为一个海港城市基础上的，并找到扩大资产的途径。内在的特征，如水和怡人的海港，强大的街区，过剩的古老住房储备，以及邻近其他东海岸城市，都被利用来吸引游客、新居民和商业企业。“无论你在城市里做什么，都必须反映该市的特征”，桑德拉·希尔曼认为。“尝试成为不属于自己的事物是一种错误。假如项目确实反映了他们身边的事物，他们就会喜欢，来自其他城市的人也会喜欢”。

• 长期规划。当大巴尔的摩委员会创立于1955年时，它认识到了综合性城市中心规划的必要性。随着在私下里筹集资金，它聘用了自己的规划师，向城市展示了最终成为查尔斯中

上图：重建后的奥特拜因教堂。周围的房屋通过“1美元房屋修缮计划”得到了翻新，已成为全国的典型。
出处：M·E·沃伦（M.E. Warren）

下图：马里兰科学中心新增建场馆模型。增建部分将增添展示空间，并把入口从莱特街改建至内港

心的规划方案。稍后时间该委员会和城市在内港规划上密切合作。同时，随着工作的递增，当地官员考虑到了规划方案的弹性问题。这样的通融性使得劳思公司可以提议内港港湾广场方位的变化，这意味着，在具备历史意义的发电厂内建造酒店的构想，可以被在其内建造家庭主题公园的计划代替。

● 持久力。巴尔的摩人不得不谨慎行事，一个项目一个项目地推进。但是该市已经展示了认识到数十年后自身目标的能力。分阶段完成项目开发，但是随着经济、市场需要和公共支持的增加，城市还对老项目进行进一步的改进。

● 请求公共支持的能力。马里兰州的城市必须为城市公债

发行举行公众的公共投票。在过去的26年中，有关内港和查尔斯中心的16项公债发行都出现在了选票上，而且所有的都获得了通过。该市的领导们将发行公债看作教育市民和谋求他们支持的方式。

巴尔的摩的目标是通过增加夜间活动的范围开发更多的文化和娱乐景观，尤其是内港区的景观的手段，继续寻找鼓励游客的方式。同时，城市规划师们继续鼓励在内港四周和市中心建造住房。将古老的商业建筑改造成为新的常备住房工作，已经在查尔斯中心西侧开展开来。

当地街区和查尔斯中心及内港将会越来越多地举行民族节日庆典。谢弗市长的使巴尔的摩市中心成为“每个人的街区”的目标进展如此良好，人们现在都感觉溶入他们的邻近街道是非常舒服的，内港不再需要持续的特别演出。每年2100万人会来到内港，仅仅是因为这是一个怡人的地方。

杰伊·布罗迪是这样总结的：

我想，我们为巴尔的摩未来的财政健康做的最好的事情，就是通过两个不同但又关联的活动，将自己定位于不断前进。其中之一是市中心的改造努力，此次努力的成果是我们拥有了一套和过去全然不同的市中心用途。现在，我们拥有办公、酒店、旅游和服务用途……所有用途都很成功。第二，我们帮助了促使街区恢复活力，以至于现在它们是很具吸引力的地方，你可以住在那些各种各样的新的或是经过改建的住房里。这儿居住的人形形色色，有黑人和白人，收入也不尽相同。那些都是我们能够为该市的未来所做的最好投资——我们也确实做到了。

译后记

本书作者哈罗德·R·斯内德科夫先生是一位文化及开发规划师，曾获布朗大学美国研究工商管理博士。作为洛克菲勒兄弟基金前项目官员和旧金山改造局前文化规划师，他是城市建造——都市策略公司的建立者和负责人，后者是一家坐落在旧金山的文化及便民设施规划及咨询公司。《文化设施的多用途开发》于1985年由美国城市土地协会出版后，对美国及欧美其他国家的文化设施纳入多用途建筑、开发及区域中产生了深远的影响。该项目获得了联邦机构国家艺术基金的财政支持，以及多个城市、私人开发商、公司和基金会的捐助。

本书着重以案例研究的方式呈现给读者，框架规划成三个范畴，以分别描述地产开发的不同类别，即多用途建筑、多用途开发及多用途区域，每个案例研究以相同的形式加以呈现。该书是为了那些对房地产、城市开发以及艺术有着专业兴趣的读者而编写的，同时也是为了政府官员和公司领导而编写的。尽管欧美国家的具体问题与中国有很大的差异，但本书中所论及的问题是我们可以借鉴与参考的，我们将会从哈罗德·R·斯内德科夫先生的研究中得到有益的启示。

本书由中国建筑工业出版社购买中文版权并翻译出版。其翻译任务由梁学勇、杨小军、林璐三人承担，其中译稿前面部分8万字的翻译由梁学勇承担；中间部分8万字的翻译由杨小军承担；后半部分8万字的翻译由林璐承担。在本书即将出版之时，我们忠心感谢哈罗德·R·斯内德科夫先生授予中文版的版权，忠心感谢中国建筑工业出版社的大力支持，感谢程素荣编辑的热心帮助。

梁学勇　杨小军　林　璐

2007年11月于浙江理工大学